条码技术与应用

（高职高专分册·第二版）

张成海　张　铎　张志强　陆光耀 ◎ 编　著

清华大学出版社

北京

内 容 简 介

本书共分为 12 章,主要内容有条码技术概述、GS1 系统、条码的生成与检测技术、条码的识读技术、条码技术在零售中的应用、条码技术在仓库管理中的应用、条码技术在物流领域中的应用、其他常见条码、条码应用系统设计和条码技术应用案例。每章后均附设小结和习题,便于教师教学和学生自学。

本书作为高校教材,适用于条码相关专业的高职高专学生,也可作为在职人员的培训教材和工具书。

图书在版编目(CIP)数据

条码技术与应用.高职高专分册/张成海等编著. —2 版. —北京:清华大学出版社,2018
(2025.1重印)
ISBN 978-7-302-48438-7

Ⅰ. ①条… Ⅱ. ①张… Ⅲ. ①条码技术－高等职业教育－教材 Ⅳ. ①TP391.44

中国版本图书馆 CIP 数据核字(2017)第 220085 号

责任编辑:刘志彬
封面设计:汉风唐韵
责任校对:宋玉莲
责任印制:宋 林

出版发行:清华大学出版社
    网 址:https://www.tup.com.cn, https://www.wqxuetang.com
    地 址:北京清华大学学研大厦 A 座   **邮 编:**100084
    社 总 机:010-83470000   **邮 购:**010-62786544
    投稿与读者服务:010-62776969,c-service@tup.tsinghua.edu.cn
    质量反馈:010-62772015,zhiliang@tup.tsinghua.edu.cn
印 装 者:三河市君旺印务有限公司
经 销:全国新华书店
开 本:185mm×230mm   **印 张:**18.75   **字 数:**406 千字
版 次:2010 年 2 月第 1 版   2018 年 1 月第 2 版   **印 次:**2025 年 1 月第 8 次印刷
定 价:49.00 元

产品编号:073672-02

前　言

中国物品编码中心自 2003 年开展"中国条码推进工程",实施"全国高校《条码技术与应用》课程推广"项目以来,在全国各高校教师的共同努力下,高校条码人才培养工作取得了优异成绩。"中国条码推进工程"促进了我国条码产业的迅速发展,一个与国际接轨的完整、庞大而且不断发展的自动识别产业正在我国逐渐形成。产业的发展迫切需要大批的条码自动识别专业技术人才。

随着条码自动识别技术产业的发展,人才市场对条码技术专业人才的需求逐渐细化,根据全国各级各类高校在"条码技术与应用"课程教学过程中的实践,参考现行修订的相关国家标准,在前两版的基础上,本次做了较大的调整和修改。进行了较大程度的修订。首先,结合各高校教师使用(第 1 版)教材的反馈意见,以工学结合为指导思想,对每章节的实训内容进行了重新设计,新版教材中大部分实训内容的开展不受学校实训资源配置的影响;其次,结合条码技术在各个领域的最新应用成果,使用最新案例替换了(第一版)教材中的陈旧案例;再次,结合近年来,对条码自动识别领域相关标准的制订,以及 GS1 标准体系的最新发展调整了相关内容;最后,结合条码和其他自动识别技术的快速发展和普遍应用,增加了"各类自动识别技术概述"章节和商品二维码等重要内容,并对 GS1 标准体系、代码标准,以及条码符号生成等重要章节进行了内容更新和补充;另外,删除了不适合高职管理类专业学生学习的偏信息技术相关内容,并对教材中部分内容顺序进行了调整。

本书由中国物品编码中心主任、中国自动识别技术协会理事长张成海先生,北京交通大学经济管理学院物流标准化研究所所长、21 世纪中国电子商务网校校长张铎先生,天津中德应用技术大学张志强先生,郑州铁路职业技术学院陆光耀先生联合主编。中国物品编码中心黄泽霞、梁栋,天津中德应用技术大学薛立立,21 世纪中国电子商务网校刘娟、田金禄、张秋霞等参加了本书的编写工作。本书为全国高校《条码技术与应用》课程的指定教材。

本书是依据国家标准化管理委员会近年来颁布实施的物品编码标识条码自动识别系列国家标准,同时紧密结合教学实际进行的一次有效探索,希望本书的出版能为全国高校"条码技术与应用"课程推广,为我国条码自动识别技术人才的培养、推动以标准化促进我国条码事业的蓬勃发展贡献一份力量。由于时间仓促及编者水平所限,书中难免有不妥之处,敬请读者批评指正!

编　者
2017 年 6 月

第一版前言

条码人才培养是"中国条码推进工程"的重点项目之一。自 2003 年 6 月到 2009 年 6 月,我国高校条码师资培训班共举办了 15 期,全国 277 所高校的 448 名教师通过培训,取得了《中国条码技术培训教师资格证书》,遍及除西藏、台湾外的全国 30 个省市自治区。全国 200 余所本、专科院校开设了"条码技术与应用"课程,培训在校大学生 5 万余人,其中 2 万余名学生取得了《中国条码技术资格证书》。

随着条码自动识别技术产业的发展,人才市场对条码技术专业人才的需求逐渐细分,根据全国各级各类高校在"条码技术与应用"课程教学过程中的实践,参考现行修订的相关国家标准,在前两版的基础上,本次作了较大的调整和修改。

第一,将《条码技术与应用》修订为系列教材,分为本科分册和高职高专分册。

第二,本科分册从供应链管理与供应链协同应用入手,根据供应链上业务协同与信息实时共享的需要,依据 GS1 系统的编码体系,重点介绍了条码技术在整个供应链管理中的地位、作用及其应用。高职高专分册从岗位培训入手,根据不同应用领域的实际情况,重点介绍了条码技术及其产品的基本原理和实际使用。

第三,本科分册和高职培训分册将分别成为《中国条码技术资格(高级)证书》和《中国条码技术资格证书》的指定教材,也是每年举办的"全国大学生条码自动识别知识竞赛"的指定参考书。

第四,高职高专分册是一本校企合作教材。本书在遵循了中国物品编码中心重新修订的条码相关国家标准前提下,整合、提升了中国条码推进工程全国高校条码实验室示范基地(天津交通职业学院和郑州铁路职业技术学院)条码技术与应用课程教学改革经验,紧密结合企业实际岗位工作内容设计教材内容,同时融入了北京网路畅想科技有限公司开发的卖场管理系统(POS)、仓储管理系统(WMS)、综合物流管理(LMS)软件模拟实训内容,特别适合用于现代职业院校教学和企业员工岗位培训。

本书从岗位培训入手,根据不同应用领域的实际需要,重点介绍了条码技术及其产品的基本原理和实际使用。本书整体思路基于条码技术在企业实际应用的作业流程设计,章节结构紧紧围绕企业实际操作程序,内容选取紧密结合岗位工作内容,其中第 1 章主要介绍条码技术的发展历史及基本概念;第 2 章介绍 GS1 系统;第 3 章介绍条码的编码技术、生成技术与检测技术,同时设计了条码生成、检测的实训内容;第 4 章介绍条码的识读技术,同时设计了条码识读的实训内容;第 5 章采用案例驱动,重点介绍条码技术如何在零售店的应用,同时介绍了卖场综合管理系统软件模拟实训;第 6 章采取案例驱动,重点介绍条码技术如何在仓库管理中应用,同时介绍了仓储管理系统软件模拟实训;第 7 章主要介绍条码技术在物流领域中的应用,采取案例驱动,重点介绍条码技术如何在物流管理中应用,同时介绍了物流一体化管理软件模拟实训;第8章主要介绍一些在前面章节中未涉及的常见条码,意在拓宽读者视野;第9章主要介绍如何进行条码应用系统设计;第10章介绍了条码应用案例。

本书由中国物品编码中心主任、中国自动识别技术协会理事长张成海先生,北京交通大学经济管理学院物流标准化研究所所长、21世纪中国电子商务网校校长张铎先生,天津交通职业学院物流工程系主任张志强先生联合主编。中国物品编码中心罗秋科、韩继明、黄燕滨、李素彩、熊立勇、王泽,天津交通职业学院高永富、牛晓红、王鹏、马浩,郑州铁路职业技术学院陆光耀,21世纪中国电子商务网校李维婷、刘娟、臧建、寇贺双、田金禄等参加了本书的编写工作。

本书作为全国高校"条码技术与应用"课程的指定教材,同时也是《中国条码技术资格证书》的指定教材。中国物品编码中心、中国条码技术与应用协会、中国自动识别技术协会联合授权北京网路畅想科技发展有限公司也在21世纪中国电子商务网校上开设了"条码技术与应用"网路课程。学习者访问21世纪中国电子商务网校网站(Http://www.ec21cn.org),即可通过远程教育的方式进行系统的学习。通过网上考试者,亦可获得《中国条码技术资格证书》。

本书是在原版教材的基础上,依据中国物品编码中心重新修订的条码相关国家标准,同时紧密结合教学实际进行的一次有效探索,希望本书的出版能为全国高校"条码技术与应用"课程推广,为我国条码自动识别技术人才的培养和中国条码事业的蓬勃发展贡献一份力量。由于时间仓促及编者水平所限,书中难免有不妥之处,敬请读者批评指正!

目　　录

第1章　条码概述 ……………………………………………………………………… 1

　　1.1　条码技术的发展概述 …………………………………………………………… 1

　　　　1.1.1　条码技术的起源与发展 ……………………………………………… 1

　　　　1.1.2　条码技术在我国的应用和发展 ……………………………………… 4

　　　　1.1.3　条码技术的发展方向 ………………………………………………… 8

　　1.2　条码的基础知识 ………………………………………………………………… 9

　　　　1.2.1　条码的基本概念 ……………………………………………………… 9

　　　　1.2.2　条码的符号结构 ……………………………………………………… 12

　　1.3　条码的特点及分类 ……………………………………………………………… 13

　　　　1.3.1　条码技术的研究对象 ………………………………………………… 13

　　　　1.3.2　条码的分类 …………………………………………………………… 15

　　　　1.3.3　条码技术的特点 ……………………………………………………… 15

　　1.4　条码技术与数据库技术 ………………………………………………………… 16

　　1.5　条码的管理 ……………………………………………………………………… 18

　　1.6　条码技术标准 …………………………………………………………………… 19

　　1.7　实训项目 ………………………………………………………………………… 20

第2章　各类自动识别技术概述 ……………………………………………………… 21

　　2.1　RFID 技术 ……………………………………………………………………… 21

　　　　2.1.1　RFID 系统的构成 …………………………………………………… 22

　　　　2.1.2　RFID 系统的基本工作原理 ………………………………………… 23

　　　　2.1.3　RFID 的分类 ………………………………………………………… 24

　　　　2.1.4　RFID 技术应用领域 ………………………………………………… 24

　　　　2.1.5　RFID 技术标准 ……………………………………………………… 25

　　2.2　磁卡识别技术 …………………………………………………………………… 26

　　　　2.2.1　磁卡概述 ……………………………………………………………… 26

　　　　2.2.2　磁卡读写原理 ………………………………………………………… 27

　　2.3　生物识别技术 …………………………………………………………………… 28

　　　　2.3.1　生物识别技术概述 …………………………………………………… 28

　　　　2.3.2　语音识别技术 ………………………………………………………… 28

2.3.3　指纹识别技术 ……………………………………… 30

2.3.4　虹膜识别技术 ……………………………………… 32

2.4　图像识别技术 …………………………………………… 33

2.4.1　图像识别技术概述 ………………………………… 33

2.4.2　自动图像识别系统 ………………………………… 34

2.5　各种自动识别技术比较 ………………………………… 34

2.6　实训项目 ………………………………………………… 36

第 3 章　GS1 标准体系 ………………………………………… 39

3.1　GS1 标准体系应用案例 ………………………………… 39

3.2　GS1 标准体系发展概述 ………………………………… 43

3.2.1　GS1 标准体系的形成 ……………………………… 43

3.2.2　GS1 标准体系的发展 ……………………………… 44

3.2.3　GS1 标准体系的特征 ……………………………… 45

3.3　GS1 标准体系的内容 …………………………………… 45

3.3.1　GS1 编码标识标准 ………………………………… 46

3.3.2　GS1 载体技术标准 ………………………………… 47

3.3.3　GS1 数据共享标准 ………………………………… 48

3.4　GS1 标准体系的应用领域 ……………………………… 49

3.5　实训项目 ………………………………………………… 51

第 4 章　代码编写和条码生成与检测标准 …………………… 52

4.1　我国图书编码标准化案例 ……………………………… 52

4.2　代码的编码技术标准 …………………………………… 54

4.2.1　代码基础知识 ……………………………………… 54

4.2.2　代码设计及编码方法 ……………………………… 56

4.3　一维条码的编码技术标准 ……………………………… 60

4.3.1　编码方法 …………………………………………… 60

4.3.2　编码容量 …………………………………………… 62

4.3.3　条码的校验与纠错 ………………………………… 62

4.4　二维条码的编码技术标准 ……………………………… 63

4.4.1　PDF417 条码 ……………………………………… 63

4.4.2　QR Code 条码 ……………………………………… 66

4.4.3　汉信码 ……………………………………………… 69

4.5　条码符号的生成技术标准 ……………………………… 73

4.5.1　条码符号的生成概述 ················· 73

4.5.2　预印制 ·················· 74

4.5.3　现场印制 ·················· 76

4.5.4　符号载体 ·················· 77

4.5.5　特殊载体上条码的生成技术 ··············· 77

4.6　条码符号的检测技术标准 ················ 80

4.6.1　条码检测的有关术语 ················· 81

4.6.2　检验前的准备工作 ················· 82

4.6.3　商品条码的检验方法 ················· 83

4.6.4　检测设备 ·················· 93

4.6.5　条码符号的印刷质量控制 ··············· 95

4.7　实训项目 ················· 96

第5章　条码的识读技术 ·················· 112

5.1　条码识读原理 ·················· 112

5.1.1　条码识读的基本工作原理 ··············· 112

5.1.2　条码识读系统的组成 ················· 112

5.1.3　条码识读系统的基本概念 ··············· 116

5.1.4　条码识读器的分类 ················· 120

5.2　条码识读设备 ·················· 121

5.2.1　激光枪 ·················· 121

5.2.2　CCD 扫描器 ·················· 123

5.2.3　光笔与卡槽式扫描器 ················· 124

5.2.4　全向扫描平台 ·················· 125

5.2.5　图像式条码扫描器 ················· 125

5.2.6　手机扫描 ·················· 127

5.3　便携式数据采集设备 ················· 127

5.3.1　概述 ·················· 127

5.3.2　便携式数据采集器 ················· 128

5.3.3　无线数据采集器 ················· 130

5.3.4　数据终端的程序功能 ················· 132

5.3.5　数据采集器的应用场合 ················ 133

5.4　条码识读设备的选型和应用 ··············· 134

5.4.1　条码识读器的选择 ················· 134

5.4.2　条码识读器的应用 ················· 135

　　5.5　实训项目 …………………………………………………………………………… 136

第 6 章　条码技术标准在零售中的应用……………………………………………………… 139
　　6.1　医疗卫生领域商品条码案例 ……………………………………………………… 139
　　6.2　零售商品应用条码技术标准要求 ………………………………………………… 142
　　　　6.2.1　基本术语……………………………………………………………………… 142
　　　　6.2.2　编码标准……………………………………………………………………… 142
　　　　6.2.3　条码表示标准………………………………………………………………… 149
　　6.3　零售商品条码符号标准 …………………………………………………………… 156
　　　　6.3.1　条码符号的设计……………………………………………………………… 156
　　　　6.3.2　条码符号选用………………………………………………………………… 160
　　　　6.3.3　条码符号的放置……………………………………………………………… 161
　　　　6.3.4　条码符号质量的要求和评价………………………………………………… 163
　　6.4　商品二维条码标准 ………………………………………………………………… 165
　　　　6.4.1　主要术语……………………………………………………………………… 165
　　　　6.4.2　数据结构标准………………………………………………………………… 165
　　　　6.4.3　商品二维条码的信息服务标准……………………………………………… 169
　　　　6.4.4　商品二维条码的符号及质量要求标准……………………………………… 170
　　6.5　商品条码办理标准程序 …………………………………………………………… 172
　　6.6　实训项目 …………………………………………………………………………… 173

第 7 章　条码技术标准在仓库管理中的应用………………………………………………… 177
　　7.1　条码在仓库管理中的应用案例 …………………………………………………… 177
　　7.2　储运包装条码应用技术标准要求 ………………………………………………… 180
　　　　7.2.1　基本术语……………………………………………………………………… 180
　　　　7.2.2　编码标准……………………………………………………………………… 180
　　　　7.2.3　条码表示标准………………………………………………………………… 182
　　　　7.2.4　条码符号尺寸与等级要求标准……………………………………………… 190
　　7.3　实训项目 …………………………………………………………………………… 190

第 8 章　条码技术标准在物流单元中的应用………………………………………………… 191
　　8.1　条码技术标准在物流单元追溯过程中的应用 …………………………………… 191
　　8.2　物流领域条码应用技术标准 ……………………………………………………… 195
　　　　8.2.1　基本术语……………………………………………………………………… 195
　　　　8.2.2　物流单元的编码……………………………………………………………… 195

8.2.3　条码表示 ··· 202

8.2.4　物流单元标签 ··· 202

8.2.5　技术要求 ··· 203

8.2.6　物流单元标签的放置 ··· 204

8.3　条码技术标准在建材领域物流单元中的应用 ···················· 205

8.4　实训项目 ·· 210

第 9 章　条码技术标准在物流中心的应用 ······························ 211

9.1　条码技术标准在生产及流通加工中的应用案例 ················· 211

9.2　条码技术标准在搬运装卸环节的应用 ····························· 213

9.2.1　搬运装卸 ··· 213

9.2.2　条码在出入库装卸中的应用 ···································· 214

9.3　条码技术标准在流通加工环节的应用 ····························· 215

9.3.1　流通加工 ··· 216

9.3.2　条码在组装加工中的应用 ·· 216

9.3.3　条码在贴签加工中的应用 ·· 217

9.3.4　条码在包装中的应用 ··· 217

9.4　条码技术标准在信息处理环节的应用 ····························· 218

9.4.1　信息处理 ··· 218

9.4.2　条码在物流信息系统中的应用 ································· 219

第 10 章　其他常见条码 ·· 221

10.1　常见一维条码介绍 ·· 221

10.1.1　Code 39 码 ··· 221

10.1.2　Code 93 码 ··· 223

10.1.3　库德巴条码 ·· 224

10.1.4　GS1 Databar 条码 ·· 225

10.2　常见二维条码 ··· 227

10.2.1　Code 49 ·· 227

10.2.2　Code 16K ·· 228

10.2.3　其他二维条码 ·· 229

10.3　复合条码 ··· 231

10.4　实训项目 ··· 233

第 11 章 条码应用系统设计 ·········· 234

  11.1 条码应用系统的组成与流程 ·········· 234

    11.1.1 条码技术应用系统组成 ·········· 235

    11.1.2 条码应用系统运作流程 ·········· 236

  11.2 条码应用系统的开发 ·········· 237

    11.2.1 条码应用系统开发的阶段划分 ·········· 237

    11.2.2 数据需求分析 ·········· 239

    11.2.3 系统设计 ·········· 242

  11.3 条码码制的选择 ·········· 243

  11.4 条码应用系统与数据库 ·········· 245

    11.4.1 条码应用系统中数据库设计的要求 ·········· 245

    11.4.2 识读设备与数据库接口设计 ·········· 246

  11.5 应用系统的硬件和网络平台选择 ·········· 246

    11.5.1 数据处理技术 ·········· 247

    11.5.2 网络拓扑结构的选择 ·········· 248

    11.5.3 网络操作系统的选择 ·········· 251

  11.6 条码应用系统集成 ·········· 253

    11.6.1 硬件设备的采购、安装和调试 ·········· 253

    11.6.2 系统软件的安装、设置与调试 ·········· 253

    11.6.3 数据库的建立、数据加载 ·········· 253

    11.6.4 应用程序的安装、调试 ·········· 254

    11.6.5 整个系统的联合调试和运行 ·········· 254

  11.7 实训项目 ·········· 255

第 12 章 GS1 标准体系应用案例 ·········· 257

  12.1 条码技术标准在农副产品质量管理中的应用 ·········· 257

  12.2 条码技术标准在烟草行业中的应用 ·········· 262

  12.3 GS1 标准体系在爱尔兰海产品追溯中的应用案例 ·········· 264

  12.4 二维条码在企业物流管理中的标准化应用 ·········· 266

  12.5 商品条码技术在电子商务诚信体系建设中的应用 ·········· 268

  12.6 汉信码在散货管理中的应用 ·········· 269

  12.7 GS1 标准体系在 Dijon 大学医院追溯系统建设中的应用 ·········· 274

  12.8 GS1 标准体系在新疆阿勒泰甜瓜追溯中的应用案例 ·········· 276

附录 A （资料性附录）·· 280

附录 B （资料性附录）·· 282

附录 C （规范性附录）·· 283

附录 D （资料性附录）·· 284

附录 GS1 应用标识符 ·· 285

参考文献·· 286

第1章 条码概述

【教学目标】

目标分类	目标要求
能力目标	1. 能归纳总结条码发展史上有代表性的重大事件
	2. 能借助网络收集条码技术资料
知识目标	1. 了解条码技术的历史和发展方向；了解条码技术与其他自动识别
	技术相比的优缺点
	2. 理解条码技术的特点和研究对象
	3. 理解并掌握条码的基本概念
素养目标	文字总结能力、利用网络的自我学习能力

【理论知识】

1.1 条码技术的发展概述

1.1.1 条码技术的起源与发展

条码技术的迅速发展和它在诸多领域的广泛应用,已引起许多国家的重视。如今,在世界各国从事条码技术及其系列产品开发研究的单位和生产经营的厂商越来越多,条码技术产品的品种已近万种。

条码技术诞生于 20 世纪 40 年代,在欧美、日本已得到普遍应用,而且在世界各地也迅速推广普及,其应用领域还在不断扩大。

早在 20 世纪 40 年代后期,美国乔·伍德兰德(Joe Wood Land)和贝尼·西尔佛(Beny Silver)两位工程师就开始研究用条码表示食品项目,以及相应的自动识别设备,并于 1949 年获得了美国专利。这种条码图案如图 1-1 右上图所示。该图案很像微型射箭靶,称作"公牛眼"条码。靶的同心环由圆条和空白绘成。在原理上,"公牛眼"条码与后来的条码符号很接近,遗憾的是当时的商品经济还不十分发达,而且工艺上也没有达到印制这种条码的水平,因此,该条码没有被普遍使用。然而 20 年后,乔·伍德兰德作为 IBM 公司的工程师成为北美地区的统一代码——UPC 码的奠基人。吉拉德·费伊塞尔(Girad Feissel)等于

1959 年申请了一项专利,将 0～9 中的每个数字用 7 段平行条表示。但是这种代码机器难以阅读,人读起来也不方便。不过,这一构想促进了条码码制的产生与发展。不久,E. F. 布林克尔(E. F. Brinker)申请了将条码标识在有轨电车上的专利。20 世纪 60 年代后期,西尔韦尼亚(Sylvania)发明了一种被北美铁路系统所采纳的条码系统。1967 年,辛辛那提市的 Kroger 超市安装了第一套条码扫描零售系统。

1970 年,美国超级市场 AdHoc 委员会制定了通用商品代码——UPC(universal product code)代码。此后许多团体也提出了各种条码符号方案,如图 1-1 右下及左边部分所示。UPC 商品条码首先在杂货零售业中试用,这为以后该码制的统一和广泛采用奠定了基础。1971 年,布莱西公司研制出"布莱西码"及相应的自动识别系统,用于库存验算。这是条码技术第一次在仓库管理系统中应用。1972 年,莫那奇·马金(Monarch Marking)等研制出库德巴(Codabar)码,它主要应用于血库,是第一个利用计算机校验准确性的码制。1972 年,交叉 25 码由 Intermec 公司的戴维·阿利尔(David Allair)博士发明,提供给 Computer-Identics 公司,此条码可在较小的空间容纳更多的信息。至此,美国的条码技术进入新的发展阶段。

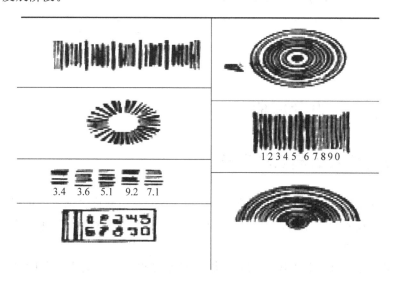

图 1-1 早期条码符号

美国统一代码委员会(Uniform Code Council, UCC)于 1973 年建立了 UPC 商品条码应用系统。同年 UPC 条码标准宣布。食品杂货业把 UPC 商品条码作为该行业的通用商品标识,为条码技术在商业流通销售领域里的广泛应用起到了积极的推动作用。1974 年,Intermec 公司的戴维·阿利尔(David Allair)博士推出 39 条码,很快被美国国防部所采纳,作为军用条码码制。39 条码是第一个字母、数字式的条码,后来广泛应用于工业领域。

1976 年,美国和加拿大在超级市场上成功地使用了 UPC 商品条码应用系统,这给人们以很大的鼓舞,尤其使欧洲人产生了很大的兴趣。1977 年,欧洲物品编码协会在 12 位的 UPC-A 商品条码基础上,开发出与 UPC-A 商品条码兼容的欧洲物品编码系统(European Article Numbering System,EAN),并签署了欧洲物品编码协议备忘录,正式成立了欧洲物品编码协会(European Article Numbering Association,EAN)。直到 1981 年,由于 EAN 组织已发展成为一个国际性组织,改称为"国际物品编码协会"(International Article Numbering Association,EAN International)。

20 世纪 80 年代以来,人们围绕如何提高条码符号的信息密度开展了多项研究工作。信息密度是描述条码符号的一个重要参数。通常把单位长度中可能编写的字符数叫作信息密度,记作:字符个数/厘米。影响信息密度的主要因素是条空结构和窄元素的宽度。EAN-128 条码和 93 条码就是人们为提高信息密度而进行的成功的尝试。1981 年 128 码由 Computer Identic 公司推出。EAN-128 条码于 1981 年被推荐应用;而 93 条码于 1982 年投入使用。这两种条码的符号密度均比 39 条码高出近 30%。此后,戴维·阿利尔又研制出第一个二维条码码制——49 码。这是一种非传统的条码符号,它比以往的条码符号具有更高的密度。特德·威廉姆斯(Ted Williams)于 1988 年推出第二个二维条码码制——16K 条码。该码的结构类似于 49 码,是一种比较新型的码制,适用于激光系统。1990 年 Symbol 公司推出二维条码 PDF417。1994 年 9 月,日本 Denso 公司研制成 QR Code。2003 年中国龙贝公司研制成龙贝码,矽感公司研制成二维半条码码制——Compact Matrix。2005 年年底,由中国物品编码中心和北京网路畅想科技有限公司承担的国家"十五"重大科技专项《二维条码新码制开发与关键技术标准研究》取得突破性成果。我国拥有完全自主知识产权的新型二维条码——汉信码诞生。汉信码填补了我国在二维条码码制标准应用中没有自主知识产权技术的空白,它的研制成功有利于打破国外公司在二维条码生成与识读核心技术上的商业垄断,降低了我国二维条码技术的应用成本,推进了二维条码技术在我国的应用进程。

随着条码技术的发展和条码码制种类的不断增加,条码的标准化显得愈来愈重要。为此,美国曾先后制定了军用标准:条插 25 条码、39 条码和 Coda Bar 条码等 ANSI 标准。同时,一些行业也开始建立行业标准,如 1983 年汽车工业行动小组(AIAG)选用 39 码作业行业标准。这是第一个采用"现场标识"来识别条码的行业标准。1984 年医疗保健业条码委员会采用 39 码作为其行业标准。1990 年,条码印刷质量美国国家标准 ANSI X3.182 颁布,以适应社会发展的需要。与此同时,相应的自动识别设备和印制技术也得到了长足发展。1951 年,David Sheppard 博士研制出第一台实用光学字符(OCR)阅读器。此后 20 年间,50 多家公司和 100 多种 OCR 阅读器进入市场。1964 年,识读设备公司(Recognition Equipment Inc.)在美国印第安纳州的 Fort Benjamin Harison 安装了第一台带字库的 OCR 阅读器,它可以用来识读普通打印字符。1968 年,第一家全部生产条码相关设备的公司 Computer Identics 由 David Collins 创建。1969 年,第一台固定式氦-氖激光扫描器由 Computer Identics 公司研制成功。1971 年,Control Module 公司的 Jim Bianco 研制出 PCP

便携式条码阅读器,这是首次在便携机上使用的微处理器(Intel 4004)和数字盒式存储器,此存储器提供 500KB 存储空间,这在当时是最大的,该阅读器重 27lb。同年,第一台便携笔式扫描装置 Norand 101 在 Norand 公司问世,预示着便携零售扫描应用的大发展和自动识别技术的一个崭新领域。它为实现"从货架上直接写出订单"提供了便利,大大减少了制订订货计划的时间。识别设备公司开发出手持式 OCR 阅读器用于 Sears,Roebuck。这是仓储业使用的第一台手持 OCR 阅读器。1974 年 Intermec 公司推出 Plessey 条码打印机,这是行业中第一台"demand"接触式打印机。第一台 UPC 条码识读扫描器在俄克拉荷马州的 Marsh 超级市场安装,那时只有 27 种产品采用 UPC 条码,商场设法自己建立价格数据库,扫描的第一种商品是 10 片装的 Wrigley 口香糖,标价 69 美分,由扫描器正确读出。许多来自各地的人们,纷纷前来观看机器的操作运行。十几年后,美国大多数的超级市场都采用了扫描器,到 1989 年,17 180 家食品店装上了扫描系统,此数量占全美食品店的 62%。1978 年,第一台注册专利的条码检测仪,Lasercheck 2701 由 Symbol 公司推出。从此专门的条码检测设备诞生了。1980 年,Sato 公司第一台热转印打印机 5323 型问世,它最初是为零售业打印 UPC 码设计的。1981 年,条码扫描与 RF/DC(射频/数据采集)第一次共同使用。第一台线性 CCD 扫描器 20/20 由 Norand 公司推出。1982 年,Symbol 公司推出 LS7000,这是首部成功的商用手持式、激光光束扫描器,它标志着便携式激光扫描器应用的开始。Dest 公司推出首台桌面电子 OCR 文件阅读器,该装置每小时可阅读 250 页。

同时,与条码相关的学术、管理机构组织的学术活动也蓬勃发展起来。例如,1971 年,AIM(自动识别技术制造商协会)成立,当时有 4 家成员公司(Computer-Identics、Identicon、3M、Mekoontrol)。在此之后,1986 年协会成员发展到 85 家,到 1991 年年初,成员发展到 159 家。1982 年,第一本《条码制造商及服务手册》由《条码讯息》(Bar Code News)出版。首届 Scan-Tech 展览在美国达拉斯举行,共有 55 家厂商参展。1984 年,条码行业第一部介绍性著作《字里行间》(Reading Between the Lines)出版,作者是 Craig K. Harmon 和 Russ Adams。同年,第一届欧洲 Scan-Tech 在阿姆斯特丹举行。1985 年,自动编码技术协会(FACT)作为 AIM 的一个分支机构成立。成立初期,该协会包括 10 个行业。到 1991 年,FACT 已有 22 个行业参加。1985 年,第一期《自动识别通信》(Automatic ID News)出版。1986 年由《自动识别系统》(ID System)杂志主办的自动识别技术展览(ID EXPO)在旧金山举办。1987 年,在 James Fales 教授的努力下,"自动识别中心"在俄亥俄大学建立。该中心在 AIM 的协助下,为讲授自动识别技术课程培养教师。1989 年,在旧金山举行的自动识别技术展览上 Scan-Tech'89 成为历史上的"扫描大震动"。

1.1.2　条码技术在我国的应用和发展

1. 我国条码应用发展历程

随着我国改革开放过程的不断发展,我们意识到国家一定要成立相应的编码组织,加入国际物品编码协会,才能够解决我们国家产品的出口急需。1988 年,原国家技术监督局会同国家科委、外交部和财政部向国务院提交了成立中国物品编码中心并加入国际物品编码协会的请示报告。请示获批后,1988 年 12 月 28 日,中国物品编码中心正式成立。1991 年 4 月,经外交部批准,中国物品编码中心代表我国加入国际物品编码协会。中国商品获得以"690"开头的国际通用的商品条码标识。中国商品条码系统成员数量近年来迅速增加,截至 2016 年,我国使用商品条码的企业已接近 30 万家,注册商品条码信息 6 000 多万条。

1) 条码技术研究与应用的起步

1986 年,原国家标准局信息分类编码研究所将"条码技术研究"课题列入研究计划,开始进行条码技术基础研究,并掌握了条码的编码原理和扫描识读原理等基础技术。1989 年,原国家科委重点项目"条码系统研究"正式立项。课题组进行了条码检测技术、条码生成技术和胶片制作技术等研究,并在国内率先开发出条码打印软件。1992 年 11 月,"条码系统研究"通过鉴定。该项成果填补了国内商品条码技术的空白,对条码技术的发展起到了指导作用。1991 年,上海食品一店应用条码的 POS 系统正式投入运行。这是我国自行研制拥有自主知识产权的商业 POS 系统。

2) "八五"期间条码技术应用与发展

1993 年,中国物品编码中心创办了科技期刊《条码与信息系统》,这是我国最早的条码技术刊物。1995 年 8 月,《流通领域电子数据交换规范 EANCOM》正式翻译出版。1996 年 1 月 17 日,国家"八五"重点科技攻关项目"交通运输、仓储、物流条码的研究"科技成果鉴定会在北京召开,并通过了鉴定。课题确定了物流条码体系、贸易单元物流的表示内容和码制选择及条码的生成、识读及质量保证等技术,并就物流条码与 EDI 的接口及物流条码的应用进行了研究。1997 年年初,由中国物品编码中心矫云起、张成海编著的《二维条码技术》一书出版。此书的出版标志着"八五"期间我国对二维条码的技术攻关取得了阶段性成果。

3) "九五"期间条码技术应用与发展

1997 年 4 月中国物品编码中心承担了国家科委"九五"重点项目"二维条码技术研究与应用试点"的研究工作。同年,编制发布了国家标准《四一七条码》(GB/T 17172—1997),该标准是我国自动识别技术领域内第一个二维条码国家标准,它的制定标志着 PDF417 条码在我国的应用进入了正规有序的发展阶段。1998 年 8 月,中国物品编码中心在对商品条码技术的推广应用情况进行了全面调查、分析之后,根据当时需要,对《通用商品条码》(GB/T 12904)进行了修订。修订后的标准在实用性和可操作性方面都有了较大提高。2000 年,完成了"二维条码技术研究与应用试点""EDI 位置码的研究与应用"等多项国家"九五"重点攻关项目。同时还完成了国家技术监督局"供应链管理标准体系及运作模式的研究""条码印制品质量控制与质量管理研究"等三项科研项目,以及《128 条码》《快速响应矩阵条码》等 5 项国家标准的制定和修订工作。

4) "十五"期间条码技术应用与发展

"十五"计划明确提出"要加强条码和代码信息标准化基础工作",此时我国条码事业也进入了一个前所未有的发展时期。2002 年 1 月,中国物品编码中心、中国 ECR 委员会发布"连续补货实施指南"。该指南从操作角度入手,给出了实施连续补货过程的基本概念和技术要求以及成功案例等,便于供应链中各参与方从高效补货中受益。2002 年 7 月,中国物品编码中心承担了国家质量技术监督局青年科技基金项目"基于条码和 EDI/XML 的连续补货流程研究"的研究工作。该课题深入研究了国际上连续补货内容和基本流程的发展,在分析国内供应链管理现状的基础上,提出我国供应商与零售商之间的补货过程以及如何在我国实施连续补货流程。2003 年 1 月,中国标准研究中心等单位承担了"物流配送系统标准体系及关键标准研究"课题。2003 年 4 月,中国物品编码中心启动了"中国条码推进工程"。2003 年 6 月,中国物品编码中心发布了《ANCC 全球统一标识系统用户手册》,该手册对于 ANCC 广大用户特别是中国商品条码系统成员的工作具有现实的指导意义。

在推进国家科研项目过程中,中国物品编码中心及有关机构完成了 7 项与条码、商业 EDI 相关的国家标准制修订任务;通过开展相关标准化的研究与修订工作,推广应用 EAN·UCC 系统(全球统一物品标识系统),编写了《EAN·UCC 系统用户手册》,加强对 EAN·UCC 系统行业解决方案与物流标准化的研究与应用,进行了科技部、国家计委、国家质检总局的其他科研项目的申请、论证和立项工作,为"十五"期间条码技术研究、发展与应用打下了良好的基础。

2. 中国条码推进工程

党的十六大报告明确指出:"以信息化带动工业化,优先发展信息产业,在经济和社会领域广泛应用信息技术。"条码技术推广应用工作作为我国信息化发展的重要基础工作之一,已被国家列入"十五"计划纲要。这充分表明在世界经济一体化、我国加入 WTO(世界贸易组织)后的今天,条码推广应用工作在我国经济建设中已具有举足轻重的作用。截至 2002 年 12 月 31 日,我国共有 8 万家企业成为中国商品条码系统成员。为了使条码工作面向市场,适应加入 WTO 的需要,满足我国经济发展的需求,中国物品编码中心于 2003 年 4 月启动"中国条码推进工程"。

中国条码推进工程的总体目标是:根据我国条码发展战略,加速推进条码在各个领域的应用,利用 5 年时间,共发展系统成员 15 万家,到 2008 年实现系统成员数量翻一番,系统成员保有量居世界第二;使用条码的产品总数达到 200 万种;条码的合格率达到 85%。条码技术在零售、物流配送、连锁经营和电子商务等国民经济和社会发展的各个领域得到广泛应用;形成以条码技术为主体的自动识别技术产业。

3. 我国商品条码应用发展历程

在中国物品编码中心的组织和推动下,我国商品条码的发展主要经历了以下几个阶段。第一阶段(1986—1995 年),主要解决产品出口对条码的急需,促进了我国的对外贸易。通过技术研究,抓住了商品条码发展的难得机遇,成功实现了创业。形成了全国工作网络;把我国的物品编码工作纳入国际体系;解决了我国产品出口的急需;基本形成了我国物品编码工作的核心能力。在此期间,完成了以下里程碑式的工作。

- 1989 年 5 月,开发完成我国第一套条码生成软件。
- 1992 年 6 月,杭州解放路百货商店 POS 系统正式投入使用。
- 1993 年 5 月,联合全国 177 家商店发出《加速商品条码化的步伐》倡议书。

第二阶段(1996—2002 年),主要满足我国商品零售需求,促进商业流通模式变革。

随着我国零售业对外开放,围绕我国超市对条码需求,我们通过技术研发、标准制定和应用领域拓展,积极推动事业快速发展,满足了商业自动化和国内商业流通的需要。在此期间,完成了以下里程碑式的工作。

- 加大科研攻关和标准化工作,基本建成我国物品编码、商品条码技术和标准体系,为促进我国商贸流通和各行业信息化奠定了基础。
- 规范管理,《商品条码管理办法》正式实施。
- 建立了国家条码质量监督检验中心。
- 使用商品条码的产品近 100 万种,应用条码技术进行零售结算的超市近万家,我国商品条码的应用初具规模。

第三阶段(2003—2009 年),主要满足各行业信息化需求,提升信息化水平。

在解决了我国产品的出口和国内零售结算对商品条码的需求之后,我们坚持"以标准促应用,以应用促发展"的战略,全国物品编码工作者努力拼搏,通过加大科研与标准化、人才培养力度,实施"条码推进工程",极大地推进了商品条码在零售以外的各个行业及领域应用。

- 增强科研实力,完成一系列国家重大科研项目和标准制修订工作,获得国家有关部委的高度评价。
- 加大人才培养,在全国拥有 500 多个工作站,3 000 多名专业技术人员;在 200 所高校开设课程,培养了 200 多名高校专业教师和 5 万多名大学生。
- 建立国家射频识别产品质量监督检验中心。
- 推动行业应用,条码技术从商业零售拓展到物流配送、食品药品追溯、服装、建材、生产过程管理、证照管理等对国民经济有重大影响、与百姓生活密切相关的领域。

第四阶段(2010—2016 年),主要满足产品追溯需求,提升监管水平,满足电子商务需求,促进网络经济发展。

随着物联网、网络经济的快速发展,对物品编码提出了新的要求。我们围绕物品编码体系、食品安全追溯和物联网,在继续做好商品条码核心业务的基础上,充分发挥标准化对物品编码工作的支撑作用,加强顶层设计和前瞻性研究,开展了大量科研和标准化工作,重点加强了国家物品编码体系建设研究,以服务各行业的信息化应用。在此期间,完成了以下里程碑式的工作。

- 制定物联网统一标识标准体系。

- 加强自主创新,推动汉信码(二维条码)形成开放系统的应用,并成为国际标准。
- 提出物联网物品统一标识 Ecode,建立我国首个物联网标准。
- 搭建国家产品基础数据库,服务社会经济发展。
- 服务网络经济,推进电子商务发展。
- 服务产品质量追溯,推进在政府监管的应用。

4. 我国商品条码发展过程中的主要成绩

我国商品条码工作一直与国际接轨。随着国家经济、信息化的快速发展,特别是经过这些年来的努力拼搏,我国在物品编码战略研究、理论研究等方面全球领先。系统成员发展数量位居世界第二,已有超过 8 000 多万种产品用上条码,我国物品编码工作取得了世界瞩目的成绩。

- 国际化进程加快,推动我国阿里巴巴、华联的高层管理人员加入 GS1 全球管理委员会。
- 中国物品编码中心主任担任 GS1 全球顾问委员会委员、GS1 管理委员会委员。
- 我国获全球物品编码工作成就奖。
- 在国际物品编码工作中发挥着编码大国的重要作用。

1.1.3　条码技术的发展方向

目前世界各国特别是经济发达国家条码技术的发展重点正向着生产自动化、交通运输现代化、金融贸易国际化、医疗卫生高效化、票证金卡普及化和安全防盗防伪保密化等方向推进。各国除大力推行 13 位商品标识代码外,同时重点推广、应用贸易单元 128 码、EAN位置码、条码应用标识、二维条码等。国际上一些走在前面的国家或地区已在商业批发零售和分配、工业制造、金融服务、政府行政管理、建筑和房地产、卫生保健、教育和培训、媒介出版和信息服务、交通运输、旅游和娱乐服务等领域推广应用条码技术并取得了十分明显的成果。

1) 条码技术与其他技术的相互渗透

条码识读器的可识别和可编程功能,可以用在许多场合。它通过扫描条码编程菜单中相应的指令,使自身可设置成许多特定的工作状态,因而可广泛用于电子仪器、机电设备以及家用电器中。

2) 无线数据采集器方面

近年来,180°甚至 360°全向激光扫描器越来越多地应用到 POS 系统中,由于对扫描角度要求不高,因而适应性很强。各种扫描器的首读率一般应达到 95% 以上,而分辨率一般应达到中等水平,目前正在着力解决高分辨所需的光电转换器件和光路系统。虽然便携式数据采集器的技术难度较大,但它代表了今后的产品发展方向,我们要解决高集成度的专用芯片的生产工艺问题以及专用的供电电池。在工业生产和仓库管理中,为了适应自动流水生产线上的数据自动采集,还需要研制出有较大景深和扫描工作距离的固定式扫描器。

3) 生成与印制技术设备的研制方面

国内已开发出中英文轻型印刷系统,适合于大批量印制的设备也已研制成功。因此,今后应重点发展适合于小批量印制的包括现场专用打码机在内的各种专用印制机,以满足广大用户的需要。

4) 标识载体方面

标识载体方面目前已初步体现出小型化、多样化和智能化的发展趋势,从自动识别载体的角度讲,符号所占面积将越来越小,载体形式将更加多样化,性能方面更加智能化。

5) 二维条码方面

随着智能手机功能和图像处理能力的不断进步,以颜色作为承载信息第三维度的"三维码"将在不久的将来真正成熟;另外,三维打印技术的日趋完善和全息技术的兴起,兼具防伪功能的全息二维条码或出现并引领二维条码产业的新潮流。从二维条码的应用方面来说,作为互联网的入口,二维条码的应用已经逐步渗透我国的各行各业,二维条码将成为加快我国工业、农业、商业和服务业的信息化建设的纽带和桥梁,二维条码在各行业应用中将朝标准化和统一化方向发展。

1.2　条码的基础知识

1.2.1　条码的基本概念

1. 条码(bar code)

条码是由一组规则排列的条、空及其对应字符组成的标记,用以表示特定的信息。

条码通常用来对物品进行标识。这个物品可以是用来进行交易的一个贸易项目,如一瓶啤酒或一箱可乐;也可以是一个物流单元,如一个托盘或一个集装箱。所谓对物品的标识,就是首先给某一物品分配一个代码,然后以条码的形式将这个代码表示出来,并且标识在物品上,以便识读设备通过扫描识读条码符号而对该物品进行识别。如图 1-2 所示为标识在某商品上的条码符号。条码不仅可以用来标识物品,还可以用来标识资产、位置和服务关系等。

2. 代码(code)

代码是指一组用来表征客观事物的一个或一组有序的符号。代码必须具备鉴别功能,即在一个信息分类编码标准中,一个代码只能唯一地标识一个分类

图 1-2　标识在某商品上的条码符号

对象,同样地一个分类对象只能有一个唯一的代码。比如,按国家标准"人的性别代码"规定,代码"1"表示男性,代码"2"表示女性,而且这种表示是唯一的。我们在对项目进行标识时,首先要根据一定的编码规则为其分配一个代码,然后再用相应的条码符号将其表示出来。如图 1-2 所示,图中的阿拉伯数字 6949999900073 即是该商品的商品标识代码,而在其上方由条和空组成的条码符号则是该代码的符号表示。

在不同的应用系统中,代码可以有含义,也可以无含义。有含义代码可以表示一定的信息属性,如某厂的产品有多种系列,其中,代码 60000～69999 是电器类产品;70000～79999 为汤奶锅类产品;80000～89999 为压力锅类炊具等。从编码的规律可以看出,代码的第一位代表了产品的分类信息,是有含义的。无含义代码则只作为分类对象的唯一标识,只代替对象的名称,而不提供对象的任何其他信息。

3. 码制

条码的码制是指条码符号的类型。每种类型的条码符号都是由符合特定编码规则的条和空组合而成的。每种码制都具有固定的编码容量和所规定的条码字符集。条码字符中字符总数不能大于该种码制的编码容量。常用的一维条码码制包括:EAN 条码、UPC 条码、UCC/EAN-128 条码、交叉 25 条码、39 条码、93 条码和库德巴条码等。

4. 字符集

字符集是指某种码制的条码符号可以表示的字母、数字和符号的集合。有些码制仅能表示 10 个数字字符,即 0～9,如 EAN/UPC 条码;有些码制除了能表示 10 个数字字符外,还可以表示几个特殊字符,如库德巴条码。39 条码可表示数字字符 0～9、26 个英文字母 A～Z,以及一些特殊符号。几种常见码制的字符集如下:

EAN 条码的字符集:数字 0～9。

交叉 25 条码的字符集:数字 0～9。

39 条码的字符集:数字 0～9,字母 A～Z,特殊字符:－,·,$,％,空格,/,＋。

5. 连续性与非连续性

条码符号的连续性是指每个条码字符之间不存在间隔。相反,非连续性是指每个条码字符之间存在间隔,如图 1-3 所示,该图为 25 条码的字符结构。从图中可以看出,字符与字符间存在着字符间隔,所以是非连续的。

从某种意义上讲,由于连续性条码不存在条码字符间隔,所以密度相对较高。而非连续性条码的密度相对较低。所谓条码的密度即是单位长度的条码所表示的条码字符的个数。但非连续性条码字符间隔引起误差较大,一般规范不给出具体指标限制。而对连续性条码除了控制条空的尺寸误差外,还需控制相邻条与条、空与空的相同边缘间的尺寸误差及每一条码字符的尺寸误差。

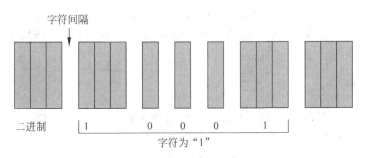

图 1-3　25 条码的字符结构

6. 定长条码与非定长条码

定长条码是条码字符个数固定的条码,仅能表示固定字符个数的代码。非定长条码是指条码字符个数不固定的条码,能表示可变字符个数的代码。例如,EAN/UPC 条码是定长条码,它们的标准版仅能表示 12 个字符,39 条码则为非定长条码。

定长条码由于限制了表示字符的个数,其译码的误识率相对较低,因为就一个完整的条码符号而言,任何信息的丢失都会导致译码的失败。非定长条码具有灵活、方便等优点,但受扫描器及印刷面积的限制,它不能表示任意多个字符,并且在扫描阅读过程中可能产生因信息丢失而引起错误的译码。这些缺点在某些码制(如交叉 25 条码)中出现的概率相对较大,但是这些缺点可以通过增强识读器或计算机系统的校验程度来克服。

7. 双向可读性

条码符号的双向可读性,是指从左、右两侧开始扫描都可被识别的特性。绝大多数码制都可双向识读,所以都具有双向可读性。事实上,双向可读性不仅仅是条码符号本身的特性,也是条码符号和扫描设备的综合特性。对于双向可读的条码,识读过程中译码器需要判别扫描方向。有些类型的条码符号,其扫描方向的判定是通过起始符与终止符来完成的,如 39 条码、交叉 25 条码和库德巴条码。有些类型的条码,由于从两个方向扫描起始符和终止符所产生的数字脉冲信号完全相同,所以无法用它们来判别扫描方向,如 EAN 和 UPC 条码。在这种情况下,扫描方向的判别则是通过条码数据符的特定组合来完成的。对于某些非连续性条码符号,如 39 条码,由于其字符集中存在着条码字符的对称性,在条码字符间隔较大时,很可能出现因信息丢失而引起的译码错误。

8. 自校验特性

条码符号的自校验特性是指条码字符本身具有校验特性。若在一条码符号中,一个印刷缺陷(例如,因出现污点把一个窄条错认为宽条,而相邻宽空错认为窄空)不会导致替代错误,那么这种条码就具有自校验功能,如 39 条码、库德巴条码、交叉 25 条码;而 EAN 和 UPC 条码、93 条码等就没有自校验功能。自校验功能也能校验出一个印刷缺陷。对于大于一个的印刷缺陷,任何自校验功能的条码都不可能完全校验出来。对于某种码制,是否具有自校验功能是由其编码结构决定的。码制设置者在设置条码符号时,均须考虑自校验功能。

9. 条码密度

条码密度是指单位长度条码所表示条码字符的个数。显然,对于任何一种码制来说,各单元的宽度越小,条码符号的密度就越高,也越节约印刷面积。但由于印刷条件及扫描条件的限制,我们很难把条码符号的密度做得太高。39 条码的最高密度为 9.4 个/25.4mm(9.4 个/英寸);库德巴条码的最高密度为 10.0 个/25.4mm(10.0 个/英寸);交叉 25 条码的最高密度为 17.7 个/25.4mm(17.7 个/英寸)。

条码密度越高,所需扫描设备的分辨率也就越高,这必然增加扫描设备对印刷缺陷的敏感性。

10. 条码质量

条码质量指的是条码的印制质量,其判定主要从外观、条(空)反射率、条(空)尺寸误差、空白区尺寸、条高、数字和字母的尺寸、校验码、译码正确性、放大系数、印刷厚度和印刷位置几个方面进行。条码的质量检验需严格按照有关国家标准进行,具体检测方法见第 4 章。

条码的质量是确保条码正确识读的关键。不符合条码国家标准技术要求的条码,不仅会因扫描仪器拒读而影响扫描速度,降低工作效率,而且还可能造成误读进而影响信息采集系统的正常运行。因此,确保条码的质量是十分重要的。

1.2.2　条码的符号结构

一个完整的条码符号是由两侧空白区、起始字符、数据字符、校验字符(可选)、终止字符和供人识读字符组成,如图 1-4 所示。

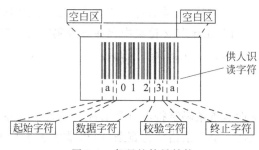

图 1-4　条码的符号结构

相关术语的解释如下：

1）空白区（clear area）

起始字符、终止字符两端外侧与空的反射率相同的限定区域。

2）起始字符（start character，start cipher，start code）

位于条码起始位置的若干条与空。

3）终止字符（stop character，stop cipher，stop code）

位于条码终止位置的若干条与空。

4）数据字符（bar code character set）

表示特定信息的条码字符。

5）校验字符（bar code check character）

表示校验码的条码字符。

6）供人识读字符

位于条码的下方，与相应的条码字符相对应的、用于供人识别的字符。

1.3　条码的特点及分类

条码技术是电子与信息科学领域的高新技术，它所涉及的技术领域较广，是多项技术相结合的产物。经过多年的长期研究和应用实践，条码技术现已发展成为较成熟的实用技术。

1.3.1　条码技术的研究对象

条码技术主要研究的是如何将需要向计算机输入的信息用条码这种特殊的符号加以表示，以及如何将条码所表示的信息转变为计算机可自动识读的数据。因此，条码技术的研究对象主要包括编码规则、符号表示技术、识读技术、生成与印制技术和应用系统设计技术等五大部分。

1. 编码规则

任何一种条码，都是按照预先规定的编码规则和有关标准，由条和空组合而成的。人们将为管理对象编制的由数字、字母或者数字和字母组成的代码序列称为编码。编码规则主要研究编码原则、代码定义等。编码规则是条码技术的基本内容，也是制定码制标准和对条码符号进行识别的主要依据。为了便于物品跨国家和地区流通，适应物品现代化管理的需要，以及增强条码自动识别系统的相容性，各个国家、地区和行业，都必须遵循并执行国际统一的条码标准。

2. 符号表示技术

条码是由一组按特定规则排列的条和空及相应数据字符组成的符号。条码是一种图形化的信息代码。不同的码制,条码符号的构成规则也不同。目前较常用的一维条码码制有 EAN 商品条码、UPC 商品条码、UCC/EAN-128 条码、交叉 25 条码、库德巴码、39 条码等。二维条码较常用的码制有 PDF417 码、QR Code 码等。符号表示技术的主要内容是研究各种码制的条码符号设计、符号表示以及符号制作。

3. 识读技术

条码自动识读技术可分为硬件技术和软件技术两部分。

自动识读硬件技术主要解决将条码符号所代表的数据转换为计算机可读的数据以及与计算机之间数据通信的问题。硬件支持系统可以分解成光电转换技术、译码技术、通信技术以及计算机技术。光电转换系统除传统的光电技术外,目前主要采用电荷耦合器件——CCD 图像感应器技术和激光技术。软件技术主要解决数据处理、数据分析及译码等问题,数据通信是通过软硬件技术的结合来实现的。

在条码自动识读设备的设计中,考虑到其成本和体积,往往以硬件支持为主,所以应尽量采取可行的软措施来实现译码及数据通信。近年来,条码技术逐步渗透到许多技术领域,人们往往把条码自动识读装置作为电子仪器、机电设备和家用电器的重要功能部件,因而减小体积、降低成本更具有现实意义。

自动识读技术主要由条码扫描和译码两部分构成。扫描的功能是利用光束扫读条码符号,并将光信号转换为电信号。译码是将扫描器获得的电信号按一定的规则翻译成相应的数据代码,然后输入计算机(或存储器)。

当扫描器扫读条码符号时,光敏元件将扫描到的光信号转变为模拟电信号,模拟电信号经过放大、滤波、整形等信号处理,转变为数字信号。译码器按一定的译码逻辑对数字脉冲进行译码处理后,便可得到与条码符号相应的数字代码。

4. 生成与印制技术

只要掌握了编码规则和条码标准,把所需数据用条码表示就不难解决。然而,如何把它印制出来呢? 这就涉及生成与印制技术。我们知道条码符号中条和空的宽度是包含着信息的。首先用计算机软件按照选择的码制、相应的标准和相关要求生成条码样张,再根据条码印制的载体介质、数量,选择最适合的印制技术和设备。因此在条码符号的印刷过程中,对诸如反射率、对比度以及条空边缘粗糙度等均有严格的要求。所以,必须选择适当的印刷技术和设备,以保证印制出符合规范的条码。条码印制技术是条码技术的主要组成部分,因为条码的印制质量直接影响识别效果和整个系统的性能。条码印制技术所研究的主要内容是:制片技术;印制技术和研制各类专用打码机;印刷系统以及如何按照条码标准和印制批量的大小,正确选用相应技术和设备等。根据不同的需要,印制设备大体可分为三种:适用于大批量印制条码符号的设备;适用于小批量印制的专用机;以及灵活方便的现场专用打码机等。条码印制技术既有传统的印刷技术,又有现代制片、制版技术和激光、电磁、热敏等多种技术。

5. 应用系统设计技术

条码应用系统由条码、识读设备、电子计算机及通信系统组成。应用范围不同,条码应用系统的配置也不同。一般来讲,条码应用系统的应用效果主要取决于系统的设计。条码应用系统设计主要考虑下面几个因素。

(1) 条码设计。条码设计包括确定条码信息单元、选择码制和符号版面设计。

(2) 符号生成与印制。在条码应用系统中,条码印制质量对系统能否顺利运行关系重大。如果条码本身质量较高,即使性能一般的识读器也可以顺利地读取。虽然操作水平、识读器质量等是影响识读质量不可忽视的因素,但条码本身的质量始终是系统能否正常运行的关键。据统计资料表明,在系统拒读、误读事故中,条码标签质量原因占事故总数的50%左右。因此,在印制条码符号前,要做好印制设备和印制介质的选择,以获得合格的条码符号。

(3) 识读设备选择。条码识读设备种类很多,如在线式的光笔、CCD 识读器、激光枪、台式扫描器等,不在线式的便携式数据采集器,无线数据采集器等,它们各有优缺点。在设计条码应用系统时,必须考虑识读设备的使用环境和操作状态,以作出正确的选择。

1.3.2　条码的分类

条码按照不同的分类方法和编码规则可以分成许多种,现在已知的世界上正在使用的条码就有 250 种之多。条码的分类方法主要依据条码的编码结构和性质来决定。例如,就一维条码来说,按条码字符个数是否可变来分可分为定长和非定长条码;按排列方式分可分为连续型和非连续型条码;从校验方式分又可分为自校验型和非自校验型条码等。

条码可分为一维条码和二维条码。一维条码是我们通常所说的传统条码。一维条码按照应用可分为商品条码和物流条码。商品条码包括 EAN 码和 UPC 码;物流条码包括 128 码、ITF 码、39 码、库德巴(Codabar)码等。二维条码根据构成原理和结构形状的差异可分为两大类型:一类是行排式二维条码(2D stacked bar code);另一类是矩阵式二维条码(2D matrix bar code)。

1.3.3　条码技术的特点

条码技术是电子与信息科学领域的高新技术,所涉及的技术领域较广,是多项技术相结合的产物,经过多年的研究和应用实践,现已发展成为较成熟的实用技术。

在信息输入技术中,采用的自动识别技术种类很多。条码作为一种图形识别技术,与其他识别技术相比有如下特点。

(1)简单。条码符号制作容易,扫描操作简单易行。

(2)信息采集速度快。普通计算机的键盘录入速度是200字符/分,而利用条码扫描录入信息的速度是键盘录入的20倍。

(3)采集信息量大。利用条码扫描,一次可以采集几十位字符的信息,而且可以通过选择不同码制的条码增加字符密度,使录入的信息量成倍增加。

(4)可靠性高。键盘录入数据,误码率为1/300,利用光学字符识别技术,误码率约为0.01%。而采用条码扫描录入方式,误码率仅有0.0001%,首读率可达98%以上。

(5)灵活、实用。条码符号作为一种识别手段可以单独使用,也可以和有关设备组成识别系统实现自动化识别,还可和其他控制设备联系起来实现整个系统的自动化管理。同时,在没有自动识别设备时,也可实现手工输入。

(6)自由度大。识别装置与条码标签相对位置的自由度比OCR大得多。条码通常只在一维方向上表示信息,而同一条码符号上所表示的信息是连续的,这样即使是标签上的条码符号在条的方向上有部分残缺,仍可以从正常部分识读正确的信息。

(7)设备结构简单,成本低。条码符号识别设备的结构简单,操作容易,无须专门训练。与其他自动化识别技术相比较,推广应用条码技术所需费用较低。

1.4　条码技术与数据库技术

从概念上看,管理信息系统由四大部分组成,即信息源、信息处理器、信息用户和信息管理者,如图1-5所示。

图1-5　管理信息系统总体构成

条码技术应用于管理信息系统中,使信息源(条码符号)→信息处理器(条码扫描器POS终端、计算器)→信息用户(使用者)的过程自动化,不需要更多的人工介入。这将大大提高许多计算机管理信息系统的实用性。

条码应用系统就是将条码技术应用于某一系统中,充分发挥条码技术的优点,使应用系统更加完善。条码应用系统一般由图1-6所示的几部分组成。

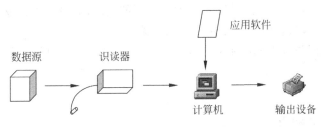

图 1-6　条码应用系统构成图

（1）数据源标志着客观事物的符号集合，是反映客观事物原始状态的依据，其准确性直接影响着系统处理的结果。因此，完整准确的数据源是正确决策的基础。在条码应用系统中，数据源是用条码表示的，如图书管理中图书的编号、读者编号，商场管理中货物的代码，等等。目前，国际上有许多条码码制，在某一应用系统中，选择合适的码制是非常重要的。

（2）识读器是条码应用系统的数据采集设备，它可以快速准确地捕捉到条码表示的数据源，并将这一数据送给计算机处理。随着计算机技术的发展，其运算速度和存储能力有了很大提高，而计算机的数据输入却成了计算机发挥潜力的一个主要障碍。条码识读器较好地解决了计算机输入中的"瓶颈"问题，大大提高了计算机应用系统的实用性。

（3）计算机是条码应用系统中的数据存储与处理设备。由于计算机存储容量大，运算速度快，使许多烦冗的数据处理工作变得方便、迅速、及时。计算机用于管理，可以大幅度减轻劳动强度，提高工作效率，在某些方面还能完成手工无法完成的工作。近年来，计算机技术在我国得到了广泛应用，从单机系统到大的计算机网络，几乎普及社会的各个领域，这极大地推动了现代科学技术的发展。条码技术与计算机技术的结合，使应用系统从数据采集到处理分析构成了一个强大协调的体系，为国民经济的发展起到了重要的作用。

（4）应用软件是条码应用系统的一个组成部分，它是以系统软件为基础并为解决各类实际问题而编制的各种程序。应用程序一般是用高级语言编写的，把要被处理的数据组织在各个数据文件中，由操作系统控制各个应用程序执行，并自动地对数据文件进行各种操作。程序设计人员不必再考虑数据在存储器中的实际位置，这为程序设计带来了方便。在条码管理系统中，应用软件包括以下几个功能。

① 定义数据库。定义数据库包括全局逻辑数据结构定义、局部逻辑结构定义、存储结构定义及信息格式定义等。

② 管理数据库。管理数据库包括对整个数据库系统运行的控制、数据存取、增删、检索和修改等操作管理。

③ 建立和维护数据库。建立和维护数据库包括数据库的建立、数据库更新、数据库再组织和数据库恢复及性能监测等。

④ 数据通信。数据通信具备与操作系统的联系处理能力、分时处理能力及远程数据输入与处理能力。

（5）输出设备可把数据经过计算机处理后得到的信息以文件、表格或图形方式输出,供管理者及时准确地掌握这些信息,制定正确的决策。

条码技术的应用与数据库技术有着非常密切的关系,本书第11章条码应用系统设计将进行详细介绍。

1.5　条码的管理

中国物品编码中心是统一组织、协调、管理我国商品条码、物品编码与自动识别技术的专门机构,隶属于国家质量监督检验检疫总局,1988年成立,1991年4月代表我国加入国际物品编码协会(GS1),负责推广国际通用的、开放的、跨行业的全球统一编码标识系统和供应链管理标准,向社会提供公共服务平台和标准化解决方案。

中国物品编码中心在全国设有47个分支机构,形成了覆盖全国的集编码管理、技术研发、标准制定、应用推广以及技术服务为一体的工作体系。物品编码与自动识别技术已广泛应用于零售、制造、物流、电子商务、移动商务、电子政务、医疗卫生、产品质量追溯、图书音像等国民经济和社会发展的诸多领域。全球统一标识系统是全球应用最为广泛的商务语言,商品条码是其基础和核心。截至目前,编码中心累计向50多万家企业提供了商品条码服务,全国有上亿种商品上印有商品条码。

中国物品编码中心的主要职责包括以下几个方面。

1. 统一协调管理全国物品编码工作

负责组织、协调、管理全国商品条码、物品编码、产品电子代码(EPC)与自动识别技术工作,贯彻执行我国物品编码与自动识别技术发展的方针、政策,落实《商品条码管理办法》。对口国际物品编码协会(GS1),推广全球统一标识系统和我国统一的物品编码标准。组织领导全国47个分支机构做好商品条码、物品编码的管理工作。

2. 开展物品编码与自动识别技术科研标准化工作

重点加强前瞻性、战略性、基础性、支撑性技术研究,提出并建立了国家物品编码体系,研究制定了物联网编码标识标准体系,修订70多项物品编码与自动识别技术相关国家标准,取得了一批具有自主知识产权的科技成果,推动汉信码成为国际ISO标准,有力地促进了国民经济信息化的建设和发展。

3. 推动物品编码与自动识别技术广泛应用

物品编码与自动识别技术已经广泛应用于我国的零售、食品安全追溯、医疗卫生、物流、建材、服装、特种设备、商品信息服务、电子商务、移动商务等领域。商品条码技术为我国的产品质量安全、诚信体系建设提供了可靠的产品信息和技术保障。目前,我国有近 8 000 万种产品包装上使用了商品条码标识;使用条码技术进行自动零售结算的商店已达上百万家。

4. 全方位提供物品编码高品质服务

完善商品条码系统成员服务,积极开展信息咨询和技术培训。通过国家条码质量监督检验中心和国家射频产品质量监督检验中心,向社会提供质量检测服务。通过中国商品信息服务平台,实现全球商品信息的互通互联,保障企业与国内外合作伙伴之间数据传递的准确、及时和高效,提高了我国现代物流、电子商务以及供应链运作的效率。

1.6　条码技术标准

从条码应用系统来看,在物流管理中应用条码技术主要涉及的标准有条码基础标准、码制标准、条码生成设备标准、条码识读设备标准、条码符号检验标准,以及条码应用标准,目前我国条码码制标准基本上已成体系,但条码设备标准缺乏,条码标准体系尚不完善。

相应标准:

《商品条码 参与方位置编码与条码表示》(GB/T 16828—2007)

《商品条码 店内条码》(GB/T 18283—2008)

《商品条码 条码符号印制质量的检验》(GB/T 18348—2008)

《商品条码 储运包装商品编码与条码表示》(GB/T 16830—2008)

《商品条码 零售商品编码与条码表示》(GB 12904—2008)

《商品条码 物流单元编码与条码表示》(GB/T 18127—2009)

《商品条码 应用标识符》(GB/T 16986—2009)

《商品条码 条码符号放置指南》(GB/T 14257—2009)

《商品条码 服务关系编码与条码表示》(GB/T 23832—2009)

《商品条码 资产编码与条码表示》(GB/T 23833—2009)

《库德巴条码》(GB/T 12907—2008)

《RSS 条码》(GB/T 21335—2008)

《中国标准书号条码》(GB/T 12906—2008)

《商品条码印刷适性试验》(GB/T 18805—2002)

《条码术语》(GB/T 12905—2000)

《贸易项目的编码与符号表示导则》(GB/T 19251—2003)

《EAN·UCC 系统 128 条码》(GB/T 15425—2002)

《汉信码》(GB/T 21049—2007)

《交叉二五条码》(GB/T 16829—1997)

《四一七条码》(GB/T 17172—1997)

中国标准刊号(ISSN 部分)条码 GB/T 16827—1997

《信息技术 自动识别技术与数据采集技术 条码符号印刷质量的检验》(GB/T 14258—2003)

《信息技术 自动识别技术与数据采集技术 条码符号规范 三九条码》(GB/T 12908—2002)

《信息技术 自动识别技术与数据采集技术 二维条码符号印制质量的检验》(GB/T 23704—2009)

1.7 实训项目

通过浏览中国物品编码中心官方网站(www.ancc.org.cn)或关注中国物品编码中心微信号(ANCC-4007000690),了解条码技术发展的最新动态,收集条码技术资料。

【知识目标】

通过浏览中国物品编码中心官方网站或微信平台,及时掌握我国条码技术发展前沿动态,加深课程知识内容的理解,拓宽学生知识视野,增强学习兴趣。

【技能目标】

能借助网络收集条码技术资料,能运用条码技术的基础知识进行资料甄别与归纳总结,能使用搜索引擎自主学习条码知识。

【实训设备】

能登录 Internet 的计算机或手机。

【实训内容】

项目一 搜集条码技术最新发展动态。

项目二 搜集条码技术应用案例并进行分析。

【实训报告】

撰写总结报告。

【注意事项】

1. 总结报告撰写过程中必须贴近企业实际,可以网络调查与实际调查相结合。

2. 网络信息可以多参考几个网站,有关条码信息的网站学生在教师指导下自我完成。

3. 注重学生自我学习意识与方法能力的培养。

第 2 章　各类自动识别技术概述

目标分类	目标要求
能力目标	1. 能够根据实际需要选用合理的自动识别技术
	2. 能熟练应用 RFID 技术解决实际问题
	3. 能了解图像、生物及磁卡等识别技术的应用领域
知识目标	1. 掌握各种自动识别技术相关基础知识
	2. 理解各种技术的原理及适用场合
素养目标	动手操作能力、合作交流能力、信息处理能力

【理论知识】

随着高科技的飞速发展,国际经济迅速向一体化迈进,促进了信息开发和信息服务产业的诞生和发展。计算机在性能上日臻完善,超大规模集成电路和超高速计算机技术突飞猛进,人们开始关注如何改变手工数据输入,使输入质量和速度与其相匹配。条码自动识别技术就是在这样的环境下应运而生的。它是一项以计算机、光电技术和通信技术的发展为基础的综合性科学技术,是信息数据自动识别、输入的重要方法和手段。

作为自动识别技术之一的条码技术,从 20 世纪 40 年代进行研究开发,70 年代逐渐形成了规模,近 30 年则取得了长足的发展。自动识别技术是信息数据自动识读、自动输入计算机的重要方法和手段,也已经初步形成了包括条码技术、射频技术、生物识别、语音识别、图像识别及磁卡技术等以计算机、光、机、电、通信技术为一体的高新科学技术。

2.1　RFID 技术

RFID 是 radio frequency identification 的缩写,即射频识别,是一种非接触式的自动识别技术。它通过射频信号自动识别目标对象并获取相关数据,识别工作无须人工干预,无须识别系统与特定目标之间建立机械或者光学接触,可工作于各种恶劣环境。RFID 技术可识别高速运动物体并可同时识别多个标签,操作快捷方便。

2.1.1　RFID 系统的构成

RFID 一般由以下几部分组成。

1. RFID 标签

RFID 标签俗称电子标签,也称应答器(tag,transponder,responder),根据工作方式可分为主动式(有源)和被动式(无源)两大类,本文主要研究被动式 RFID 标签及系统。被动式 RFID 标签由标签芯片和标签天线或线圈组成,利用电感耦合或电磁反向散射耦合原理实现与读写器之间的通信。RFID 标签中存储一个唯一编码,通常为 64b、96b 甚至更高,其地址空间大大高于条码所能提供的空间,因此可以实现单品级的物品编码。当 RFID 标签进入读写器的作用区域时,就可以根据电感耦合原理(近场作用范围内)或电磁反向散射耦合原理(远场作用范围内)在标签天线两端产生感应电势差,并在标签芯片通路中形成微弱电流,如果这个电流强度超过一个阈值,就将激活 RFID 标签芯片电路工作,从而对标签芯片中的存储器进行读/写操作,微控制器还可以进一步加入诸如密码或防碰撞算法等复杂功能。RFID 标签芯片的内部结构主要包括射频前端、模拟前端、数字基带处理单元和 eeprom 存储单元四部分。

2. 读写器

读写器也称阅读器、询问器(reader,interrogator),是对 RFID 标签进行读/写操作的设备,主要包括射频模块和数字信号处理单元两部分。读写器是 RFID 系统中最重要的基础设施,一方面,RFID 标签返回的微弱电磁信号通过天线进入读写器的射频模块中转换为数字信号,再经过读写器的数字信号处理单元对其进行必要的加工整形,最后从中解调出返回的信息,完成对 RFID 标签的识别或读/写操作;另一方面,上层中间件及应用软件与读写器进行交互,实现操作指令的执行和数据汇总上传。在上传数据时,读写器会对 RFID 标签原子事件进行去重过滤或简单的条件过滤,将其加工为读写器事件后再上传,以减少与中间件及应用软件之间数据交换的流量,因此在很多读写器中还集成了微处理器和嵌入式系统,实现一部分中间件的功能,如信号状态控制、奇偶位错误校验与修正等。未来的读写器呈现出智能化、小型化和集成化趋势,还将具备更加强大的前端控制功能,如直接与工业现场的其他设备进行交互甚至是作为控制器进行在线调度。在物联网中,读写器将成为同时具有通信、控制和计算(communication,control,computing)功能的 C3 核心设备。

3. 天线

天线是 RFID 标签和读写器之间实现射频信号空间传播和建立无线通信连接的设备。RFID 系统中包括两类天线,一类是 RFID 标签上的天线,由于它已经和 RFID 标签集成为一体,因此不再单独讨论;另一类是读写器天线,既可以内置于读写器中,也可以通过同轴电缆与读写器的射频输出端口相连。目前的天线产品多采用收发分离技术来实现发射和接收功能的集成。天线在 RFID 系统中的重要性往往被人们所忽视,在实际应用中,天线设计参数是影响 RFID 系统识别范围的主要因素。高性能的天线不仅要求具有良好的阻抗匹配特性,还需要根据应用环境的特点对方向特性、极化特性和频率特性等进行专门设计。

4. 中间件

中间件是一种面向消息的、可以接受应用软件端发出的请求、对指定的一个或者多个读写器发起操作并接收、处理后向应用软件返回结果数据的特殊化软件。中间件在 RFID 应用中除了可以屏蔽底层硬件带来的多种业务场景、硬件接口、适用标准造成的可靠性和稳定性问题外,还可以为上层应用软件提供多层、分布式、异构的信息环境下业务信息和管理信息的协同。中间件的内存数据库还可以根据一个或多个读写器的读写器事件进行过滤、聚合和计算,抽象出对应用软件有意义的业务逻辑信息构成业务事件,以满足来自多个客户端的检索、发布/订阅和控制请求。

5. 应用软件

应用软件是直接面向 RFID 应用最终用户的人机交互界面,协助使用者完成对读写器的指令操作以及对中间件的逻辑设置,逐级将 RFID 原子事件转化为使用者可以理解的业务事件,并使用可视化界面进行展示。由于应用软件需要根据不同应用领域的不同企业进行专门制定,因此很难具有通用性。从应用评价标准来说,使用者在应用软件端的用户体验是判断一个 RFID 应用案例成功与否的决定性因素之一。

2.1.2　RFID 系统的基本工作原理

射频识别(radio frequency identification,RFID)技术的基本原理是电磁理论。标签进入磁场后,接收解读器发出的射频信号,凭借感应电流所获得的能量发送出存储在芯片中的产品信息(无源标签或被动标签),或者由标签主动发送某一频率的信号(active tag,有源标签或主动标签),解读器读取信息并解码后,送至中央信息系统进行有关数据处理。

射频信号是通过调成无线电频率的电磁场,把数据从附着在物品上的标签上传送出去,以自动辨识与追踪该物品。某些标签在识别时从识别器发出的电磁场中就可以得到能量,无须电池供电;也有标签本身拥有电源,并可以主动发出无线电波(调成无线电频率的电磁场)。标签包含了电子存储的信息,数米之内都可以识别。与条形码不同的是,射频标签不需要处在识别器视线之内,也可以嵌入被追踪物体之内,射频识别原理如图 2-1 所示。

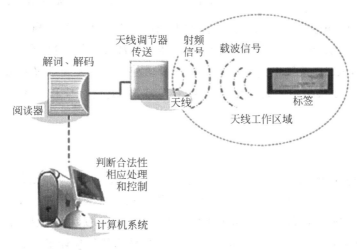

图 2-1　射频识别原理图

2.1.3　RFID 的分类

RFID 按应用频率的不同分为低频(LF)、高频(HF)、超高频(UHF)和微波(MW),相对应的代表性频率分别为:低频 135kHz 以下、高频 13.56MHz、超高频 860M～960MHz、微波 2.4G～5.8GHz。

RFID 按照能源的供给方式分为无源 RFID、有源 RFID,以及半有源 RFID。无源 RFID 读写距离近,价格低;有源 RFID 可以提供更远的读写距离,但是需要电池供电,成本要更高一些,适用于远距离读写的应用场合。

2.1.4　RFID 技术应用领域

射频识别标签基本上是一种标签形式,将特殊的信息编码进电子标签。标签被粘贴在需要识别或追踪的物品上,如货架、汽车、自动导向的车辆、动物等。由于射频识别标签具有可读写能力,对于需要频繁改变数据内容的场合尤为适用。射频识别标签能够在人员、地点、物品和动物上使用。目前,最流行的应用是在交通运输(汽车和货箱身份证)、路桥收费、保安(进出控制)和自动生产与动物标签等方面。自动导向的汽车使用射频标签在场地上指导运行。其他应用包括自动存储和补充、工具识别、人员监控、包裹和行李分类、车辆监控和货架识别。

另外,RFID 技术还可应用于仓库资产管理、产品跟踪、供应链自动管理以及医疗等领域。在仓储库存、资产管理领域因为电子标签具读写与方向无关、不易损坏、远距离读取、多物品同时一起读取等特点,所以可以大大提高对出入库产品信息的记录采集速度和准确性。减少库存盘点时的人为失误,提高存盘点的速度和准确性。

在产品跟踪领域因为电子标签能够无接触地快速识别,在网络的支持下可以实现对附有 RFID 标签物品的跟踪,并可清楚了解到物品的移动位置。如已成功的 Symbol 公司为香港国际机场和美国 McCarran 国际机场的行李跟踪系统和我国铁路列车监控系统。

在供应链自动管理领域电子标签可用于货架、出入库管理、自动结算等各个方面。沃尔玛公司是全球 RFID 电子标签最大的倡导者,沃尔玛的两个大的供货商 HP 和 P&G 已经在他们的产品大包装上使用电子标签。

RFID 技术在医疗卫生领域的应用包括对药品监控预防,对患者持续护理、不间断监测、医疗记录的安全共享、医学设备的追踪、进行正确有效的医学配药,以及不断地改善数据显示和通信,还包括对患者的识别与定位功能,用来防止医生做手术选错了病人和防止护士抱错了刚出生的婴儿等事情的发生。

2.1.5　RFID 技术标准

射频技术能够创建实时的、更加智能化、具有更高响应度和更具适应性的供应网络,在国外物流管理中已经有非常广泛的应用。在国内由于企业的技术条件,以及经济条件和管理观念的影响,一直没有得到广泛的应用,都没有相应的国家标准。但随着企业技术的进步和管理观念的逐步改变,射频技术在企业物流管理中必然有十分广泛的应用。

目前和 RFID 技术领域相关的标准可分为以下四大类:技术标准、数据内容标准、一致性标准和应用标准。

1. 技术标准

定义了应该如何设计不同种类的硬件和软件。这些标准提供了读写器和电子标签之间通信的细节、模拟信号的调制、数据信号的编码、读写器的命令及标签的响应;定义了读写器和主机系统之间的接口;定义了数据的语法、结构和内容。

ISO 18000:定义了询问者与标签之间在不同频率上的空中接口

EPC Gen2:定义了频率在 $860\sim890\mathrm{MHz}$ 的空中接口标准

2. 数据结构标准

定义了从电子标签输出的数据流的含义,提供了数据可在应用系统中表达的指导方法;详细说明了应用系统和标签传输数据的指令;提供了数据标识符、应用标识符和数据语法的细节。

ISO/IEC 15424:数据载波和特征标识符

ISO/IEC15418:EAN/UCC 应用标识符及柔性电路数据标识符和保护

ISO/IEC 15434：高容量 ADC 媒体传输语法

ISO/IEC 15459：物品管理的唯一 ID

ISO/IEC 24721：唯一 ID 规范

ISO/IEC 15961：数据协议的应用接口

ISO/IEC 15962：数据协议的数据编码方案和逻辑内存功能

ISO/IEC 15963：射频标签的唯一 ID

3. 一致性标准

定义了电子标签和读写器是否遵循某个特定标准的测试方法。

ISO/IEC 18046：RFID 设备性能测试方法

ISO/IEC 18047：空中接口一致性测试方法

4. 应用标准

定义了实现某个特定应用的技术方法。

ISO 10374：货运集装箱标准(自动识别)

ISO 18185：货运集装箱的电子封条的射频通信协议

ISO 11784：动物的无线射频识别 编码结构

ISO 11785：动物的无线射频识别 技术准则

ISO 14223—1：动物的无线射频识别—高级标签第一部分的空中接口

ANSI MH 10.8.4：可回收容器的 RFID 标准

AIAG B—11：轮胎电子标签标准(汽车工业行动组)

ISO 122/104 JWG：RFID 的供应链应用

2.2　磁卡识别技术

2.2.1　磁卡概述

将具有信息存储功能的特殊材料涂印在塑料基片上,就形成了磁卡。

我们常用的磁卡是通过磁条记录信息的。磁条就是一层薄薄的由定向排列的铁性氧化粒子组成的材料(也称为涂料),用树脂黏合在一起并粘贴在诸如纸或塑料这样的非磁性基片上,其应用了物理学和磁力学的基本原理。

磁卡是一种磁记录介质卡片。它由高强度、耐高温的塑料或纸质涂覆塑料制成,能防潮、耐磨且有一定的柔韧性,携带方便、使用较为稳定可靠。通常,磁卡的一面印刷有说明提示性信息,如插卡方向;另一面则有磁层或磁条,具有 2~3 个磁道以记录有关信息数据。

磁卡以液体磁性材料或磁条为信息载体,将液体磁性材料涂复在卡片上或将宽 6~14mm 的磁条压贴在卡片上。磁条上有三条磁道,前两条磁道为只读磁道,第三条磁道为读写磁道,如记录账面余额等。磁卡的信息读写相对简单容易,使用方便,成本低,从而较早地获得了发展,并进入了多个应用领域,如电话预付费卡、收费卡、预约卡、门票、储蓄卡、信用卡等。信用卡是磁卡较为典型的应用。发达国家从 20 世纪 60 年代就开始普遍采用了金融交易卡支付方式。其中,美国是信用卡的发源地。

磁条的特点是:数据可读写,即具有现场改变数据的能力;数据的存储一般能满足需要;使用方便、成本低廉。这些优点使得磁卡的应用领域十分广泛,如信用卡、银行 ATM 卡、会员卡、现金卡(如电话磁卡)、机票、公共汽车票、自动售货卡等。磁卡技术的限制因素是数据存储的时间长短受磁性粒子极性的耐久性限制,另外,磁卡存储数据的安全性一般较低,如磁卡不小心接触磁性物质就可能造成数据的丢失或混乱,要提高磁卡存储数据的安全性能,就必须采用另外的相关技术,增加成本。随着新技术的发展,安全性能较差的磁卡有逐步被取代的趋势,但是,现有条件下,社会上仍然存在大量的磁卡设备,再加上磁卡技术的成熟和低成本,在短期内,磁卡技术仍然会在许多领域应用。

2.2.2 磁卡读写原理

磁条卡的读写都是由磁头执行的,磁头由三部分组成:软磁性磁芯、线圈、磁路间隙。软磁性磁芯组成磁路,它由低矫顽力和高导磁率的软磁化材料构成。线圈的作用是把线圈中变化的电动势变成变化的磁通或者是将线圈中变化的磁通变成变化的电动势。磁路间隙的作用是形成漏磁。

为了将数据信息写入磁卡,首先要进行编码,如调频制(FM)、调相制(PM)和改进调频制(MFM,F2F)等。将经过编码的信号电流通入写磁头,并且使写磁头与磁卡磁性面贴近,写磁头与磁卡间以一定的速度进行相对运动,磁轨被磁化,信息即被写入磁卡磁轨之上。实际的操作是将磁轨贴近磁路间隙,并且以一定的速度通过磁头,磁通因为磁路间隙处的磁阻较大而主要通过磁卡的磁性体来构成磁通回路,使磁轨被磁化,且借助剩磁效应.完成数据信息的写入。

磁卡数据的读出是写入的反向过程,是将磁轨上的磁信号转变成电信号,通过二进制编码转化成二进制信号。最后将二进制信号转变成源信号。实际操作是将磁轨贴近磁路间隙,且磁轨以一定的速度通过磁头,使磁头磁路有磁通变化.根据电磁感应定律,磁头线圈产生感应电势,即磁轨上的磁信号转变成电信号,磁头线圈两端产生电压信号,通过二进制译码磁卡上的信息被读出。

2.3　生物识别技术

2.3.1　生物识别技术概述

生物识别技术是指通过计算机利用人类自身生理或行为特征进行身份认定的一种技术,如指纹识别、虹膜识别和头像识别等。据介绍,世界上某两个人指纹相同的概率极为微小,而两个人的眼睛虹膜一模一样的情况也几乎没有。人的虹膜在2～3岁之后就不再发生变化,眼睛瞳孔周围的虹膜具有复杂的结构,能够成为独一无二的标识。与生活中的钥匙和密码相比,人的指纹或虹膜不易被修改、被盗或被人冒用,而且随时随地都可以使用。

生物识别技术是依靠人体的身体特征来进行身份验证的一种解决方案。由于人体特征具有不可复制的特性,这一技术的安全系数较传统意义上的身份验证机制有很大的提高。

生物识别是用来识别个人的技术。它采用自动技术测量所选定的某些人体特征,然后将这些特征与这个人的档案资料中的相同特征作比较。这些档案资料可以存储在一个卡片中或存储在数据库中。被使用的人体特征包括指纹、声音、掌纹、手腕和眼睛视网膜上的备管排列、眼球虹膜的图像、脸部特征、签字时和在键盘上打字时的动态。指纹扫描器和掌纹测量仪是目前应用最广泛的器材。不管使用什么样的技术,操作方法都是通过测量人体特征来识别一个人。

生物特征识别技术几乎适用于所有需要进行安全性防范的场合和领域,在包括金融证券、IT、安全、公安、教育和海关等行业的许多应用中都具有广阔的前景。随着电子商务应用越来越广泛,身份认证的可靠安全性就越来越重要,越来越需要有更好的技术来支撑其实施。

所有的生物识别过程大多经历4个步骤:原始数据获取、抽取特征、比较和匹配。生物识别系统捕捉到生物特征的样品,唯一的特征将会被提取并且被转化成数字的符号。接着,这些符号被使用作为那个人的特征模版,这种模版可能会存放在数据库、智能卡或条码卡中。人们同识别系统交互,根据匹配或不匹配来判别人们的身份。生物识别技术在我们不断发展的电器世界和信息世界中的地位将会越来越重要。下面主要介绍语音识别技术、指纹识别技术和虹膜识别技术。

2.3.2　语音识别技术

语音识别系统本质上是一种模式识别系统,包括特征提取、模式匹配、模型库等三个基本单元,语音识别技术原理如图2-2所示。

语音识别系统可以根据对输入语音的限制加以分类。如果从说话者与识别系统的相关

图 2-2　语音识别技术原理图

性考虑,可以将语音识别系统分为三类。

(1) 特定人语音识别系统。仅考虑对于专人的话音进行识别。

(2) 非特定人语音系统。识别的语音与人无关,通常要用大量不同人的语音数据库对识别系统进行学习。

(3) 多人的识别系统。通常能识别一组人的语音,或者成为特定组语音识别系统,该系统仅要求对要识别的那组人的语音进行训练。

语音识别系统主要应用于以下领域。

(1) 办公室或商务系统。典型的应用包括:填写数据表格、数据库管理和控制、键盘功能增强等。

(2) 制造业。在质量控制中,语音识别系统可以为制造过程提供一种"不用手""不用眼"的检控(部件检查)。

(3) 电信行业。相当广泛的一类应用在拨号电话系统上都是可行的,包括话务员协助服务的自动化、国际国内远程电子商务、语音呼叫分配、语音拨号、分类订货等。

(4) 物流领域。语音识别技术还是一种国际先进的物流拣选技术。在欧美很多国家中,企业通过实施语音技术提高了员工拣选效率,从而降低了最低库存量及整体运用成本,并且大幅减少错误配送率,最终提升了企业形象和客户满意度。其工作步骤主要包括以下三步,首先,操作员根据语音提示去对应巷道和货位,到达指定货位后根据系统提示读出校验号以确认到达指定货位;其次,作业系统根据收到的校验号确定拣选员到达了正确的货位,会向拣选员播报需要拣取的商品和数量;最后,拣选员从货位上搬下规定数量商品,并反馈给系统一个完成拣选的语音,此项拣选任务即算完成。

语音拣选技术的优点主要包括以下 4 个方面。

(1) 生产效率得以加倍提升。语音技术可以使工人连续工作,因此他们的动作没有间断,也不需要左右徘徊。语音可以指导工人按部就班地就行分拣,因此可以保证人员由始至终都保持高水准的表现。

(2) 订单错误率下降。语音系统引入了"校验码",即操作员通过语音密码登录自己的语音终端之后,系统将其引导至第一个拣货位。操作员读出贴在各拣货位被称为"校验码"的数字标识码,以验证所在位置是否正确。听到已分配拣货位的正确校验码后,系统将引导操作员在该货位拣取相应数量的货物;当操作员所报告的校验数字与后台系统中针对该货架位的数据不相符合时,系统将告诉操作员"位置有误"。由此可见,只有听到正确校验数字后,系统才会向操作员提供拣货数量,这样就避免了误操作。

(3) 培训时间减少。语音技术易学易用,只需要 1h 就可以操作,一天内就能够精通,因为工人只需要反复训练 50 多个关键词汇,然后戴上耳机和移动计算终端就可以工作了,培训时间和费用可以大幅度降低。

(4) 投资回报率高。投资回报可以从两方面来看,包括直接投资回报和间接投资回报。直接投资回报是指工人工作效率的提高、订单差错率的降低和工作劳动强度的减小,从而使工人在这方面的成本会大大降低;间接投资回报则涵盖客户满意度的提升、工人反复劳动时间的减少等因素。

语音识别技术输入的准确率高,但不如条码准确。声音反馈虽可提高准确率,但降低了速度,而速度是声音识别技术的关键优点。语音识别技术可以满足所需要的速度。

2.3.3　指纹识别技术

指纹(fingerprint),两枚指纹经常会具有相同的总体特征,但它们的细节特征,却不可能完全相同。指纹纹路并不是连续的、平滑笔直的,而是经常出现中断、分叉或转折。这些断点、分叉点和转折点就称为"特征点"。特征点提供了指纹唯一性的确认信息,其中最典型的是终结点和分叉点,其他还包括分歧点、孤立点、环点、短纹等。特征点的参数包括方向(节点可以朝着一定的方向)、曲率(描述纹路方向改变的速度)、位置(节点的位置通过 x/y 坐标来描述,可以是绝对的,也可以是相对于三角点或特征点的)。

指纹识别技术主要涉及 4 个功能:读取指纹图像、提取特征、保存数据和比对。通过指纹读取设备读取到人体指纹的图像,然后要对原始图像进行初步的处理,使之更清晰,再通过指纹辨识软件建立指纹的特征数据。软件从指纹上找到被称为"节点"(minutiae)的数据点,即指纹纹路的分叉、终止或打圈处的坐标位置,这些点同时具有 7 种以上的唯一性特征。通常手指上平均具有 70 个节点,所以这种方法会产生大约 490 个数据。这些数据,通常称为模板。通过计算机模糊比较的方法,把两个指纹的模板进行比较,计算出它们的相似程度,最终得到两个指纹的匹配结果。采集设备(即取像设备)分成以下三类:光学、半导体传感器和其他。

指纹识别系统性能指标在很大程度上取决于所采用算法性能。为了便于采用量化的方法表示其性能,引入了下列两个指标。

拒识率(false rejection rate,FRR)。拒识率是指将相同的指纹误认为是不同的,而加以拒绝的出错概率。

$$FRR = (拒识的指纹数目/考察的指纹总数目) \times 100\%$$

误识率(false accept rate,FAR)。误识率是指将不同的指纹误认为是相同的指纹,而加以接收的出错概率。

$$FAR = (错判的指纹数目/考察的指纹总数目) \times 100\%$$

对于一个已有系统而言,通过设定不同系统阈值,就可得出 FRR 与 FAR 两个指标成反比关系,控制识读的条件越严,误识的可能性就越低,但拒识的可能性就越高。

指纹识别技术是成熟的生物识别技术。因为每个人包括指纹在内的皮肤纹路在图案、断点和交叉点上各不相同,是唯一的,并且终生不变。通过他的指纹和预先保存的指纹进行比较,就可以验证他的真实身份。自动指纹识别是利用计算机来进行指纹识别的一种方法。它得益于现代电子集成制造技术和快速而可靠的算法理论研究。尽管指纹只是人体皮肤的一小部分,但用于识别的数据量却相当大,对这些数据进行比对是需要进行大量运算的模糊匹配算法。利用现代电子集成制造技术生产的小型指纹图像读取设备和速度更快的计算机,提供了在微机上进行指纹比对运算的可能。另外,匹配算法可靠性也不断提高。因此,指纹识别技术已经非常简单实用。由于计算机处理指纹时,只是涉及了一些有限的信息,而且比对算法并不是十分精确匹配,其结果也不能保证 100% 准确。指纹识别系统的特定应用的重要衡量标志是识别率。主要包括拒识率和误识率,两者成反比关系。根据不同的用途来调整这两个值。尽管指纹识别系统存在着可靠性问题,但其安全性也比相同可靠性级别的"用户 ID＋密码"方案的安全性要高得多。拒识率实际上也是系统易用性的重要指标。在应用系统的设计中,要权衡易用性和安全性。通常用比对两个或更多的指纹来达到不损失易用性的同时,极大提高系统的安全性。

指纹识别技术主要用于以下几个方面。

1. 刑侦

最早应用指纹识别技术和产品的领域。由于专业的需求特点,更多的是应用 1∶N 模式的指纹数据库检索。指纹门禁是应用指纹特征识别技术和产品较多的领域。由于门禁应用的环境特点,是指纹产品较容易满足需求指标的领域,它们大多与计算机系统集成为门禁控制与管理系统。主要产品有指纹锁、指纹门禁、指纹保险柜等。

2. 金融

鉴于金融业务涉及资金和客户的经济机密,在金融电子化的进程中,为保证资金安全,保护银行客户和银行自身的利益,在业务管理和经营管理中,利用指纹验证身份的必要性和安全性越来越受到关注。指纹身份鉴别产品在金融业的应用已经呈现出不断增长的势头。例如,银行指纹密码储蓄、指纹密码登录,各类智能信用卡的防伪,自动提款机 ATM 的身份确认,银行保管箱业务的客户身份确认。

3. 社保

社保系统尤其是养老金的发放存在着个人身份严格鉴别的需求。指纹身份鉴别能可靠地保障社保卡及其持有人之间的唯一约束对应关系,是非常适合采用指纹身份认证的领域。

4. 户籍

随着新一代公民身份证的发行,在户籍和人口管理方面,指纹身份鉴别技术和产品是加强政府行政准确度和力度的最佳方法。

除此之外,常见的生物识别技术还有:视网膜识别、掌纹识别、静脉识别、人耳识别、步态识别、基因(DNA)识别等。

2.3.4　虹膜识别技术

简单来说,人眼睛的外观图由巩膜、虹膜、瞳孔三部分构成,虹膜是位于黑色瞳孔和白色巩膜之间的圆环状部分,是眼球中瞳孔周围的深色部分,人发育到 8 个月左右,虹膜就基本上发育到了足够尺寸,进入了相对稳定的时期,正常情况下,虹膜特征可以保持数十年不变。另外,虹膜是外部可见的,但同时又属于内部组织,位于角膜后面,要人为改变虹膜外观具有极大难度,虹膜的高度独特性、稳定性和不可更改的特点,是虹膜可用作身份鉴别的物质基础。

1. 虹膜识别技术的过程

虹膜识别就是通过对比虹膜图像特征之间的相似性来确定人们的身份。虹膜识别技术的过程一般来说包含如下 4 个步骤。

第一步,虹膜图像获取。使用特定的摄像器材对人的整个眼部进行拍摄,并将拍摄到的图像传输给虹膜识别系统的图像预处理软件。

第二步,图像预处理。对获取到的虹膜图像进行如下处理,使其满足提取虹膜特征的需求。

(1)虹膜定位。确定内圆、外圆和二次曲线在图像中的位置。其中,内圆为虹膜与瞳孔的边界,外圆为虹膜与巩膜的边界,二次曲线为虹膜与上下眼皮的边界。

(2)虹膜图像归一化。将图像中的虹膜大小,调整到识别系统设置的固定尺寸。

(3)图像增强。针对归一化后的图像,进行亮度、对比度和平滑度等处理,提高图像中虹膜信息的识别率。

第三步,特征提取。采用特定的算法从虹膜图像中提取出虹膜识别所需的特征点,并对其进行编码。

第四步,特征匹配。将特征提取得到的特征编码与数据库中的虹膜图像特征编码逐一匹配,判断是否为相同虹膜,从而达到身份识别的目的。

2. 虹膜识别技术的特点

虹膜识别技术的特点主要包括以下几个方面。

（1）虹膜具有随机的细节特征和纹理图像，而且这些特征在人的一生中均保持相当高的稳定性，因此，虹膜就成了天然的光学指纹。

（2）虹膜具有内在的隔离和保护能力。

（3）虹膜的结构难以通过手术修改。

（4）虹膜图像可以通过相隔一定距离的摄像机捕获，不需对人体进行侵犯。

在包括指纹在内的所有生物识别技术中，虹膜识别技术是目前最可靠的生物特征识别方式之一，其误识率是各种生物特征识别方式中最低的。虹膜识别技术被广泛认为是 21 世纪最具有发展前途的生物认证技术，未来的安防、国防、电子商务等多个领域的应用，将会以虹膜识别技术为重点。这种趋势已经在全球各地的各种应用中逐渐开始显现出来，市场应用前景非常广阔。

2.4　图像识别技术

2.4.1　图像识别技术概述

随着微电子技术及计算机技术的蓬勃发展，图像识别技术得到了广泛应用和普遍重视。作为一门技术，它创始于 20 世纪 50 年代后期，1964 年美国喷射推进实验室（JPL）使用计算机对太空船送回的大批月球照片处理后得到了清晰逼真的图像，是这门技术发展的里程碑，随后开始崛起，经过近半个世纪的发展，已经成为科研和生产中不可或缺的重要部分。

20 世纪 70 年代末以来，由于数字技术和微电子技术迅猛发展给数字图像处理提供了先进的技术手段，"图像科学"也就由信息处理、自动控制系统理论、计算机科学、数据通信和电视技术等学科中脱颖而出，成长为旨在研究"图像信息的获取、传输、存储、变换、显示、理解与综合利用"的崭新学科。

具有"数据量大、运算速度快、算法严密、可靠性强、集成度高、智能性强"等特点的各种应用图文系统在国民经济各部门得到广泛应用，并且正在逐渐深入家庭生活。现在，通信、广播、计算机技术、工业自动化和国防工业乃至印刷、医疗等部门的尖端课题无一不与图像科学的进展密切相关。事实上，图像科学已成为各高技术领域的汇流点。"图像产业"将是 21 世纪影响国民经济、国家防务和世界经济的举足轻重的产业。

"图像科学"的广泛研究成果同时也扩大了"图像信息"的原有概念。广义而言，图像信息不必以视觉形象乃至非可见光谱（红外、微波）的"准视觉形象"为背景，只要是对同一复杂的对象或系统，从不同的空间点、不同的时间等诸方面收集到的全部信息之总和，就称为多维信号或广义的图像信号。多维信号的观点已渗透到如工业过程控制、交通网管理及复杂系统分析等理论之中。

2.4.2 自动图像识别系统

自动图像识别系统的过程分为五部分：图像输入、预处理、特征提取、图像分类和图像匹配。

(1) 图像输入。将图像采集下来输入计算机进行处理是图像识别的首要步骤。

(2) 预处理。为了减少后续算法的复杂度和提高效率，图像的预处理是必不可少的。其中背景分离是将图像区与背景分离，从而避免在没有有效信息的区域进行特征提取，加速后续处理的速度，提高图像特征提取和匹配的精度；图像增强的目的是改善图像质量，恢复其原来的结构；图像的二值化是将图像从灰度图像转换为二值图像；图像细化是把清晰但不均匀的二值图像转化成线宽仅为一个像素的点线图像。

(3) 特征提取。特征提取负责把能够充分表示该图像唯一性的特征用数值的形式表达出来。尽量保留真实特征，滤除虚假特征。

(4) 图像分类。在图像系统中，输入的图像要与数十上百甚至上千个图像进行匹配，为了减少搜索时间、降低计算的复杂度，需要将图像以一种精确一致的方法分配到不同的图像库中。

(5) 图像匹配。图像匹配是在图像预处理和特征提取的基础上，将当前输入的测试图像特征与事先保存的模板图像特征进行比对，通过它们之间的相似程度，判断这两幅图像是否一致。下面将从图像预处理、特征提取、图像分类及图像匹配这几个方面来讨论自动图像识别技术的研究现状和一些不足之处。

2008 年 8 月，人脸识别技术被用于北京奥运会安保，在开幕式上数万名观众由国家体育场鸟巢的 100 多个人脸识别系统快速身份验证关口入场。直至开幕式结束，现场秩序井然。人脸识别系统不仅准确稳定地锁定分析人脸特征，以找出可疑人员，且分析速度快，避免了以往大型会议时安检通道拥堵的情况发生，目前比较流行的通过街景扫描实现导航寻找附近餐厅及商场等设施的功能就属于典型的图像识别技术，人脸识别技术也是生物识别技术的一种。

2.5 各种自动识别技术比较

条码、光学字符识别(optical character recognition, OCR)和磁性墨水(magnetic ink character recognition, MICR)都是一种与印刷相关的自动识别技术。其保密性较差，无防伪功能，需可视识读，抗恶劣环境能力差。OCR 的优点是人眼可读，可扫描，但输入速度和可靠性不如条码，数据格式有限，通常要用接触式扫描器。MICR 是银行界用于支票的专用技术，在特定领域中应用，成本高，接触性识读，可靠性高。

磁条技术是接触识读。它与条码有三点不同：一是其数据可做部分读写操作；二是给定面积编码容量比条码大，数据可读写，具有现场改变数据的能力；三是对于物品逐一标识成本比条码高，而且接触性识读的最大缺点就是灵活性较差，数据存储的时间长短受磁性粒子极性的耐久性限制，磁卡存储数据的安全性一般较低。

射频识别是非接触式识别技术。由于无线电波能"扫描"数据，所以 RF 标签可做成隐形的。有些 RF 识别技术可读数千米以外的标签，因此 RF 标签也可做成可读写的。射频识别的缺点是射频标签成本相当高，而且一般不能随意扔掉，而多数条码扫描寿命结束时可扔掉。

语音识别技术是一种非接触的识别技术，具有记忆方便、技术相对简单等特点，而且还具有用户接受程度高，声音输入设备造价低廉等优点，与条码技术和 RF 技术相比，语音识别可解放人的手和眼。与条码技术等扫描识别技术相比其缺点主要是识别易受干扰，输入需要较好的环境，成本略高。声音会随着音量、速度和音质的变化而影响到采集与比对的结果，如语音指令输入者感冒时音质会发生变化。

条码技术现已应用在计算机管理的各个领域，渗透商业如 POS 系统、工业、交通运输业、邮电通信业、物资管理、仓储、医疗卫生、安全检查、餐饮旅游、票证管理以及军事装备、工程项目等国民经济各行各业和人们日常生活中。

第二次世界大战后，美国将其在第二次世界大战期间高效的后勤保障系统的管理方式引进流通领域，把商流、物流和信息流集为一体，并采用条码自动识别技术，改变了物资管理体制、物资配送方式、售货方式和结算方式，促进了大流通、大市场的发展，从而推动了物品编码和条码技术在国际范围的迅速发展。

条码标识基本上覆盖了所有产品。商业 POS（图 2-3）、物流中心、配送中心、大型商业城、连锁店，甚至家庭商店都基本条码化了。目前，世界各国把条码技术的发展重点向着生产自动化、交通运输现代化、金融贸易国际化、票证单据数字化和安全防盗防伪保密化等方向推进，除大力推行 13 位商品条码外，同时重点推广应用 UCC/EAN-128 码、EAN·UCC 系统位置码、EAN·UCC 系统应用标识符、二维条码等；在介质种类上，除大多印刷在纸质介质外，还研究开发了金属条码、纤维织物条码、隐形条码等，扩大应用领域并保证条码标识在各个领域、各种工作环境的应用。20 世纪 70 年代成立了国际物品编码协会（EAN），它负责开发、建立和推动全球性的物品编码及条码标识标准化。国际物品编码协会的宗旨是建立全球统一标识系统，促进国际贸易。其主要任务是协调全球统一标识系统在各国的应用，确保成员组织规划与步调的充分一致。国际物品编码协会和一些经济发达国家，正在将 EAN·UCC 系统的应用从单独的物品标识推向整个供应链管理和服务领域。

许多国家和地区投入大量资金建立地区或行业、国内或国际联通的电子数据交换系统，以提高现代化管理水平和在国际贸易中的竞争能力。条码技术不断向深度和广度发展，也推动了条码自动识别技术装备向多功能、远距离、小型化、软件硬件并举、信息传递快速、安全可靠和经济适用等方向发展，出现了许多新型技术装备。

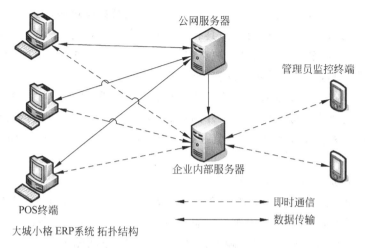

图 2-3 POS 系统组成示意图

2.6 实训项目

【知识目标】

1. 了解射频识别技术的相关概念及知识,了解射频读写设备的构造原理。

2. 了解磁卡识别技术的相关知识,熟悉磁卡读写器的构造。

【技能目标】

熟悉射频识读设备的使用操作方法,熟悉磁卡识别器的使用操作方法。

【实训设备】

射频读写软硬件、磁卡读写软硬件、计算机。

【实训内容】

项目一 射频读写操作

1. 射频识读设备的安装

(1) 硬件的连接。

(2) 软件的安装。

2. 射频识读设备的使用操作

(1) 射频标签的数据写入。

(2) 射频标签的识读。

有条件的,可结合物流系统软件(如物流一体化系统)进行入库备签、写标签、数据采集等操作。

3. 到学校食堂调研,了解射频识别系统的读写操作和工作原理

项目二　磁卡读写操作

1. 将磁卡读写设备与计算机相连：连串口和键盘接口

2. 安装磁卡读写软件

3. 磁卡读、写操作步骤

(1) 打开磁卡读写程序。

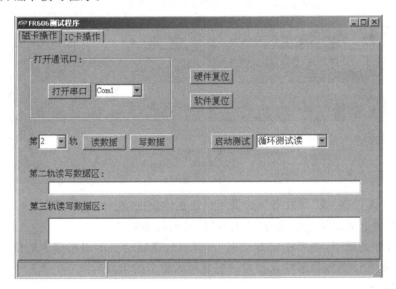

(2) 单击硬件复位和软件复位。

(3) 打开串口,根据设备连接的串口选择 Com1 或 Com2。

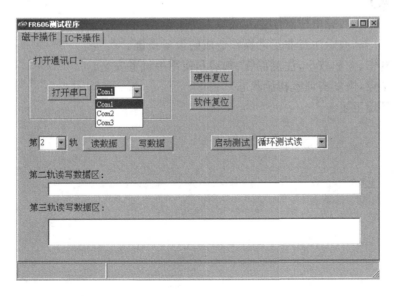

(4) 选择要读写的轨道,2 轨或 3 轨或 2、3 轨同时。

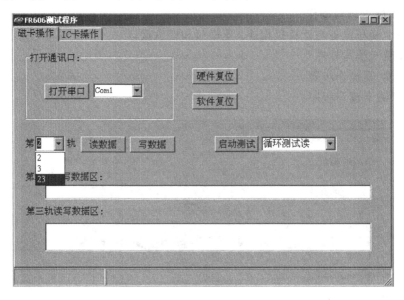

(5) 单击"读数据"或"写数据"(如果用户正在读数据,选择"读数据")。

(6) 磁卡制卡机设备上相应的"读数据"的提示灯会闪亮。

(7) 准备好的磁卡,按照指定方式刷卡,读写数据区会显示出所读卡的信息(当进入写数据操作时,则在读写数据区输入相应的想要写入磁卡的信息)。

【实训报告】

撰写总结报告。

【注意事项】

1. 安装、演示、实操中注意学生和教师人身安全。

2. 安装、分解、演示注意非正常操作造成的设备损害。

3. 设备精密、体积较小,注意保管、搬运和使用中设备安全。

4. 实训结束,恢复实训室初始状态。

5. 保持环境卫生。

第3章 GS1 标准体系

【教学目标】

目标分类	目标要求
能力目标	1. 能够完成 GS1 标准体系成员的申请注册工作
	2. 能够完成商品条码的申请注册工作
知识目标	1. 了解 GS1 标准体系的发展历史
	2. 掌握 GS1 标准体系的应用领域和内容
	3. 熟悉商品条码的申请程序
素养目标	总结归纳能力、自我学习能力

【理论知识】

3.1 GS1 标准体系应用案例

吉林市东福米业有限责任公司(以下简称东福米业)是一家集水稻研发、水稻种植、稻米加工等服务于一体的国家级农业产业化重点龙头企业,公司现有绿色水稻种植基地 4 500 公顷、有机米种植基地 600 公顷,公司拥有两条世界一流的精米加工生产线,全年加工能力达到 10 万吨。公司研制生产的"大荒地"牌绿色优质大米和有机大米,全部实施国家绿色、有机食品生产技术标准,真正实现无污染、安全、营养、绿色、有机,在北京、上海、深圳、香港等地都占有一定市场,并走进中南海成为特供用米,荣获多项殊荣。

近年来食品安全追溯日益受到重视,政府新出台的《食品安全法》也强制要求企业必须具备可追溯体系,这对东福米业提出了更高的要求。出于对企业长远发展和大环境的考虑,东福米业决定走信息化引领企业发展的道路,按照农业信息化要求种植生产,实施产品安全溯源管理,满足消费者对产品信息的需求。由于对产品追溯不熟悉,东福米业与吉林市质量技术监督局合作,设计了产品安全追溯系统,实现了对食品的安全溯源管理。

追溯系统设计之初,对于采用何种追溯编码,东福米业进行了慎重的考虑,最后权衡利弊,慎重选择采用了全球统一的 GS1(国际物品编码协会)追溯编码标准(简称 GS1 标准)。其原因为这种基于商品条码的追溯技术是全球生产、流通、销售等领域应用最为广泛的编码标准,在全球150多个国家、200多万家企业的上千万产品上得到普遍应用,基于商品条码的追溯标准已在法国、德国、荷兰、西班牙、丹麦、日本、韩国、澳大利亚、新西兰、加拿大、巴西、南非、埃及等全球60多个国家和地区使用。在这种情况下,东福米业采用了国际统一的追溯编码,既可以满足国内追溯需求,也可满足跨国追溯需求。

产品的追溯系统就是产品供应体系中产品构成与流向的信息与文件记录系统。这就意味着,要建立食品供应链各个环节上信息的标识、采集、传递和关联管理,实现信息的整合、共享,才能在整个供应链中实现可追溯。因此,从本质上说,追溯系统就是一套信息管理系统。实施追溯系统主要涉及以下几方面的技术。

1. 信息标识技术

追溯系统实际上就是一套信息管理系统。信息管理的前提是用能够广泛接受的标准进行信息的标识表示,然后才能进行信息的采集和传递。随着全球化的发展,在实施可追溯的时候必须考虑到信息流动的全球性,必须采用全球通用的标准体系来进行可追溯信息的管理。

东福米业采用的是当前国际上普遍采用的、由GS1开发的全球统一标识系统GS1系统来实施商品信息的标识、采集和传递。GS1系统可以对食品供应链全过程中的产品及其属性信息、参与方信息等进行有效的标识,建立各个环节信息管理、传递和交换的方案,实现对供应链中食品原料、加工、包装、储藏、运输、销售等环节进行跟踪和掌控,在出现问题时,能够快速、准确地找出问题所在,从而进行妥善处理。

2. 信息采集技术

在对有关信息用全球通用标准的标识以后,还需要用全球通用的标准载体来承载这些信息,以便于信息的采集,实现供应链全程的无缝链接。东福米业采用最常用的条码信息采集技术来解决这一问题。

条码技术具有简单易行、信息采集速度快、采集信息量大、可靠性高、灵活实用、成本低等特点。利用条码技术的这些优势,以及在供应链管理中的成熟、广泛应用,建立对产品的可追溯标签,实现有关信息的标准采集,是实施可追溯的关键之一。

3. 信息交换技术

在食品供应链的每个环节都建立了可追溯标签之后,该系统采用了EDI技术在各个环节之间建立无缝链接,对标签信息传递和交换的关联管理,实现了供应链全程跟踪和追溯。

4. 物流跟踪技术

食品,尤其是生鲜食品,对温度等环境变化比较敏感,对物流运输的要求比较高。因此,物流运输过程的管理对食品的安全来说非常重要,东福米业采用 GIS/GPS 技术对商品的物流过程进行全程跟踪记录,提供实施追溯的信息基础。该技术不仅对车辆进行定位、跟踪、监控,根据实时跟踪状况,计算出最佳物流路径,给运输设备导航,减少运行时间,降低运行费用,还可以对车辆温度进行监控、调整。

东福米业产品追溯系统于 2013 年 6 月开始按照 GS1 编码体系设计,2014 年 10 月试运行,2015 年 1 月 1 日正式运行。该系统具有以下特点:溯源链完整;溯源力度小,农资、原材料追溯到批,耕作追溯到地块,产品追溯到单品号;所以数据均取自生产实时记录,数据翔实可靠;系统框架体系开放灵活。GS1 编码的追溯范围涵盖生产加工和仓储管理,如图 3-1 和图 3-2 所示。

图 3-1　生产加工框架图

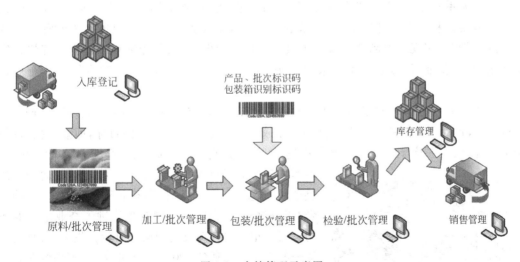

图 3-2　仓储管理示意图

在生产管理环节,根据企业具体情况和做相应的业务流程设置,如图 3-3 所示。

在仓储管理环节,对原料库、半成品库、周围库、成品库等进行精细管理。其中,入库管理：对原料、半成品、成品等进行入库管理。原料入库：对于非追溯体制产品需登记相关溯源信息；对于追溯体制内的原料、半成品、成品则需扫描相应包装代码标签。

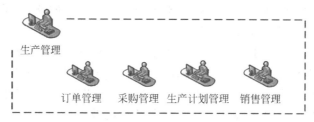

生产管理：根据企业具体情况和习惯做相应的业务流程设置。

图 3-3　追溯管理的生产环节示意图

在生产线管理方面，根据生产计划对批次生产进行可追溯生产。

原料批次管理：对批次生产中各阶段所使用的各种原料、半成品扫描登记，采集生产批次的追溯数据。

加工批次管理：对批次生产中各阶段加工步骤、班次等做追溯记录。

检验批次管理：对批次生产中各阶段的质检工作做追溯记录。

追溯标签生成：根据原料等各数据，对本批次生产的成品、半成品提供相应的追溯标签（对于半成品，可使用编码周转箱等方式实现追溯记录）。

包装记录管理：对产品追溯标签记录；根据产品装箱情况相应包装识别标签并记录（对于半成品，可使用编码周转箱等方式实现追溯记录）。

溯源体系实施后，东福米业满足了《食品安全法》建立追溯制度的要求，契合了时代发展的需要。从企业内部来讲，东福米业加强了农业生产从种植到销售等全流程数据共享与透明管理，实现农产品全流程可追溯；一旦质量出现问题，能够依靠追溯系统快速定位问题产品，精准召回，最大限度减少损失，维护企业声誉与形象，同时也提高了企业运营效率。

从外部来讲，公司生产的有机大米和绿色大米全部标有产品溯源码销售，增强了产品的防伪能力，扩大了产品的知名度，提高了经济效益，实现了三个 10％ 的目标，即减少投入（包括生产资料、人工及管理）10％，增加产量 10％，在提高农产品质量、安全性方面增收 10％。

图 3-4　食品溯源标签

顾客买到产品后可以通过手机扫一扫功能查询产品的整个种植、生产、仓储、运输等各个环节的信息，让消费者"买得放心，吃得明白"，同时也推进了企业电子商务的运营。市场占有率及代理商都有较大提升，代理商从原来的 150 人提高到 200 人。与此同时，东福米业追溯体系的实施得到了政府和各监管部门的充分肯定，也得到了业内有关专家的认可，为东福米业日后的良性发展奠定了基础。图 3-4 所示为最终的食品溯源标签。

3.2　GS1 标准体系发展概述

国际物品编码协会(GS1)是全球性的、中立的非营利组织,致力于通过制定全球统一的产品标识和电子商务标准,实现供应链的高效运作与可视化。GS1 总部设在布鲁塞尔,至 2016 年 10 月,在全球已拥有 112 个成员组织。

3.2.1　GS1 标准体系的形成

GS1 标准体系的形成主要经历了以下几个方面。

1. UCC(Uniform Code Council)

1973 年美国统一编码委员会(Universal Product Council,UPC)建立了条码系统,并全面实现了该码制的标准化。UPC 条码成功地应用于商业流通领域中,对条码的应用和普及起到了极大的推动作用。自条码系统成立以来,美国统一编码委员会一直以顾客需求为导向,孜孜不倦地改进与创新标准化技术,并不断探索适用于全球供应链的有效解决方案。

2. 欧洲物品编码系统(European Article Numbering System,EAN)

国际物品编码协会(Global Standards 1,GS1)是一个由世界各国物品编码组织参加的非营利性非政府间技术团体。其前身是 1977 年成立的欧洲物品编码协会(EAN)。随着世界各主要国家的编码组织相继加入,1981 年更名为国际物品编码协会,总部设在比利时首都布鲁塞尔。EAN 的宗旨是开发和协调全球性的物品标识系统,促进国际贸易的发展。

EAN 自建立以来,始终致力于建立一套国际通行的全球跨行业的产品、运输单元、资产、位置和服务的标识标准体系和通信标准体系。这套国际上通用的标识系统,旨在用数字和条码标识国家名称、制造厂名称、物品和商品的有关特征,为实现快速、有效地自动识别、采集、处理和交换信息提供了保障,为各国商品进入超级市场提供了先决条件,促进了国际贸易的发展。EAN 系统正广泛应用于工业生产、运输、仓储、图书及票汇等领域,其目标是向物流参与方和系统用户提供增值服务,提高整个供应链的效率,加快实现包括全方位跟踪在内的电子商务进程。

3. EAN 与 UCC 的联盟及 GS1 标准体系的形成

国际 EAN 自成立以来,不断加强与美国统一代码委员会(UCC)的合作,先后两次达成 EAN/UCC 联盟协议,以共同开发管理 EAN·UCC 系统。在 1987 年的 EAN 全体会议上,EAN 和 UCC 达成了一项联盟协议,根据这项协议,国际 EAN 的各会员国(地区)的出口商若需要 UPC 码,可以通过当地的 EAN 编码组织向 UCC 申请 UPC 厂商代码。

EAN 与 UCC 在组织上和技术上都一直保持着不同层次的接触。除交换大量信件和文件资料外,UCC 的执行主席还经常参加 EAN 的执委会,并加入了 EAN 技术委员会。EAN 的主席和秘书长同样参加 UCC 的高层次活动及技术会议。1989 年,双方又共同合作,开发了 UCC/EAN-128 码,简称 EAN-128 码。2002 年 11 月 26 日 EAN 正式接纳 UCC 成为 EAN 的会员。UCC 的加入有助于发展、实施和维护 EAN·UCC 系统,有助于实现制定无缝的、有效的、全球标准的共同目标。

2005 年 2 月,EAN 正式更名为 GS1(Globe Standard 1)。EAN·UCC 系统被称为 GS1 系统。GS1 系统被广泛应用于商业、工业、产品质量跟踪追溯、物流、出版、医疗卫生、金融保险和服务业,在现代化经济建设中发挥着越来越重要的作用。

3.2.2　GS1 标准体系的发展

UPC 码的使用成功地促进了欧洲编码系统(EAN)的产生。到 1981 年,EAN 已发展成了一个国际性组织,同时使 EAN 系统码制与 UPC 系统码制兼容。

EAN-13 由 13 位数字代码构成,因为它是在考虑与 UPC 码兼容的基础上设计而成的。因此,一般来讲,EAN 系统的扫描设备可以识读 UPC 条码符号。除早期安装在食品商店的 UPC 扫描设备只能识读 12 位数字的 UPC 条码外,近年来 UCC 开发的扫描设备均能识读 EAN 码。

随着商业贸易领域的扩展和贸易规范内容的不断增加,商品需要附带的信息也越来越多,因此,国际物品编码协会(EAN)和美国统一代码委员会(UCC)共同设计了 UCC/EAN-128 条码(现称 GS1-128 条码)作为 EAN/UPC 标准补充码的条码符号,并确定了一系列应用标识符(application identifier)用于定义补充代码的数据含义。最终成为国际唯一的通用商品标识系统——GS1 系统。

随着条码技术在世界各国的普及,GS1 系统作为国际通用的商品标识体系的地位已经确定。在此基础上,GS1 系统又在全球范围内开始建设全球产品分类数据库、推广应用射频标签对流通中的商品分别标识,以及用于流通领域电子数据交换规范(EANCOM/ebXML)等新技术。

GS1 系统是一个动态的系统,随着经济和技术发展而不断完善,可以满足应用的需求。目前,GS1 正在通过技术创新、技术支持和制定物流供应和管理的多行业标准,以市场为中心,不断研究和开发,为所有商业需求提供创新有效的解决方案,以实现"在全球市场中采用一个标识系统"的目标,并且在射频识别、databar(RSS)、复合码、XML、高容量数据载体、数据语法,以及全球运输项目、全球位置码信息网络、鲜活产品跟踪和国际互联产品电子目录等领域和项目中不断开发和扩展 GS1 系统的应用领域,迎接新经济和新技术所带来的挑战和变化。

3.2.3　GS1 标准体系的特征

GS1 标准体系具有以下几个特征：

1. 系统性

GS1 系统拥有一套完整的编码体系，采用该系统对供应链各参与方、贸易项目、物流单元、资产、服务关系等进行编码，解决了供应链上信息编码不唯一的难题。这些标识代码是计算机系统信息查询的关键字，是信息共享的重要手段。同时，也为采用高效、可靠、低成本的自动识别和数据采集技术奠定了基础。

此外，GS1 系统的系统性还体现在它通过流通领域电子数据交换规范（EANCOM）进行信息交换。EANCOM 以 GS1 系统代码为基础，是联合国 EDIFACT 的子集。这些代码及其他相关信息以 EDI 报文形式传输。

2. 科学性

GS1 系统对不同的编码对象采用不同的编码结构，并且这些编码结构间存在内在联系，因而具有整合性。

3. 全球统一性

GS1 标准体系广泛应用于全球流通领域，已经成为事实上的国际标准。

4. 可扩展性

GS1 标准体系是可持续发展的。随着信息技术的发展与应用，该系统也在不断发展和完善。产品电子代码（electronic product code，EPC）就是该系统的新发展。GS1 系统通过向供应链参与方及相关用户提供增值服务，来优化整个供应链的管理效率。GS1 系统已经广泛应用于全球供应链中的物流业和零售业，避免了众多互不兼容的系统所带来的时间和资源的浪费，降低系统的运行成本。采用全球统一的标识系统，即能保证全球企业采用一个共同的数据语言实现信息流和物流快速、准确的无缝链接。

3.3　GS1 标准体系的内容

GS1 标准体系是以全球统一的物品编码体系为中心，集条码、射频等自动数据采集、电子数据交换等技术系统于一体的服务于物流供应链的开放的标准体系。采用这套系统，可以实现信息流和实物流快速、准确的无缝链接。GS1 标准体系主要包含三部分内容：编码标识标准、载体技术标准和数据共享标准,如图 3-5 所示。

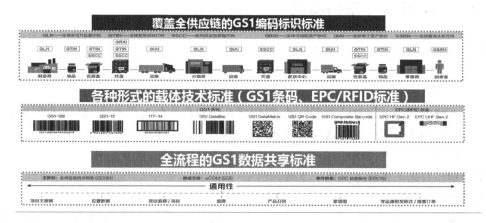

图 3-5　GS1 标准体系主要内容构成图

3.3.1　GS1 编码标识标准

GS1 标准体系是一套全球统一的标准化编码体系。编码标识标准是 GS1 系统的核心。GS1 的编码体系主要包括标识代码体系、附加信息编码体系和应用标识符体系三类,如图 3-6 所示。

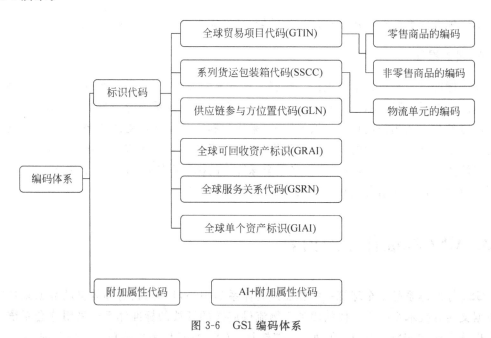

图 3-6　GS1 编码体系

（1）标识代码体系。标识代码体系是指贸易项目、物流单元、资产、位置、服务等全球唯一的标识代码。GS1 系统的标识代码体系主要包括 6 个部分，即全球贸易项目代码（global trade item number，GTIN）、系列货运包装箱代码（serial shipping container code，SSCC）、全球可回收资产标识符（global returnable asset identifier，GRAI）、全球单个资产标识符（global individual asset identifier，GIAI）、全球位置码（global location number，GLN）和全球服务关系代码（global service relation number，GSRN）。

（2）附加信息编码体系。附加信息编码体系是指附加于贸易项目的其他描述信息，如批号、日期和度量的编码。

（3）应用标识符体系。应用标识符体系如系列货运包装箱代码应用标识符"00"，全球贸易项目代码应用标识符"01"，生产日期应用标识符"11"等。

3.3.2　GS1 载体技术标准

GS1 系统中的各种数据代码必须以适当的形式为载体以实现数据的自动识别。目前，GS1 系统的数据载体主要有以下两类。

1. 条码符号体系

GS1 系统的条码符号体系主要是由 EAN-13、EAN-8、UPC-A、UPC-E、GS1-128 和 ITF-14 这 6 种条码所组成的，如图 3-7 所示。这些条码符号在后面的章节中会陆续介绍。

图 3-7　GS1 系统的条码符号体系

2. 射频标签（radio frequency identification，RFID）

与条码相比，射频标签是一种新兴的数据载体。射频识别系统利用 RFID 标签承载信息，RFID 标签和识读器间通过感应、无线电波或微波能量进行非接触双向通信，达到自动识别的目的。如图 3-8 所示。RFID 标签的优点是可非接触式阅读，标签可重复使用，标签上的数据可反复修改，抗恶劣环境；保密性强。例如，采用超高频 RFID 标签，可同时识别多个识别对象。

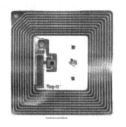

图 3-8　RFID 标签

3.3.3　GS1 数据共享标准

商业社会环境中每天都会产生和处理大量的包含重要信息的纸张文件，如订单、发票、产品目录、销售报告等。这些文件提供的信息随着整个贸易过程传递，涵盖了产品的一切相关信息。无论这些信息交换是内部的还是外部的，都应做到信息流的合理化。

电子数据交换(EDI)是商业贸易伙伴之间，将按标准、协议规范化和格式化的信息通过电子方式，在计算机系统之间进行自动交换和处理。一般来讲，EDI 具有以下特点：使用对象是不同的计算机系统；传送的资料是业务资料；采用共同的标准化结构数据格式；尽量避免介入人工操作；可以与用户计算机系统的数据库进行平滑链接，直接访问数据库或从数据库生成 EDI 报文等。EDI 的基础是信息，这些信息可以由人工输入计算机，但更好的方法是通过采用条码和射频标签快速准确地获得数据信息。通过图示对比可以得出手工条件下和 EDI 条件下的单证数据传输方式的区别，EDI 条件下的单证数据传输效率较高，人工干预性较小。

如图 3-9 所示为手工条件下单证数据传输方式。

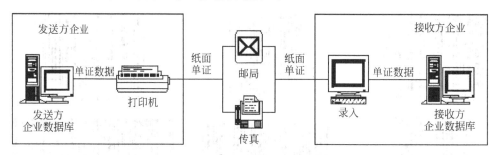

图 3-9　手工条件下单证数据传输方式

如图 3-10 所示为 EDI 条件下单证数据传输方式。

GS1 标准体系的电子数据交换(electronic data interchange, EDI)标准采用统一的报文标准传送结构化数据，通过电子方式从一个计算机系统传送到另一个计算机系统，使人工干预最小化。GS1 标准体系正是提供了全球一致性的信息标准结构，支持电子商务的应用。

GS1 为了提高整个物流供应链的运作效益，在 UN/EDIFACT 标准(联合国关于管理、商业、运输业的电子数据交换规则)基础上开发了流通领域电子数据交换规范——

图 3-10　EDI 条件下单证数据传输方式

EANCOM。EANCOM 是一套以 GS1 编码系统为基础的标准报文集。不管是通过 VAN 还是 Internet，EANCOM 让 EDI 导入更简单。目前，EANCOM 对 EDI 系统已经可以提供 47 种信息，且对每一个数据域都有清楚的定义和说明。这也让贸易伙伴之间得以用简易、正确及最有成本效率的方式进行商业信息的交换。

GS1 的 ebXML 实施方案是根据 W3CXML 规范和 UN/CEFACT ebXML 的 UMM 方法学把商务流程和 ebXML 语法完美地结合在一起，制定了一套由实际商务应用驱动的 ebXML 整合标准，并用 GS1 系统针对 ebXML 标准实施建立的 GSMP 机制进行全球标准的制定与维护。

3.4　GS1 标准体系的应用领域

GS1 是全球统一的标识系统。它是通过对产品、货运单元、资产、位置与服务的唯一标识，对全球的多行业供应链进行有效管理的一套开放式的国际标准。GS1 是在商品条码基础上发展而来的，由标准的编码系统、应用标识符和相应的条码符号系统组成。该系统通过对产品和服务等全面的跟踪与描述，简化了电子商务过程，通过改善供应链管理和其他商务处理，降低成本，为产品和服务增值。

GS1 目前有六大应用领域，分别是贸易项目的标识、物流单元的标识、资产的标识、位置的标识、服务关系的标识和特殊应用。随着用户需求的不断增加，GS1 的应用领域也将得到不断扩大和发展。如图 3-11 所示为 GS1 应用领域框图。

通过这种系统化标识体系，可以在许多行业、部门、领域间实现物品编码的标准化，促进行业间信息的交流与共享，同时也为行业间的电子数据交换提供了通用的商业语言。

贸易项目是指一项产品或服务。对于这些产品或服务需要获取预先定义的信息，并且可以在供应链的任意节点进行标价、订购或开具发票，以便所有贸易伙伴进行交易。

相对于开放式的供应链大环境而言，诸如一个超市这样的独立环境就可以理解为一个闭环环境。销售者可以利用店内码对闭环环境系统中的贸易项目进行标识。

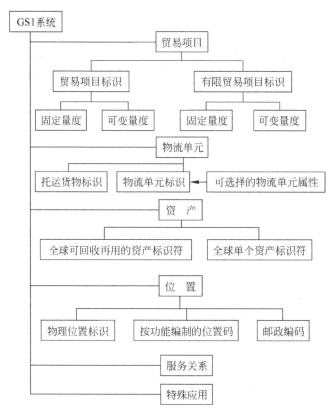

图 3-11　GS1 应用领域框图

根据生产形式的不同,贸易项目可以分为定量贸易项目和变量贸易项目。定量贸易项目是以预先确定的形式(类型、尺寸、重量、成分、样式等)可以在供应链的任意节点进行销售的贸易项目。变量贸易项目是指在供应链节点上出售、订购或生产的度量方式可以连续改变的贸易项目。

物流单元是在供应链中为了便于运输/仓储而建立的包装单元。通过 SSCC(serial shipping container code),可以建立商品物理流动与相关信息间的对应关系,能使物流单元的实际流动被逐一跟踪和自动记录。

除了贸易项目和物流单元外,GS1 标准体系还能对资产、位置,以及服务关系进行唯一的标识。对位置的标识包括对全球任何物理实体、功能实体和法律实体的位置的唯一标识。其中物理实体可以是一座工厂或一个仓库;功能实体可以是企业中的某一个部门;法律实体是指能够承担法律责任的企业、工厂或集团公司。GS1 所标识的资产包括全球可回收资产和全球单个资产两种形式。GS1 标准体系应用于服务领域,主要是对服务的接受方进行标识,如对图书借阅服务、医院住院服务、俱乐部会员管理等。但服务中使用的参考号的结构和内容是由具体服务的供应方决定的。此外,GS1 标准体系还有一些诸如图书、音像制品等方面的特殊应用。

3.5　实训项目

调研当地企业采用 GS1 标准体系建立产品质量跟踪与追溯的情况,了解系统工作过程及为企业带来的好处。

【知识目标】

了解 GS1 系统和食品安全追溯有关知识。

【技能目标】

能通过小组合作,完成市场调研。

【实训内容】

调研当地企业采用 GS1 标准体系建立产品质量跟踪与追溯情况。

【实训报告】

撰写调研报告。

【注意事项】

1. 调研报告要切合企业实际。

2. 学生应遵守企业规章制度。

3. 学生应注意往返途中安全。

4. 注重学生自我素质能力的培养。

第4章 代码编写和条码生成与检测标准

【教学目标】

目标分类	目标要求
能力目标	1. 能够根据实际需要利用软件生成符合要求的条码标签
	2. 能熟练使用条码打印机打印条码
	3. 熟悉操作条码检测设备,掌握条码检测仪的使用操作方法
知识目标	1. 了解一维条码编码容量的计算,条码的生成方式技术
	2. 理解条码检测的相关概念和术语
	3. 掌握一维条码和二维条码的编码方法
	4. 掌握商品条码检测的项目、方法及质量判断
素养目标	动手操作能力、合作交流能力、信息处理能力

【理论知识】

4.1 我国图书编码标准化案例

当在书店翻阅和购买图书时,会发现许多书籍上都会印有书号编码或者是 ISBN 编码,该案例详细介绍我国图书编码方面的知识。

我国图书编码主要有统一书号和中国标准书号两种方式。

(1)统一书号由图书分类号、出版社代号和序号三部分组成。一般印在图书版权页和封底下端。其中,图书分类号将图书根据其内容范畴分为 17 类:马克思主义、列宁主义、毛泽东思想著作,哲学,政治,经济,军事,法律,文化教育,艺术,语言文字,文学,历史,地理,自然科学,医药卫生,工业技术,农业技术,综合参考;出版社代号:每个出版社以 3 位阿拉伯数码为其代号,如中国大百科全书出版社的代号为 197;序号:指同一出版社、同一类别的书、按发稿先后次序排列。通常在出版社代号与序号之间,加一个居中小圆点将统一书号隔为两段。如人民出版社出版的《邓小平文选》(1975—1982),分类号为 3,出版社代号为 001,此书是该社出版的政治类书籍的第 1907 种,统一书号为"3001·1907"。

（2）中国标准书号是一种国际通用的出版物编号系统，是中国 ISBN 中心在国际标准书号（ISBN）的基础上制定的一项标准，于 1987 年 1 月 1 日在全国正式实施。中国标准书号取代全国统一书号，但是日历、台历、年画、标准、规程等出版物因其不适合使用标准书号，仍然沿用国内统一书号。中国标准书号的实施，有效促进了我国图书出版发行事业和文献情报工作的现代管理水平，使在我国出版社所出版的每一种出版物的每一个版本都有一个世界性的唯一标识代码。

中国标准书号的结构，由一个国际标准书号（ISBN）和一个图书分类、种次号两部分组成。中国标准书号的第一部分国际标准书号（ISBN）是这个编号系统的主体，可以单独使用。它由 10 位数组成，这 10 位数字之间用连字符号"-"隔开，分成 4 个部分，分别表示组号、出版者号、书序号和校验位。

① 组号段代表出版者的国家、地理区域、语种或其他分组特征的编号。组号由国际 ISBN 中心设置和分配，分配给中国大陆的组号为"7"，可以出书 1 亿种。

② 出版者号段代表组区内所属的一个出版者（出版社、出版公司、独家发行商等）的编号。出版者号由其所隶属国家或地区 ISBN 中心设置和分配，其长度可以取 1～7 位数字。我国的出版者号由中国 ISBN 中心分配，其长度为 2～5 位数字，如中国 ISBN 中心分配给人民出版社、云南人民出版社、外国文学出版社、云南美术出版社的出版者号分别为"01""222""5016""80695"。ISBN 的前两段编号，即组号和出版者号合称为"出版者前缀"，它是一个出版者在国际上的唯一标准代号。

③ 书序号段代表一个特定出版者出版的一种具体出版物的编号，每一种图书都有一个书序号，书序号由出版者自己分配，分配时一般可按出版时间的先后顺序编制流水号。书序号的位数是恒定的，其位数是 9 减去出版者前缀位数之差。

④ 校验位这是 ISBN 编号的最后一位数字，依据规定的校验位算法对前 9 位数进行计算得出。

中国标准书号的第二部分图书分类、种次号排在 ISBN 国际标准书号后面（或下面），并用斜线（或横线）隔开。ISBN 系统与我国过去沿用的全国统一书号相比，缺少图书分类标识，鉴于我国出版发行业及图书情报业的相当一部分仍为手工分类、排架、编目、建卡，因此在书上印上分类标识是十分必要的。

图书分类号是由出版社根据图书的学科范畴，参照中国图书馆图书分类法的基本大类编制。分类号除工业技术诸类图书用两个字母外，其他各学科门类图书均用一个字母。分类号不输入计算机，作为图书分类、排架、编目、建卡之用，它为书店进行图书分类统计和图书销售陈列创造了有利条件。

种次号是同一出版社所出版同一类图书的流水编号，由出版社自行给出，其最大数字不应超过 ISBN 编号第三段书序号的数字。例如，某图书的中国标准书号为 ISBN 7-307-00196-9/G 52，表明该图书组号为 7 代表出版者位于中国大陆，出版者号为 307 代表武汉大学出版社，书序号为 00196，一般而言，表示该图书为该出版社发行的第 196 种图书，校验位为 9,图书分类号为 G,表示该图书属于文化、科学、教育、体育类,种次号为 52,表示该图书是该出版社发行的第 52 种该类别图书。

从 2007 年 1 月 1 日起,全世界所有 ISBN 代理机构将只发布 13 位的 ISBN,各国 ISBN 机构尚未分配完的 10 位的 ISBN 可以在前面加前缀 978,而新申请的 ISBN 号码全部以 979 开始(将来还可能使用 980 作为前缀)。新的国际标准书号在国际上简称"ISBN-13",其由 3 位前缀(978、979、980)、组号、出版社号、书序号、校验位五部分组成。

在使用 ISBN-13 时,EAN-13 条码与 ISBN-13 数字码需同时排列,且 ISBN-13 数字码应排在 EAN-13 物品条码上方,它包括国际标准书号的标识符"ISBN"、数字号码以及数字号码各标识组间的连字符"-"。而与物品条码相同的 13 位数字则应连续排列(无连字符和空格),在物品条码下方,其前也无须添加国际标准书号的标识符"ISBN"。因此通过扫描枪扫描 EAN-13 条码就可以快速读取 ISBN-13 编码信息,使得图书管理更加快捷和方便。

4.2　代码的编码技术标准

4.2.1　代码基础知识

1. 代码的定义

代码也叫信息编码,是作为事物(实体)唯一标识的、一组有序字符组合。它必须便于计算机和人的识别和处理。

代码(code)是人为确定的代表客观事物(实体)名称、属性或状态的符号或符号的组合。代码的重要性表现在以下几个方面。

(1) 可以唯一地标识一个分类对象(实体)。

(2) 加快输入,减少出错,便于存储和检索,节省存储空间。

(3) 使数据的表达标准化,简化处理程序,提高处理效率。

(4) 能够被计算机系统识别、接收和处理。

2. 代码的作用

在信息系统中,代码的作用体现在如下 3 个方面。

1) 唯一化

在现实世界中有很多东西是如果我们不加标识就无法区分的,这时机器处理就十分困难。所以能否将原来不能确定的东西,唯一地加以标识是编制代码的首要任务。

最简单常见的例子就是职工编号。在人事档案管理中我们不难发现,人的姓名不管在一个多么小的单位里都很难避免重名。为了避免二义性,唯一地标识每一个人,编制职工代码是很有必要的。

2) 规范化

唯一化虽是代码设计的首要任务。但如果我们仅仅为了唯一化来编制代码,那么代码编出来后可能是杂乱无章的,使人无法辨认,而且使用起来也不方便。所以我们在唯一化的前提下还要强调编码的规范化。

例如,财政部关于会计科目编码的规定,以"1"开头的表示资产类科目;"2"表示负债类科目;"3"表示权益类科目;"4"表示成本类科目等。

3) 系统化

系统所用代码应尽量标准化。在实际工作中,一般企业所用大部分编码都有国家或行业标准。

在产成品和商品中各行业都有其标准分类方法,所有企业必须执行。另外一些需要企业自行编码的内容,如生产任务码、生产工艺码、零部件码等,都应该参照其他标准化分类和编码的形式有序进行。

3. 代码设计的原则

在为对象设计编码时,应该遵守以下原则。

(1) 唯一性。代码是区别系统中每个实体或属性的唯一标识。

(2) 简单性。尽量压缩代码长度,可降低出错机会。

(3) 易识别性。为了便于记忆、减少出错,代码应当逻辑性强,表意明确。

(4) 可扩充性。不需要变动原代码体系,可直接追加新代码,以适应系统的进一步发展。

(5) 合理性。必须在逻辑上满足应用需要,在结构与处理方法上相一致。

(6) 规范性。尽可能采用现有的国标、部标编码,结构统一。

(7) 快捷性。代码有快速识别、快速输入和计算机快速处理的性能。

(8) 连续性。有的代码编制要求有连续性。

(9) 系统性。要全面、系统地考虑代码设计的体系结构,要把编码对象分成组,然后分别进行编码设计,如建立:物料编码系统、人员编码系统、产品编码系统、设备编码系统等。

(10) 可扩展性。所有代码要留有余地,以便扩展。

4. 代码设计的注意事项

一个良好的设计既要满足处理问题的需要,又要满足科学管理的需要。在实际分类时须注意如下几点。

(1) 必须保证有足够的容量足以覆盖规定范围内的所有对象。如果容量不够,不便于今后变化和扩充,随着环境的变化这种分类会很快失去生命力。

(2) 按属性系统化。分类不能是无原则的,必须遵循一定的规律。根据实际情况并结合具体管理的要求来划分是分类的基本方法。分类应按照处理对象的各种具体属性系统地进行,如在线分类方法中,哪一层次是按照什么属性来分类,哪一层次是标识一个什么类型的对象集合等都必须系统地进行。只有这样的分类才比较容易建立并为别人所接受。

(3) 分类要有一定的柔性,不至于在出现变更时破坏分类的结构。所谓柔性是指在一定情况下分类结构对于增设或变更处理对象的可容纳程度。柔性好的系统在一般的情况下增加分类不会破坏其结构。但是柔性往往还会带来别的一些问题,如冗余度大等,这都是设计分类时必须考虑的问题。

(4) 注意本分类系统与外系统及已有系统之间的协调。任何一项工作都是从原有的基础上发展起来的,分类时一定要注意新老分类的协调性,以便于系统的联系、移植、协作以及老系统向新系统的平稳过渡。同时还要考虑与国际标准、国家标准、部颁标准及行业标准的对接。

4.2.2 代码设计及编码方法

1. 代码的设计方法

目前,代码最常用的分类方法概括起来有两种:一种是线分类方法;一种是面分类方法。在实际应用中根据具体情况各有其不同的用途。

1) 线分类方法

线分类方法也称等级分类法或层次分类法,按选定的若干属性(或特征)将分类对象逐次地分为若干层级,每个层级又分为若干类目,同一分支的同层级类目之间构成并列关系,不同层级类目之间构成隶属关系。同层级类目互不重复,互不交叉,是目前用得最多的一种方法,尤其是在手工处理的情况下它几乎成了唯一的方法。线分类方法的主要出发点是:首先给定母项,母项下分若干子项,由对象的母项分大集合,由大集合确定小集合,最后落实到具体对象。

线分类划分时要掌握两个原则,即唯一性和不交叉性。

线分类方法的优缺点如下:

主要优点:结构清晰,容易识别和记忆,容易进行有规律的查找;层次性好,能较好地反映类目之间的逻辑关系;符合传统应用习惯,即适合于手工处理,又便于计算机处理。

主要缺点:揭示主题或事物特征的能力差,往往无法满足确切分类的需要;分类表具有一定的凝固性,不便于根据需要随时改变,也不适合进行多角度的信息检索。大型分类表一般类目详尽、篇幅较大,对分类表管理的要求较高;结构不灵活,柔性较差。

举例:分类的结果造成了一层套一层的线性关系,如图 4-1 所示。

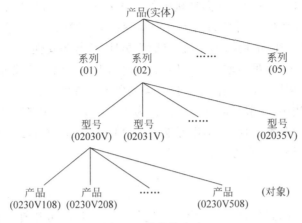

图 4-1　线分类方法

2) 面分类方法

面分类方法也称平行分类法,是将拟分类的商品集合总体,根据其本身固有的属性或特征,分成相互之间没有隶属关系的面,每个面都包含一组类目,将某个面中的一种类目与另一个面中的一种类目组合在一起,即组成一个复合类目的分类方法。

面分类方法的特点如下:

优点是柔性好,面的增加、删除和修改都很容易。可实现按任意组配面的信息检索,对计算机的信息处理有良好的适应性。

缺点是不能充分利用编码空间,不易直观识别和记忆,不便于手工处理等。

举例:代码 3212 表示材料为钢的 $\phi1.0\text{mm}$ 圆头的镀铬螺钉,见表 4-1。

表 4-1　面分类方法

材　　料	螺钉直径	螺钉头形状	表面处理
1—不锈钢	1—$\phi0.5$	1—圆头	1—未处理
2—黄铜	2—$\phi1.0$	2—平头	2—镀铬
3—钢	3—$\phi1.5$	3—六角形状	3—镀锌
		4—方形头	4—上漆

3) 线分类方法和面分类方法的关系

面分类方法将整形码分为若干码段,一个码段定义事物的一种属性,需要定义多重属性可采用多个码段。这种代码的数值可在数轴上找到对应描述,一根数轴只能约束一类属性上父类与子类的从属关系,多重属性的约束就要用多根数轴实现,即一个码段对应一根数轴。面分类方法是若干个线分类的合成,即线分类方法为一维分类方法,面分类方法为二维或多维分类方法。

现实生活中,面分类方法的应用比较广泛。例如,18 位的身份证号码便是使用面分类法进行编码:第一段(前 6 位)描述办证机关的至县一级的空间定位,采用省、市、县的行政区划代码给码;第二段(7～14 位)为出生日期描述;第三段(15～17 位)有两重意义,即同县同日出生者的办证顺序和性别,第 17 位奇数为男性,偶数为女性。

采用面分类方法编码,虽然增加了代码的复杂性,但却可以处理线分类方法无法解决的描述对象多重意义的问题,在地理信息数据分类编码中大有可为。

目前,在实际运用中,一般把面分类方法作为线分类方法的补充。我国在编制《全国工农业产品(商品、物资)分类与代码》国家标准时,采用的是线分类方法和面分类方法相结合,以线分类方法为主的综合分类方法。

2. 代码的种类

代码的类型是指代码符号的表示形式。进行代码设计时可选择一种或几种代码类型组合。

(1)顺序码,也叫序列码。顺序码是用连续数字作为每个实体的标识。编码顺序可以是实体出现的先后,也可以是实体名的字母顺序。其优点是简单、易处理、易扩充及用途广;缺点是没有逻辑含义、不能表示信息特征、无法插入和删除数据将造成空码。

(3)成组码。成组是最常用的一种编码,它将代码分为几段(组),每段都由连续数字组成,且各表示一种含义。其优点是简单、方便、能够反映出分类体系、易校对、易处理;缺点是位数多不便记忆,必须为每段预留编码,否则不易扩充。例如,身份证编码共 18 位。

(4)表意码。表意码将表示实体特征的文字、数字或记号直接作为编码。其优点是可以直接明白编码含义,易理解、好记忆;其缺点是编码长度位数可变,给分类和处理带来不便。如网站代码。

(5)专用码。专用码是具有特殊用途的编码,如汉字国标码、五笔字型编码、自然码、ASCII 代码等。

(6)组合码,也叫合成码、复杂码。组合码是由若干种简单编码组合而成的,使用十分普遍。其优点是容易分类,容易增加编码层次,可以从不同角度识别编码,容易实现多种分类统计;缺点是编码位数和数据项个数较多。

3. 代码的校验

为了减少编码过程中可能出现的错误,需要使用编码校验技术。这是在原有代码的基础上,附加校验码的技术。校验码是根据事先规定好的算法构成的,将它附加到代码本体上以后,成为代码的一个组成部分。当代码输入计算机以后,系统将会按规定好的算法验证,从而检测代码的正确性。

常用的简单校验码是在原代码上增加一个校验位,并使得校验位成为代码结构中的一部分。系统可以按规定的算法对校验位进行检测,校验位正确,便认为输入代码正确。

代码是人为确定的。代码在管理信息系统中起着重要的作用,往往被用作主关键字。为了使代码更加合理,针对不同客观事物,提出了不同的代码设计方法。为了使系统具有更好的性能,一般尽可能采用国际、国家、部颁和行业标准。代码往往易于出错,因此,必须对所输入的代码进行校验。

4. 代码的设计步骤

代码的设计工作是信息系统实施之前的最重要工作,也是 ERP 系统实施成败的关键之一,因此要特别给予重视。建议按下列步骤进行代码设计工作。

1) 组织"代码设计小组"

在建立的"项目实施小组"之下要设立"代码设计小组",负责企业的代码编制工作。"代码设计小组"的主要职责是编制企业的代码体系、代码设计方案及代码对照表,为 ERP 系统的实施做好准备。

2) 确定本企业的代码体系

参照 ERP 软件对代码的技术要求,结合本企业的生产经营管理的特点和已有代码的基础,确定本企业的代码体系和编码对象。

通过对现行系统的编码对象进行调查,然后确定各子系统中哪些项目需要编制代码,需要的位数、使用范围和期限,哪些项目可采用现行编码,哪些项目的代码需要修改或需要重新设计。

3) 确定代码的设计方法,编制"代码设计说明"文件

通过调查分析本行业和本企业现行系统的编码状况及编码标准,并结合所选 ERP 软件对代码的技术要求,确定代码设计方法。例如,已经采用国际、国家和行业标准的某些编码,就可以延续使用现行的编码。有的企业已部分实现了计算机的单项管理,就可以对其编码进行分析,如果适用,ERP 系统就可以采用。

通过对现行系统的编码对象的分析,结合 ERP 软件的编码要求,按照编制代码的原则和方法,确定本企业的代码设计方案。

代码的设计方案要以文件的形式写成报告,送交上级有关单位审批。

4) 提交、审批及下达"代码设计说明"文件

将"代码设计说明"文件提交给本企业的"ERP 应用领导小组",由他们组织有关人员进行审查,提出意见,待"代码设计"方案确定后,作为企业正式文件下达到有关单位遵照执行。

5) 组织编制代码对照表

根据下达的"代码设计说明"文件的代码编制规定,编制代码与编码对象之间的对照表及其说明。对照表为基础数据的整理和准备提供依据。代码设计的流程如图 4-2 所示。

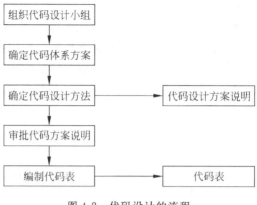

图 4-2　代码设计的流程

4.3　一维条码的编码技术标准

4.3.1　编码方法

条码技术涉及两种类型的编码方式,一种是代码的编码方式;另一种是条码符号的编码方式。代码的编码规则规定了由数字、字母或其他字符组成的代码序列的结构;而条码符号的编制规则规定了不同码制中条、空的编制规则及其二进制的逻辑表示设置。表示数字及字符的条码符号是按照编码规则组合排列的,因此当各种码制的条码编码规则一旦确定,我们就可将代码转换成条码符号。

1. 代码的编码方式

代码的编码系统是条码的基础。不同的编码系统规定了不同用途的代码的数据格式、含义及编码原则。编制代码须遵循有关标准或规范,根据应用系统的特点与需求选择适合的代码及数据格式,并且遵守相应的编码原则。比如,如果对商品进行标识,我们应该选用由国际物品编码协会(EAN)和统一代码委员会(UCC)规定的用于标识商品的代码系统。该系统包括 EAN/UCC-13、EAN/UCC-8 和 UCC-12 三种代码结构,厂商可根据具体情况选择合适的代码结构,并且按照唯一性、无含义性、稳定性的原则进行编制。

2. 条码符号的编码方式

条码是利用"条"和"空"构成二进制的"0"和"1",并以它们的组合来表示某个数字或字符,反映某种信息的。但不同码制的条码在编码方式上却有所不同,一般有以下两种。

1）宽度调节编码法

宽度调节编码法即条码符号中的条和空由宽、窄两种单元组成的条码编码方法。这种编码方式是以窄单元（条或空）表示逻辑值"0"，宽单元（条或空）表示逻辑值"1"，宽单元通常是窄单元的 2～3 倍。对于两个相邻的二进制数位，由条到空或由空到条，均存在着明显的印刷界限。25 条码、39 条码、库德巴条码及交叉 25 条码均属宽度调节型条码。下面以 25 条码为例，简要介绍宽度调节型条码的编码方法。

25 条码是一种只用条表示信息的非连续型条码。条码字符由规则排列的 5 个条构成，其中有两个宽单元，其余是窄单元。宽单元一般是窄单元的 3 倍，宽单元表示二进制的"1"，窄单元表示二进制的"0"。图 4-3 所示为 25 条码字符集中代码"1"的字符结构。

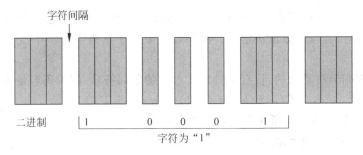

图 4-3　字符为"1"的 25 条码结构

2）模块组配编码法

模块组配编码法即条码符号的字符是由规定的若干个模块组成的条码编码方法。按照这种方式编码，条与空是由模块组合而成的。一个模块宽度的条模块表示二进制的"1"，而一个模块宽度的空模块表示二进制的"0"。

EAN 条码和 UPC 条码均属模块组配型条码。商品条码模块的标准宽度是 0.33mm，它的一个字符由两个条和两个空构成，每一个条或空由 1～4 个标准宽度的模块组成，每一个条码字符的总模块数为 7。凡是在字符间用间隔（位空）分开的条码，称为非连续性条码。凡是在条码字符间不存在间隔（位空）的条码，称为连续性条码。模块组配编码法条码字符的构成如图 4-4 所示。

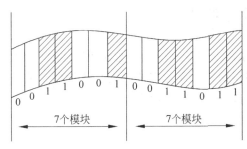

图 4-4　模块组配编码法条码字符的构成

4.3.2　编码容量

1. 代码的编码容量

代码的编码容量即每种代码结构可能编制的代码数量的最大值。例如,EAN/UCC-13代码的结构——有 5 位数字可用于编制商品项目代码,在每一位数字的代码均无含义的情况下,其编码容量为 100 000,所以厂商如果选择这种代码结构,最多能标识 100 000 种商品。

2. 条码字符的编码容量

条码字符的编码容量即条码字符集中所能表示的字符数的最大值。每个码制都有一定的编码容量,这是由其编码方法决定的。编码容量限制了条码字符集中所能包含的字符个数的最大值。

对于用宽度调节法编码的,仅有两种宽度单元的条码符号,即编码容量为 $C(n,k)$。

$$C(n,k) = n(n-1)\cdots(n-k+1)/k!$$

式中:n——每一条码字符中所包含的单元总数;

　　　k——宽单元或窄单元的数量。

例如,39 条码,它的每个条码字符由 9 个单元组成,其中 3 个是宽单元,其余是窄单元,那么,其编码容量为:

$$C(9,3) = 9 \times 8 \times 7/(3 \times 2 \times 1) = 84$$

对于用模块组配的条码符号,若每个条码字符包含的模块是恒定的,其编码容量为 $C(n-1,2k-1)$。其中 n 为每一条码字符中包含模块的总数,k 为每一条码字符中条或空的数量,k 应满足 $1 \leqslant k \leqslant n/2$。

例如,93 条码,它的每个条码字符中包含 9 个模块,每个条码字符中的条的数量为 3 个,其编码容量为:

$$C(9-1,2 \times 3-1) = 8 \times 7 \times 6 \times 5 \times 4/(5 \times 4 \times 3 \times 2 \times 1) = 56$$

一般情况下,条码字符集中所表示的字符数量小于条码字符的编码容量。

4.3.3　条码的校验与纠错

为了保证正确识读,条码一般具有校验功能或纠错功能。一维码一般具有校验功能,即通过字符的校验来防止错误识读。而二维条码则具有纠错功能,这种功能使得二维条码在有局部破损的情况下仍可被正确地识读出来。

1. 一维码的校验方法

一维码在纠错上主要采用校验码的方法,校验码算法有很多种,本书将在后续单元中加以介绍。校验的目的是保证条空比的正确性。

2. 二维条码的纠错功能

二维条码在保障识读正确方面采用了更为复杂、技术含量更高的方法。例如,PDF417
条码,在纠错方法上采用了所罗门算法,如图 4-5 所示。不同二维条码可能采用不同的纠错
算法。纠错是为了当二维条码存在一定局部破损情况下,还能采用替代运算还原出正确的
码词信息,从而保证条码的正确识读。

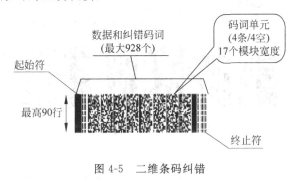

图 4-5　二维条码纠错

4.4　二维条码的编码技术标准

二维条码和一维条码都是信息表示、携带和识读的手段。但它们的应用侧重点是不同
的:一维条码用于对"物品"进行标识;二维条码用于对"物品"进行描述。信息量容量大、
安全性高、读取率高、错误纠正能力强等特性是二维条码的主要特点。

4.4.1　PDF417 条码

1. 概述

PDF417 条码是由留美华人王寅军博士发明的一种行排式二维条码。PDF 取自英文
"portable data file"三个单词的首字母,意为"便携数据文件"。因为组成条码的每一符号字
符都是由 4 个条和 4 个空共 17 个模块构成,所以称为 PDF417 条码,如图 4-6 所示。
PDF417 是一种多层、可变长度、具有高容量和纠错能力的
二维条码。

2. PDF417 条码的符号结构

1) 符号结构(见图 4-7)

每一个 PDF417 符号由空白区包围的一序列层组成,

图 4-6　PDF417 条码

其层数为 3～90。

每一层包括左空白区、起始符、左层指示符号字符、1～30 个数据符号字符、右层指示符号字符、终止符和右空白区。

由于层数及每一层的符号字符数是可变的,故 PDF417 条码符号的高宽比,即纵横比(aspect ratio)可以变化,以适应于不同可印刷空间的要求。

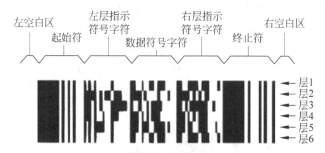

图 4-7　DF417 符号的结构图

2) 符号字符的结构

每一个符号字符包括 4 个条和 4 个空,每 1 个条或空由 1～6 个模块组成。在一个符号字符中,4 个条和 4 个空的总模块数为 17,如图 4-8 所示。

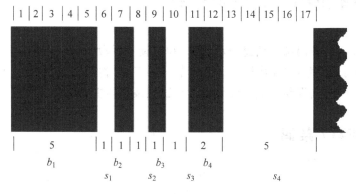

图 4-8　PDF417 符号字符

3) 码字集

PDF417 条码码字集包含 929 个码字,码字取值范围为 0～928。在码字集中,其使用应遵守下列规则:

码字 0～899:根据当前的压缩模式和 GLI 解释,用于表示数据。

码字 900～928:在每一模式中,用于具体特定目的符号字符的表示。具体规定如下:

码字 900～902,913,924 用于模式标识。

码字 925～927 用于 GLI。

码字 922,923,928 用于宏 PDF417 条码。

码字 921 用于阅读器初始化。

码字 903~912,914~920 保留待用。

4) 符号字符的簇(cluster)

PDF417 的字符集可分为三个相互独立的子集,即 0,3,6 三个簇号。每一簇均以不同的条、空搭配形式表示 929 个符号字符值即码词,故每一簇不可能与其他簇混淆。对于每一特定的行,使用符号字符的簇号用以下公式计算:

$$簇号＝[(行号－1)MOD\ 3]×3$$

5) 错误纠正码词(error correction codeword)

通过错误纠正码词,PDF417 拥有纠错功能。每个 PDF417 符号需两个错误纠正码词进行错误检测,并可通过用户定义纠错等级 0~8 共 9 级,可纠正多达 510 个错误码词。级别越高,纠正能力越强。由于这种纠错功能,使得污损的 PDF417 条码也可以被正确识读。错误纠正码词的生成是根据 reed-solomoon 错误控制码算法计算的。

6) 数据组合模式(data compaction mode)

PDF417 提供了三种数据组合模式,每一种模式定义一种数据序列与码词序列之间的转换方法。三种模式为文本组合模式(text compaction,Mode-TC)、字节组合模式(byte compaction,Mode-BC)和数字组合模式(numeric compaction,Mode-NC)。通过模式锁定和模式转移进行模式间的切换,可在一个 PDF417 条码符号中应用多种模式表示数据。

7) 宏 PDF417

宏 PDF417 提供了一种强有力的机制,这种机制可以把一个 PDF417 符号无法表示的大文件分成多个 PDF417 符号来表示。宏 PDF417 包含了一些附加控制信息来支持文件的分块表示,译码器就是利用这些信息来正确组合和检查所表示的文件,不必担心符号的识读次序。

3. PDF417 条码符号的特性

PDF417 条码符号的特性见表 4-2。

表 4-2　PDF417 条码符号的特性

项　目	特　性
可编码字符集	全 ASCII 字符或 8 位二进制数据,可表示汉字
类型	连续、多层
字符自校验功能	有
符号尺寸	可变,高度 3~90 行,宽度 90~583 个模块宽度
双向可读	是
错误纠正码词数	2~512 个

续表

项　　目	特　　征
最大数据容量(错误纠正级别为 0 时)	1850 个文本字符 或 2710 个数字 或 1108 个字节
附加属性	可选择纠错级别、可跨行扫描、宏 PDF417 条码、全球标记标识符等

4.4.2　QR Code 条码

1. 概述

QR Code 条码(quick response code)(图 4-9)是由日本 Denso 公司于 1994 年 9 月研制的一种矩阵二维条码符号。它除了具有一维条码及其他二维条码所具有的信息容量大、可靠性高、可表示汉字及图像多种文字信息、保密防伪性强等优点外,还具有以下主要特点。

图 4-9　QR Code 条码

1) 超高速识读

超高速识读是 QR Code 区别于 PDF417、Data Matrix 等二维条码的主要特点。用 CCD 二维条码识读设备,每秒可识读 30 个 QR Code 条码字符,对于含有相同数据信息的 PDF417 条码字符,每秒仅能识读 3 个条码字符。QR Code 码具有的唯一的寻像图形,使识读器识读简便,具有超高速识读性和高可靠性,具有的校正图形可有效解决基底弯曲或光学变形等识读问题,使它适宜应用于工业自动化生产线管理等领域。

2) 全方位识读

QR Code 具有全方位(360°)识读的特点,这是 QR Code 优于行排式二维条码如 PDF417 条码的另一主要特点。

3) 能够有效地表示中国汉字和日本汉字

QR Code 用特定的数据压缩模式表示中国汉字和日本汉字,仅用 13b 就可以表示一个汉字,而 PDF417 条码、Data Matrix 等二维条码没有特定的汉字表示模式,需要用 16b(两个字节)表示一个汉字。因此,QR Code 比其他的二维条码表示汉字的效率提高了 20%。

2. 编码字符集

(1) 数字型数据(数字 0~9)。

(2) 字母数字型数据(数字 0~9;大写字母 A~Z;9 个其他字符:space,$,%,*,+,−,.,/,:)。

(3) 8 位字节型数据。

（4）日本汉字字符。

（5）中国汉字字符（GB 2312 对应的汉字和非汉字字符）。

3．符号结构

每个 QR 码符号由名义上的正方形模块构成，组成一个正方形阵列。它由编码区域和包括寻像图形、分隔符、定位图形和校正图形在内的功能图形组成。功能图形不能用于数据编码。符号的四周由空白区包围。图 4-10 所示为 QR 码版本 7 符号的结构图。

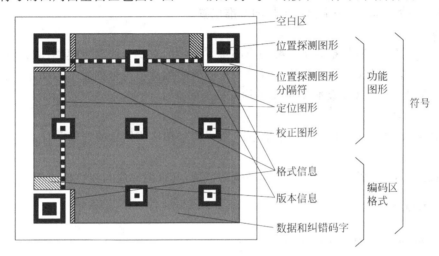

图 4-10　QR 码符号的结构

1）符号版本和规格

QR 码符号共有 40 种规格，分别为版本 1、版本 2、……、版本 40。版本 1 的规格为 21 模块×21 模块，版本 2 为 25 模块×25 模块，以此类推，每一版本符号比前一版本每边增加 4 个模块，直到版本 40，规格为 177 模块×177 模块。

2）寻像图形

寻像图形包括三个相同的位置探测图形，分别位于符号的左上角、右上角和左下角，如图 3-10 所示。每个位置探测图形可以看作是由 3 个重叠的同心的正方形组成，它们分别为 7×7 个深色模块、5×5 个浅色模块和 3×3 个深色模块，如图 4-11 所示。位置探测图形的模块宽度比为 1：1：3：1：1。符号中其他地方遇到类似图形的可能性极小，因此可以在视场中迅速地识别可能的 QR 码符号。识别组成寻像图形的三个位置探测图形，可以明确地确定视场中符号的位置和方向。

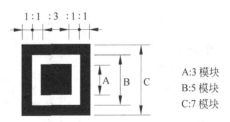

图 4-11　位置探测图形的结构

3) 分隔符

在每个位置探测图形和编码区域之间有宽度为 1 个模块的分隔符,如图 4-10 所示。它全部由浅色模块组成。

4) 定位图形

水平和垂直定位图形分别为一个模块宽的一行和一列,由深色和浅色模块交替组成,其开始和结尾都是深色模块。水平定位图形位于上部的两个位置探测图形之间,符号的第 6 行。垂直定位图形位于左侧的两个位置探测图形之间,符号的第 6 列。它们的作用是确定符号的密度和版本,提供决定模块坐标的基准位置。

5) 校正图形

每个校正图形可看作是 3 个重叠的同心正方形,由 5×5 个的深色模块、3×3 个的浅色模块以及位于中心的 1 个深色模块组成。校正图形的数量视符号的版本号而定。在模式 2 的符号中,版本 2 以上(含版本 2)的符号均有校正图形。

6) 编码区域

编码区域包括表示数据码字、纠错码字、版本信息和格式信息的符号字符。

7) 空白区

空白区为环绕在符号四周的 4 个模块宽的区域,其反射率应与浅色模块相同。

4. 基本特性

QR Code 的基本特性见表 4-3。

表 4-3　QR Code 的基本特性

符　号　规　格	21 模块×21 模块(版本 1)～177 模块×177 模块(版本 40) (每一规格:每边增加 4 个模块)
数据类型与容量 (指最大规格符号版本 40-L 级)	数字数据 7089 个字符 字母数据 4296 个字符 8 位字节数据 2953 个字符 中国汉字、日本汉字数据 1817 个字符
数据表示方法	深色模块表示二进制"1",浅色模块表示二进制"0"
纠错能力	L 级:约可纠错 7% 的数据码字 M 级:约可纠错 15% 的数据码字 Q 级:约可纠错 25% 的数据码字 H 级:约可纠错 30% 的数据码字
结构链接(可选)	可用 1～16 个 QR Code 条码符号表示
掩模(固有)	可以使符号中深色与浅色模块的比例接近 1∶1,使因相邻模块的排列造成译码困难的可能性降为最小
扩充解释(可选)	这种方式使符号可以表示缺省字符集以外的数据(如阿拉伯字符、古斯拉夫字符、希腊字母等),以及其他解释(如用一定的压缩方式表示的数据)或者针对行业特点的需要进行编码
独立定位功能	有

4.4.3 汉信码

1. 概述

汉信码是由中国物品编码中心与北京网路畅想科技有限公司联合研发具有完全自主知识产权的一种二维条码,是国家"十五"重要技术标准研究专项《二维条码新码制开发与关键技术标准研究》课题的研究成果。汉信码的研制成功有利于打破国外公司在二维条码生成与识读核心技术上的商业垄断,降低我国二维条码技术的应用成本,推进二维条码技术在我国的应用进程。

汉信码在汉字表示方面,支持 GB 18030 大字符集,汉字表示信息效率高,达到了国际领先水平。汉信码具有抗畸变、抗污损能力强、信息容量高的特点,达到了国际先进水平。汉信码相比其他条码还有如下特点。

1) 信息容量大

汉信码可以表示数字、英文字母、汉字、图像、声音、多媒体等一切可以二进制化的信息,并且在信息容量方面远远领先于其他码制,如图 4-12 所示。

汉信码的数据容量	
数字	最多 7829 个字符
英文字符	最多 4350 个字符
汉字	最多 2174 个字符
二进制信息	最多 3262 字节

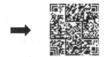

图 4-12 汉信码的信息表示

2) 具有高度的汉字表示能力和汉字压缩效率

汉信码支持 GB 18030 中规定的 160 万个汉字信息字符,并且采用 12b 的压缩比率,每个符号可表示 12～2174 个汉字字符,如图 4-13 所示。

汉信码可以表示GB 18030全部160万码位,单个符号最多可以表示2174个汉字

图 4-13 汉信码汉字信息表示

3) 编码范围广

汉信码可以将照片、指纹、掌纹、签字、声音、文字等凡可数字化的信息进行编码。

4）支持加密技术

汉信码是第一种在码制中预留加密接口的条码。它可以与各种加密算法和密码协议进行集成,因此具有极强的保密防伪性能。

5）抗污损和畸变能力强

汉信码具有很强的抗污损和畸变能力,可以被附着在常用的平面或桶装物品上,并且可以在缺失两个定位标的情况下进行识读,如图 4-14 所示。

图 4-14　汉信码抗污损和畸变能力

6）修正错误能力强

汉信码采用世界先进的数学纠错理论和太空信息传输中常采用的 reed-solomon 纠错算法,使汉信码的纠错能力可以达到 30%。

7）可供用户选择的纠错能力

汉信码提供 4 种纠错等级,使得用户可以根据自己的需要在 7%、15%、25% 和 30% 各种纠错等级上进行选择,从而具有高度的适应能力。

8）容易制作且成本低

利用现有的点阵、激光、喷墨、热敏/热转印和制卡机等打印技术,即可在纸张、卡片、PVC 甚至金属表面上印出汉信码。由此所增加的费用仅是油墨的成本,可以称得上是一种真正的"零成本"技术。

9）条码符号的形状可变

汉信码支持 84 个版本,可以由用户自主进行选择,最小码仅有指甲大小。

10）外形美观

汉信码在设计之初就考虑到人的视觉接受能力,所以较之现有国际上的二维条码技术,汉信码在视觉感官上具有突出的特点。

2. 编码字符集

（1）数据型数据（数字 0~9）。

（2）ASCII 字符集。

（3）二进制数据（包括图像等其他任意二进制信息）。

（4）支持 GB 18030 大汉字字符集的字符。

3. 符号结构

每个汉信码符号是由 $n \times n$ 个正方形模块组成的一个正方形阵列构成。整个正方形的码图区域由信息编码区与功能图形区构成,其中功能图形区主要包括寻像图形、寻像图形分割区与校正图形。功能图形不用于数据编码。码图符号的四周为 3 模块宽的空白区。图 4-15所示为版本为 24 的汉信码符号结构图。

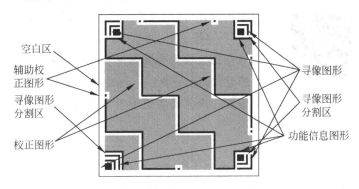

图 4-15　版本为 24 的汉信码符号结构图

1) 符号版本和规格

汉信码符号共有 84 种规格,分别为版本 1、版本 2、……、版本 84。版本 1 的规格为 23模块×23 模块,版本 2 为 25 模块×25 模块,依次类推,每一版本符号比前一版本每边增加2 个模块,直到版本 84,其规格为 189 模块×189 模块。图 4-16 中从小到大依次为版本 1、4、24 的符号结构。

图 4-16　不同版本符号结构图

2) 寻像图形

汉信码图的寻像图形为 4 个位置探测图形,分别位于符号的左上角、右上角、左下角和右下角,如图 4-17 所示。各位置探测图形形状相同,只是摆放的朝向不同,位于右上角和左下角的寻像图形摆放朝向相同,位于右下角和左上角的寻像图形摆放朝向相反。位置探测图形大小为 7×7 个模块,整个位置探测图形可以理解为将 3×3 个深色模块,沿着其左边和上边外扩 1 个模块宽的浅色边,后继续分别外扩 1 个模块宽的深色边、1 个模块宽的浅色边和 1 个模块宽的深色边所得。其扫描的特征比例为 $1:1:1:1:3$ 和 $3:1:1:1:1$(沿不同方向扫描所得值不同)。识别组成寻像图形的四个位置探测图形,可以明确确定视场中符号的位置和方向。

图 4-17　位置探测图形的结构

3) 寻像图形分割区

在每个位置探测图形和编码区域之间有宽度为 1 个模块的寻像图形分割区。它是 1 个由两个宽为 1 个模块,长为 8 个模块的浅色模块矩形垂直连接成的“L”形图形,如图 4-15 所示。

4) 校正图形

汉信码的校正图形是一组由黑白相邻边组成的阶梯形的折线以及排布于码图 4 个边缘上的 2×3(5 个浅色,1 个深色)个模块组成的辅助校正图形,如图 4-13 所示。整个校正图形的排布分为两种情况,其中码图最左边与最下边区域的校正折线长度是一个特殊值 r,而剩余区域的校正折线则是平均分布,宽度为 k。对不同版本的码图,其校正图形的排布各有差异,各版本校正折线的 r 与 k 的值以及平分为 k 模块宽的个数 m 满足关系:码图宽度 $n=r+mk$,而对于版本小于 3 的码图,则没有任何校正图形。在码图的 4 个边缘上,在校正图形交点和相邻码图顶点之间以及相邻校正图形交点之间,排布 2×3 模块大小的辅助校正图形,其中一个模块为深色,其余 5 个模块为浅色,如图 4-15 所示。

5) 功能信息区域

功能信息区域是指 4 个寻像图形分割区与内部码区之间的一个模块宽的区域,如图 4-15 所示。每个功能信息区域的模块大小为 17 个,总共的功能信息区容量为 $17\times4=68$。其中功能信息所包含的内容有版本信息、纠错等级和掩模方案。

6) 编码区域

信息编码区域的内容主要包括数据码字、纠错码字和填充码字。

7) 空白区

空白区为环绕在码图符号四周的 3 个模块宽的区域,空白区模块的反射率应与码图符号中的浅色模块相同。

4. 技术特性

汉信码的技术特性见表 4-4。

表 4-4　汉信码的技术特性

符 号 规 格	23×23(版本 1)～189×189(版本 84)
数据类型与容量(84 版本,第 4 纠错等级)/个	数字字符 7829 字母数字 4350 8 位字节数据 3262 中国常用汉字 2174
是否支持 GB 18030 汉字编码	支持全部 GB 18030 字符集汉字以及未来的扩展
数据表示法	深色模块为"1",浅色模块为"0"
纠错能力	L1 级:约可纠错 7% 的错误 L2 级:约可纠错 15% 的错误 L3 级:约可纠错 25% 的错误 L4 级:约可纠错 30% 的错误
结构链接	无
掩模	有 4 种掩模方案
全向识读功能	有

4.5　条码符号的生成技术标准

4.5.1　条码符号的生成概述

条码是代码的图形化表示,其生成技术涉及从代码到图形的转化技术,以及相关的印制技术。条码的生成过程是条码技术应用中一个相当重要的环节,直接决定着条码的质量。条码的生成过程如图 4-18 所示。

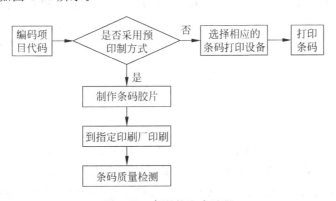

图 4-18　条码的生成过程

正确使用条码的第一步就是按照国家标准为标识项目编制一个代码。在代码确定以后,应根据具体情况来确定采用预印制方式还是采用现场印制方式来生成条码。当印刷批量很大时,一般采用预印制方式,如果印刷批量不大或代码内容是逐一变化的,可采用现场印制的方式。在采用预印制方式时需首先制作条码胶片,然后送交指定印刷厂印刷。在印刷的各个环节中都需严格按照有关标准进行检验,以确保条码的印制质量。在采用现场印制方式时,应该首先根据具体情况选用相应的打印设备,在打印设备上输入所需代码及相关参数后即可直接打印出条码。

在项目代码确定以后,如何将这个代码的数据信息转化成为图形化的条码符号呢?目前主要采用软件生成方式。一般的条码打印设备和条码胶片生成设备均安装了相应的条码生成软件。条码是一组按一定编码规则排列的条、空符号。条码生成软件则需根据条码的图形表示规则将数据化信息转化为相应的条空信息,并且生成对应的位图。专用的条码打印机由于内置了条码生成软件,只要给打印机传递相应的命令,打印机就会自动生成条码符号,而普通的打印机则需要专门的条码软件来生成条码符号。

需要生成条码的厂商可以自行编制条码的生成软件,也可选购商业化的编码软件,以便更加迅速、准确地完成条码的图形化编辑。

1. 自行编制条码生成软件

自行编制条码生成软件的关键在于了解条码的编码规则和技术特性。因为目前打印设备都是以点为基本打印单位,所以条码条、空的宽度设计应是点数的整数倍。而条码的条、空组合方式也因码制不同而不同,因此编制软件时需认真查阅相应的国家标准。

2. 选用商业化的编码软件

选用商业化的编码软件往往是最经济快捷的方法。目前市场上有许多种商业化的编码软件,这些软件功能强大,可以生成各种码制的条码符号,能够实现图形压缩、双面排版、数据加密、数据库管理、打印预览和单个/批量制卡等功能。同时,可以向应用程序提供条码生成、条码设置、识读接收、图形压缩和信息加密等二次开发接口(用户可以自己替换),还可以向高级用户提供内层加密接口等,而且价格也不高,企业可以根据具体情况来选择。

4.5.2　预印制

条码的印制是条码技术应用中一个相当重要的环节,也是一项专业性很强的综合性技术。它与条码符号载体、所用涂料的光学特性以及条码识读设备的光学特性和性能有着密切的联系。预印制(即非现场印制)是采用传统印刷设备大批量印刷制作的方法。它适用于数量大、标签格式固定、内容相同的条码的印制,如产品包装、相同产品的标签等。

采用预印制方式时,确保条码胶片的制作质量是十分重要的。胶片的制作一般由专用的制片设备来完成。中国物品编码中心及一些大的印刷设备厂均具有专用的条码制片设备,可以为厂商提供高质量的条码胶片。

目前,制作条码原版正片的主流设备分为矢量激光设备和点阵激光设备两类。矢量激光设备在给胶片曝光时采取矢量移动方式,条的边缘可以保证平直。点阵激光设备在给胶片曝光时采取点阵行扫描方式,点的排列密度与分辨率和精确度密切相关。由此可知,在制作条码原版胶片时,矢量激光设备比点阵激光设备更具有优越性。

在胶片制作完成以后,应送交指定印刷厂印刷。印刷时需严格按照原版胶片制版,不能放大或缩小,也不能任意截短条高。

预印制按照制版形式可分为凸版印刷、平版印刷、凹版印刷和孔版印刷。

1. 凸版印刷

凸版印刷的特征是印版图文部分明显高出空白部分。通常用于印制条码符号的有感光树脂凸版和铜锌版等,其制版过程中全都使用条码原版负片。凸版印刷的效果因制版条件而有明显不同。对凸版印刷的条码符号进行质量检验的结果证明,凸版印刷因稳定性差、尺寸误差离散性大而只能印刷放大系数较大的条码符号。

感光树脂版可用于包装的印刷和条码不干胶标签的印刷,如采用 20 型或 25 型 dycril 版可印刷马口铁,采用钢或铝版基的 dycril 版可印刷纸盒及商标。铜锌版在包装装潢印刷上的应用更为广泛。

凸版印刷的承印材料主要有纸、塑料薄膜、铝箔和纸板等。

2. 平版印刷

平版印刷的特征是印版上的图文部分与非图文部分几乎在同一平面,无明显凹凸之分。目前应用范围较广的是平版胶印。平版胶印是根据油水不相容原理通过改变印版上图文和空白部分的物理和化学特性使图文部分亲油,空白部分亲水。印刷时先对印版版面浸水湿润,再对印版滚涂油墨,这样印版上的图文部分着墨并经橡皮布转印至印刷载体上。

平版胶印印版分平凸版和平凹版两类。印制条码符号时,应根据印版的不同类型选用条码原版胶片,平凸版用负片,平凹版用正片。常用的平版胶印印版有蛋白版、平凹版、多层金属版和 PS 版(平凸式和平凹式都有)。

平版胶印的承印材料主要是纸,如铜版纸、胶版纸和白卡纸。

3. 凹版印刷

凹版印刷的特征是印版的图文部分低于空白部分。印刷时先将整个印版的版面全部涂满油墨,然后将空白部分的油墨用刮墨刀刮去,只留下低凹的图文部分的油墨。通过加压,使其移印到印刷载体上。凹版印刷的制版过程是通过对铜制滚筒进行一系列物理和化学处理而制成。使用较多的是照相凹版和电子雕刻凹版。照相凹版的制版过程中使用正片;电子雕刻凹版使用负片,并且在大多数情况下使用伸缩性小的白色不透明聚酯感光片制成。凹版印刷机的印刷接触压力是由液压控制装置控制的,压印滚筒会根据承印物厚度的变化自动调整,因此,承印物厚度变化对印刷质量几乎没有影响。

凹版印刷的承印材料主要有塑料薄膜、铝箔、玻璃纸、复合包装材料和纸等。

4. 孔版印刷

孔版印刷(丝网印刷)的特征是将印版的图文部分镂空,使油墨从印版正面借印刷压力穿过印版孔眼印到承印物上。用于印刷条码标识的印版由丝、尼龙、聚酯纤维、金属丝等材料制成细网绷在网框上。用手工或光化学照相等方法在其上面制出版膜,用版模遮挡图文以外的空白部分即制成印版。孔版印刷(丝网印刷)对承印物种类和形状适应性强,其适用范围包括纸及纸制品、塑料、木制品、金属制品、玻璃、陶瓷等,不仅可以在平面物品上印刷,还可以在凹凸面或曲面上印刷。丝网印刷墨层较厚,可达 $50\mu m$。丝网印刷的制版过程中使用条码原版胶片正片。

各种印刷版式所需条码原版胶片的极性见表 4-5。

表 4-5　各种印刷版式所需条码原版胶片的极性

孔版印刷	原版正片	
凸版印刷	原版负片	
凹版印刷	照相凹版	原版正片
	电子雕刻凹版	原版负片
平版印刷	平凸版	原版负片
	平凹版	原版正片

4.5.3　现场印制

现场印制是由计算机控制打印机来实时打印条码标签的印制方式。这种方式打印灵活,实时性强,可适用于多品种、小批量、个性化的需现场实时印制的场合。

现场印制方法一般采用通用打印机和专用条码打印机来印制条码符号。

常用的通用打印机有点阵打印机、激光打印机和喷墨打印机。这几种打印机可在计算机条码生成程序的控制下方便灵活地印制出小批量的或条码号连续的条码标识。其优点是设备成本低,打印的幅面较大,用户可以利用现有设备。但因为通用打印机不是为打印条码标签专门设计的,因此使用不太方便,实时性较差。

专用条码打印机有热敏、热转印、热升华式打印机,因其用途的单一性,设计结构简单、体积小、制码功能强,在条码技术各个应用领域普遍适用。其优点是打印质量好,打印速度快,打印方式灵活,使用方便,实时性强。

4.5.4 符号载体

通常把用于直接印制条码符号的物体叫符号载体。常见的符号载体有普通白纸、瓦楞纸、铜版纸、不干胶签纸、纸板、木制品、布带(缎带)、塑料制品和金属制品等。

由于条码印刷品的光学特性及尺寸精度直接影响扫描识读,制作应严格控制。首先,应注意材料的反射特性和映性。光滑或镜面式的表面会产生镜面反射,一般避免使用产生镜面反射的载体。对于透明或半透明的载体要考虑透射对反射率的影响,对个别纸张漏光对反射率的影响应特别注意。其次,从保持印刷品尺寸精度方面考虑,应选用耐气候变化、受力后尺寸稳定、着色牢度好、油墨扩散适中、渗洇性小、平滑度、光洁度好的材料。例如,载体为纸张时,可选用铜版纸、胶版纸或白板纸。塑料方面可选用双向拉伸丙烯膜或符合要求的其他塑料膜。对于常用的聚乙烯膜,由于它没有极性基团,着色力差,应用时应进行表面处理,保证条码符号的印刷牢度。同时也要注意它的塑性形变问题。一定不要使用塑料编织带作印刷载体。对于透明的塑料,印刷时应先印底色。大包装用的瓦楞纸板的印刷由于瓦楞的原因,表面不够光滑,纸张吸收油墨的渗洇性不一样,印刷时出偏差的可能性更大,常采用预印后粘贴的方法。金属材料方面,可选用马口铁、铝箔等。

4.5.5 特殊载体上条码的生成技术

1. 金属条码

金属条码标签是利用精致激光打标机在经过特殊工序处理的金属铭牌上刻印一维或二维条码的高新技术产品,如图 4-19 所示。

图 4-19 一维条码和二维条码雕刻样品

金属条码生成方式主要是激光蚀刻。激光蚀刻技术比传统的化学蚀刻技术工艺简单，可大幅度降低生产成本，可加工 $0.125\sim1\mu m$ 宽的线，其画线细、精度高(线宽为 $15\sim25\mu m$，槽深为 $5\sim200\mu m$)，加工速度快(可达 200mm/s)，成品率可达 99.5% 以上。

激光蚀刻技术可以分为激光刻画标码技术和激光掩模标码技术。

激光刻画标码技术的主要特点：灵活性高、标码面积大和标码容量高。激光刻画标码技术原本用于小批量，计算机集成制造和准时生产。现在也可以用于大批量生产，可以满足高速标码和高限速生产的需求。

激光掩模标码的主要特点：标码速度高(额定值高达每小时 9 万个产品)；可以对快速移动的产品以极高的线度进行标码(50m/s 或以上)。这是因为采用单脉冲处理，标码速度较小，额定值约为 10mm×20mm。激光掩模标码设计用于大批量生产，特别是在高流通量、较少标码信息/少量文字及灵活性要求不高的生产中。

金属条码签簿、韧性机械性能强度高，不易变形，可在户外恶劣环境中长期使用，耐风雨，耐高低温，耐酸碱盐腐蚀，适用于机械、电子等名优产品使用。用激光枪可远距离识读，与通用码制兼容，不受电磁干扰。

金属条码适用于以下几类。

- 企业固定资产的管理：包括餐饮厨具、大件物品等的管理。
- 仓储、货架：固定式内建实体的管理。
- 仪器、仪表、电表厂：固定式外露实体的管理。
- 化工厂：污染及恶劣环境下标的物的管理。
- 钢铁厂：钢铁物品的管理。
- 汽车、机械制造业：外露移动式标的物的管理。
- 火车、轮船：可移动式外露实体的管理。

金属条码的附着方式主要有以下三种。

① 各种背胶：粘附在物体上。
② 嵌入方式：如嵌入墙壁、柱子、地表等。
③ 穿孔吊牌方式。

金属包装的商品也需要印制条码，其外形多以听、罐、盒为主，用于饮料、食品和生物制品的包装，其条码印刷时需要考虑以下几个问题，当金属条码印刷载体为铁时，主要采用的是平版印刷方式，在使用平版印刷方式进行条码印刷时，由于金属对油墨的吸附能力不足常导致印刷后条码图案变形的问题，印刷中可选择 UV 等优质油墨，采取紫外固化工艺，光照瞬间固化印刷的图案，从而避免在金属物上印刷的商品条码图案发生变形。

金属包装的商品印刷载体为铝时，主要容易出现以下三个问题，一是铝质载体采用的印刷方式是曲面印刷，铝片先成型套在芯轴内，混动一圈成印，要求设计中商品条码条的方向和混动的方向一致；二是曲面印刷中网点叠加形成的图案准确性不高，印刷图案的质量不好控制，要求现场操作中及时观察和调整；三是铝印刷油墨是烘干的，完成印刷到图案定型需要一定时间,要求油墨质量能保证印刷上的图案在一定时间内不变形。

2. 陶瓷条码

陶瓷条码耐高温、耐腐蚀、不易磨损,适用于在长期重复使用、环境比较恶劣、腐蚀性强或需要经受高温烧烤的设备、物品所属的行业中永久使用。永久性陶瓷条码标签解决了气瓶身份标志不能自动识别及容易磨损的行业难题。通过固定在液化石油气钢瓶护罩或无缝气瓶颈圈处,为每个流动的气瓶安装固定的陶瓷条码"电子身份证",实行一瓶一码,使用"便携式防爆型条码数据采集器"对气瓶进行现场跟踪管理。所有操作都具有可追溯性。

3. 隐形条码

纸质隐形条码系统,这种隐形条码隐形介质与纸张通过特殊光化学处理后融为一体,不能剥开,仅能一次性使用,人眼不能识别,也不能用可见光照相、复印仿制,辨别时只能用发射有一定波长的扫描器识读条码内的信息。同时这种扫描器对通用的黑白条码也兼容。

隐形条码能达到既不破坏包装装潢的整体效果,也不影响条码特性的目的。同样隐形条码隐形以后,一般制假者难以仿制,其防伪效果很好,并且在印刷时不存在套色问题。隐形条码有以下几种形式。

(1)覆盖式隐形条码。这种隐形条码的原理是在条码印制以后,用特定的膜或涂层将其覆盖。这样处理以后的条码人眼很难识别。覆盖式隐形条码防伪效果良好,但其装潢效果不理想。

(2)光化学处理的隐形条码。用光学的方法对普通的可视条码进行处理。这样处理以后人们的眼睛很难发现痕迹,用普通波长的光和非特定光都不能对其识读。这种隐形条码是完全隐形的,装潢效果也很好,还可以设计成双重的防伪包装。

(3)隐形油墨印制的隐形条码。这种条码可以分为无色功能油墨印刷条码和有色功能油墨印刷条码。对于前者一般是用荧光油墨、热致变色油墨、磷光油墨等特种油墨来印刷的条码,这种隐形条码在印刷中必须用特定的光照,在条码识别时必须用相应的敏感光源,这种条码原先是隐形的,而对有色功能油墨印刷的条码一般是用变色油墨来印刷的。采用隐形油墨印制的隐形条码其工艺和一般印刷一样,但其抗老化的问题有待解决。

(4)纸质隐形条码。这种隐形条码隐形介质与纸张通过特殊光化学处理后融为一体,不能剥开,仅供一次性使用,人眼不能识别,也不能用可见光照相、复印仿制,辨别时只能用发射出一定波长的扫描器识读条码内的信息。同时这种扫描器对通用的黑白条码也兼容。

(5)金属隐形条码。金属条码的条是由金属箔经电镀后产生的,一般在条码的表面再覆盖一层聚酯薄膜,这种条码要用专用的金属条码阅读器识读。其优点是表面不怕污渍,靠电磁波进行识读,条码的识读取决于识读器和条码的距离。其抗老化能力较强,表面的聚酯薄膜在户外使用时适应能力强。金属条码还可以制作成隐形条码,在其表面采用不透光的保护膜,使人眼不能分辨出条码的存在,从而制成覆盖型的金属隐形条码。

4. 银色条码

在铝箔表面利用机械方法有选择地打毛,形成凹凸表面,则制成的条码称为"银色条码"。金属类印刷载体如果用铝本色做条单元的颜色,用白色涂料做空单元的颜色,这种方式虽然纸做起来经济、方便,但由于铝本色颜色比较浅,又有金属的反光特性(即镜面反射作用),当其大部分反射光的角度与仪器接收光路的角度接近或一致时,仪器从条单元上接收到比较强烈的反射信号,导致印条码符号条/空单元的符号反差偏小而使识读发生困难。因此,对铝箔表面进行处理,使条与空分别形成镜面反射和漫反射,从而产生反射率的差异。

5. 塑料载体

塑料载体多以袋为主,广泛用于各行各业。塑料的材料有很多种,常用的有 PET、BOPP、尼龙、聚酯等,印刷方式主要有柔性版和凹版印刷两种。其中,柔性版印刷主要是图案简单及低端价格的单层表面印刷商品;凹版印刷是目前最主要的印刷方式,其印刷工艺和包装图案相对复杂,且大多采用复合膜。

设计时考虑塑料张力。印刷塑料首先对印刷设计要求高,因为塑料在印刷过程中受到张力影响较大,这就需要在设计时将条码中条的方向和印刷钢管转动方向保持一致,减少印刷中张力对塑料变形的影响。塑料对制版要求也非常高,制版的表面光洁度直接影响塑料上面印刷的商品条码质量。

塑料材质对油墨的吸附性不高,经过臭氧处理后的塑料表面电晕值直接影响油墨效果,不同颜料材料的电晕值也不同,这就要求塑料材料针对油墨的不同,加工到合适的电晕值来保证商品条码和其他颜色图案在塑料表面的吸附光泽和色彩饱和度。

4.6　条码符号的检测技术标准

条码检测是确保条码符号在整个供应链中能被正确识读的重要手段。检测能帮助符号制作者和使用者达成一致的双方都能接受的质量水平,使他们能在一个给定的符号可接受性上或其他方面达成统一。

条码符号检测分为批量印刷前小样检测和批量印刷后出厂前检测两部分。为了提早发现问题,批量印刷前应先试印出小样,在印刷企业自测的基础上,委托有检验资质的第三方机构进行二次检验。如达不到检测要求则及时进行整改,避免造成不必要的损失。批量印刷的条码产品在出厂前必须进行严格检测,合格后方可交付使用。

4.6.1　条码检测的有关术语

条码检测的有关术语如下：

（1）最低反射率（R_{min}）。最低反射率是指扫描反射率曲线上最低的反射率值，如图 4-20 所示。

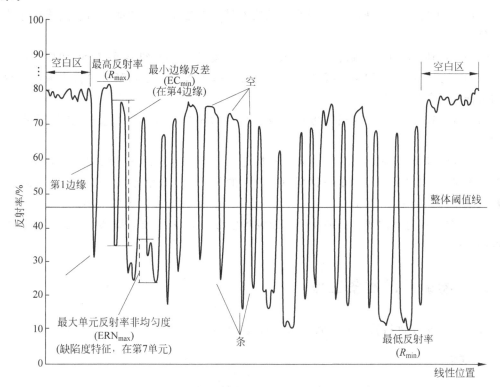

图 4-20　扫描反射率曲线

（2）最高反射率（R_{max}）。最高反射率是指扫描反射率曲线上最高的反射率值。

（3）符号反差（SC）。符号反差是指扫描反射率曲线的最高反射率与最低反射率之差。

（4）总阈值（global threshold，GT）。总阈值是用以在扫描反射率曲线上区分条、空的一个标准反射率值。扫描反射率曲线在总阈值线上方所包括的那些区域，即空；在总阈值线下方所包括的那些区域，即条。$GT=(R_{max}+R_{mix})/2$ 或 $GT=R_{mix}+SC/2$。

（5）条反射率（Rb）。条反射率是指扫描反射率曲线上某条的最低反射率值。

（6）空反射率（Rs）。空反射率是指扫描反射率曲线上某空的最高反射率值。

（7）单元（element）。单元泛指条码符号中的条或空。

（8）单元边缘（element edge）。单元边缘是指扫描反射率曲线上过毗邻单元（包括空白区)的空反射率(Rs)和条反射率(Rb)中间值(即$Rs+Rb)/2$)对应的点的位置。

（9）边缘判定(edge determination)。边缘判定是按单元边缘的定义判定扫描反射率曲线上的单元边缘。如果两毗邻单元之间有多于一个代表单元边缘的点存在,或有边缘丢失,则该扫描反射率曲线为不合格。空白区和字符间隔视为空。

（10）边缘反差(EC)。边缘反差是指毗邻单元(包括空白区)的空反射率和条反射率之差。

（11）最小边缘反差(EC_{min})。最小边缘反差是指扫描反射率曲线上所有边缘反差中的最小值。

（12）调制度(MOD)。调制度是指最小边缘反差(EC_{min})与符号反差(SC)的比。

（13）单元反射率不均匀性(ERN)。单元反射率不均匀性是指某一单元中最高峰反射率与最低谷反射率的差。

（14）缺陷(defects)。缺陷是指单元反射率最大不均匀性(ERN_{max})与符号反差(SC)的比。

（15）可译码性(decodability)。可译码性是与适当的标准译码算法相关的条码符号印制精度的量度,即条码符号与标准译码算法有关的各个单元或单元组合尺寸的可用容差中,未被印制偏差占用的部分与该单元或单元组合尺寸的可用容差之比的最小值。

（16）扫描反射率曲线。扫描反射率曲线是指沿扫描路径,反射率随线性距离变化的关系曲线。

4.6.2　检验前的准备工作

在对条码标识进行检验前应做好以下两项工作:

1. 环境

根据 GB/T 18348—2008《商品条码 条码符号印制质量的检验》、GB/T 14258—2003《信息技术自动识别与数据采集技术条码符号印制质量的检验》的要求,条码标识的检验环境温度为(23 ± 5)℃,相对湿度为30%～70%,检验前应采取措施使环境满足以上条件。检验台光源应为色温5 500～6 500K 的 D65 标准光源下,一般 60W 左右的日光灯管发出的光谱功率及色温基本满足这个要求。

2. 样品处理

按照国际标准 ISO/IEC 15416 和我国国家标准 GB/T 14258—2003、GB/T 18348—2008 的要求,应尽可能使被检条码符号处于设计的被扫描状态对其进行检测。对不能在实物包装形态下被检测的样品,以及标签、标纸和包装材料上的条码符号样品,可以进行适当处理,使样品平整、大小适合于检测,且条码符号四周保留足够的固定尺寸。对于不透明度小于 0.85 的符号印刷载体,检测时应在符号底部衬上反射率小于 5% 的暗平面。

激光枪式和 CCD 式条码检测仪一般可以对实物包装形态的条码符号检测。台式条码检测仪需要配备专用托架才能对实物包装形态的条码符号检测。光笔式条码检测仪对非平面的实物包装条码符号进行检测比较困难。

对于不能以实物包装形态被检测的实物包装样品,以及标签、标纸和包装材料上的条码符号样品,应进行适当的处理,使样品平整,条码符号四周要留有足够尺寸以便于固定。为了做到这一点可对不同载体的条码标识作以下处理:

(1)对于铜版纸、胶版纸来说因纸张变形张力小,一般只要稍稍用力压平固定即可。

(2)对塑料包装来说,材料本身拉伸变形易起皱,透光性强。因此制样时将塑料膜包装上的条码部分伸开压平一段时间,再将其固定在一块全黑硬质材料板上。由于塑料受温度影响大,所以样品从室外拿到检验室后应放置 0.5~1h,让样品温度与室温一致后再进行检验。

(3)对马口铁来说,当面积足够大时,由于重力作用会产生不同程度的弯曲变形,因此,检验前应将样品裁截至一定大小,一般尺寸为 15cm×15cm 以内再将其轻轻压平。

(4)对于不干胶标签来说,由于材料背面有涂胶,两面的张力不同,也会有不同程度的弧状弯曲。检验前可将条码标签揭下平贴至与原衬底完全相同的材料上,压平后检验。

(5)对于铝箔(如易拉罐等)及硬塑料软管(如化妆品等)等材料由于它们是先成型后印刷,因此应对实物包装进行检验。

总之,在对样品进行检验前处理时,应使样品四周保留足够的尺寸,避免变形弯曲或影响检验人员的操作。

4.6.3 商品条码的检验方法

商品条码的检验详见 GB/T 18348—2008《商品条码 条码符号印制质量的检验》。

1. 检验项目

GB/T 18348—2008 规定的检测项目共 12 项,其中,包括参考译码、最低反射率、符号反差、最小边缘反差、调制比、缺陷度、可译码度、Z 尺寸、宽窄比、空白区宽度、条高和印刷位置。

1)参考译码

条码符号可以用参考译码算法进行译码,检验译码结果与该条码符号所表示的代码是否一致。译码正确性是条码符号能被使用和评价条码符号其他质量参数的基础和前提条件。

2)最低反射率(R_{min})

最低反射率是扫描反射率曲线上最低的反射率,实际上就是被测条码符号条的最低反射率。最低反射率应不大于最高反射率的一半(即 $R_{min} \leqslant 0.5R_{max}$)。

3) 符号反差(SC)

符号反差是扫描反射率曲线的最高反射率与最低反射率之差,即 $SC = R_{max} - R_{min}$。符号反差反映了条码符号条、空颜色搭配或承印材料及油墨的反射率是否满足要求。符号反差大,说明条、空颜色搭配合适或承印材料及油墨的反射率满足要求;符号反差小,则应在条、空颜色搭配,承印材料及油墨等方面找原因。

4) 最小边缘反差(EC_{min})

边缘反差(EC)是扫描反射率曲线上相邻单元的空反射率与条反射率之差。最小边缘反差(EC_{min})是所有边缘反差中的最小的一个。最小边缘反差反映了条码符号局部的反差情况。如果符号反差不小,但 EC_{min} 小,一般是由于窄空的宽度偏小、油墨扩散造成的窄空处反射率偏低;或者是窄条的宽度偏小、油墨不足造成的窄条处反射率偏高;或局部条反射率偏高、空反射率偏低,如图 4-21 所示。边缘反差太小会影响扫描识读过程中对条、空的辨别。

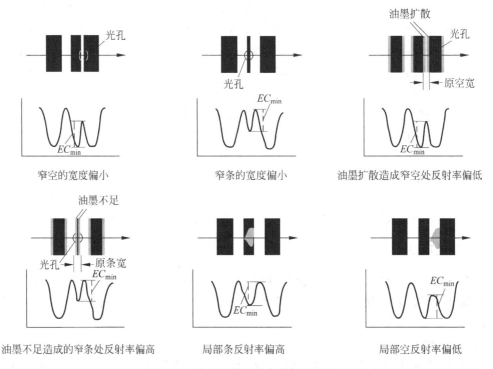

图 4-21　造成边缘反差小的部分原因

5) 调制比(MOD)

调制比(MOD)是最小边缘反差(EC_{min})与符号反差(SC)的比,即 $MOD = EC_{min}/SC$。它反映了最小边缘反差与符号反差在幅度上的对比。一般来说,符号反差大,最小边缘反差就要相应大些,否则调制比偏小,将使扫描识读过程中对条、空的辨别发生困难。

例如,有 A、B 两个条码符号,它们的最小边缘反差(EC_{min})都是 20%,A 符号的符号反差(SC)为 70%,B 符号的符号反差(SC)为 40%,看起来 A 符号质量好一些。但是事实上 A 符号的调制比(MOD)只有 0.29,为不合格;B 符号的调制比(MOD)是 0.50,为合格,如图 4-22 所示。因此,最小边缘反差(EC_{min})、符号反差(SC)和调制比(MOD)这三个参数是相互关联的,它们综合评价条码符号的光学反差特性。

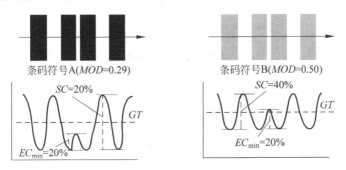

图 4-22　EC_{min}、SC 与调制比(MOD)的关系示意图

6)缺陷度(defects)

缺陷度(defects)是最大单元反射率非均匀度(ERN_{max})与符号反差(SC)的比,即 defects=ERN_{max}/SC。单元反射率非均匀度(ERN)反映了条码符号上脱墨、污点等缺陷对条/空局部的反射率造成的影响。反映在扫描反射率曲线上就是脱墨导致条的部分出现峰,污点导致空(包括空白区)的部分出现谷。若条/空单元中不存在缺陷,那么条的部分无峰,空的部分无谷,这些单元的单元反射率非均匀度(ERN)等于 0。缺陷度(defects)是条码符号上最严重的缺陷所造成的最大单元反射率非均匀度(ERN_{max})与符号反差(SC)在幅度上的对比。缺陷度大小与脱墨/污点的大小及其反射率、测量光孔直径和符号反差有关。在测量光孔直径一定时,脱墨/污点的直径越大、脱墨反射率越高,污点反射率越低,符号反差越小,缺陷度越大,对扫描识读的影响也越大,如图 4-23 所示。

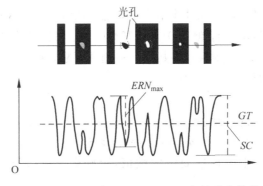

图 4-23　脱墨、污点及光孔直径、ERN_{max}、SC 与缺陷度的关系示意图

7) 可译码度

可译码度是与条码符号条/空宽度印制偏差有关的参数,是条码符号与参考译码算法有关的各个单元或单元组合尺寸的可用容差中未被印制偏差占用的部分与该可用容差之比中的最小值,如图 4-24 所示。

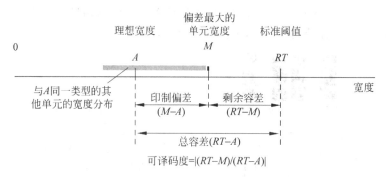

图 4-24　可译码度示意图

参考译码算法通过对参与译码的条/空单元及条/空组合的宽度规定一个或多个参考阈值(即界限值),允许条/空单元及条/空组合的宽度在印制和识读过程出现一定限度的误差即容许误差(容差)。由于印制过程在前,所以印制偏差先占用了可用容差的一部分,而剩余的部分就是留给识读过程的容差。可译码度反映了未被印制偏差占用的、为扫描识读过程留出的容差部分在总可用容差中所占的比例。

8) Z 尺寸(Z dimension)

Z 尺寸是指条码符号中窄单元的实际尺寸。

9) 宽窄比

对于只有两种宽度单元的码制,宽单元与窄单元的比值称为宽窄比。

10) 空白区宽度

空白区的作用是为识读设备提供"开始数据采集"或"结束数据采集"的信息的。空白区宽度不够常常导致条码符号不能识读,甚至误读,因此,空白区的宽度尺寸应该保证表 4-6 的要求。印制的条码符号空白区尺寸应不小于规定的数值而空白区宽度在条码符号的印制过程中容易被忽视,所以,国际标准 ISO/IEC 15420 将空白区宽度作为参与评定符号等级的参数之一,GB 12904—2003 则暂时将其列入强制性要求,商品条码符号的空白区宽度不符合要求,该条码符号即被判定为不合格。

11) 条高

从条码的高度越小,对扫描线瞄准条码符号的要求就越高,扫描识读的效率就越低。为保证扫描识读的效率,EAN·UCC 规范和商品条码标准都明确说明不应该截短条高。印制的条码符号,条高应不小于标准规定的数值,否则会影响条码符号的识读,如图 4-25 所示。

表 4-6　放大系数与空白区宽度尺寸

放大系数	空白区最小横向尺寸		放大系数	空白区最小横向尺寸	
	左侧	右侧		左侧	右侧
0.85	3.09	1.92	1.40	5.09	3.24
0.90	3.27	2.08	1.50	5.45	3.47
0.95	3.45	2.20	1.60	6.18	3.70
1.00	3.63	2.31	1.70	6.18	3.93
1.05	3.82	2.43	1.80	6.54	4.16
1.15	4.18	2.66	1.90	6.90	4.39
1.20	4.36	2.78	2.00	7.26	4.62
1.30	4.72	3.01			

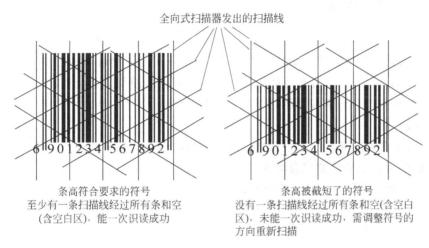

全向式扫描器发出的扫描线

条高符合要求的符号
至少有一条扫描线经过所有条和空
（含空白区），能一次识读成功

条高被截短了的符号
没有一条扫描线经过所有条和空(含空白
区)，未能一次识读成功，需调整符号的
方向重新扫描

图 4-25　截短条码符号的条高对全向式扫描器识读的影响

12）印刷位置

检查印刷位置的目的是看商品条码符号在包装的位置是否符合标准的要求，以及有无穿孔、冲切口、开口、装订钉、拉丝拉条、接缝、折叠、折边、交叠、波纹、隆起、褶皱和其他图文对条码符号造成损害或妨碍。一般来说，只能对实物包装进行此项检查。

2．检测方法

1）检测方法的一般要求

（1）检测带。检测带是商品条码符号的条码字符条底部边线以上，条码字符条高的 $10\%\sim90\%$ 的区域，如图 4-26 所示。除了条高和印刷位置外，对所有检测项目进行检测都应该在检测带内。

（2）扫描测量次数。对每一个被检条码符号，在对参考译码、最低反射率、符号反差、最小边缘反差、调制比、缺陷度、可译码度、宽窄比和空白区宽度进行检测时，应在图 4-26 所示

图 4-26　检测带

的 10 个不同条高位置各进行一次扫描测量,共进行 10 次扫描测量。10 次扫描的扫描路径应尽量垂直于条高度方向和保持等间距。为了对条码符号质量进行全面的评价,有必要将多个扫描路径的扫描反射率波形的等级进行算术平均,确定符号等级。

2) 扫描测量

一般都是使用具有美标方法检测功能的条码检测仪在检测带内进行扫描测量,得出扫描反射率曲线,并由条码检测仪自动进行分析。

3) 扫描反射率曲线分析和参数值测定

(1) 基本方法。通过分析扫描反射率曲线的特征,确定各个参数值。扫描反射率曲线特征示意如图 4-20 所示。

(2) 单元的确定。为了区分条单元和空单元,需要确定一个整体阈值(GT)。整体阈值是等于最高反射率与最低反射率之和的 1/2 的反射率界限值,可用以下公式计算。

$$GT = (R_{\max} + R_{\min})/2$$

式中：$R_{\max}$——最高反射率;

　　　$R_{\min}$——最低反射率。

在整体阈值之上的每一个曲线包围区域被确定为空单元。在整体阈值以下的每一个曲线包围区域被确定为条单元。

(3) 单元边缘的确定。扫描反射率曲线上两相邻单元(包括空白区)空反射率(Rs)、条反射率(Rb)中间值即($Rs+Rb$)/2 的点的横坐标即该两相邻单元边缘的位置。

(4) 参考译码。由条码检测仪对扫描反射率曲线,按单元确定和单元边缘确定方法确定各单元及单元边缘的位置后,根据被检测条码符号的类型,选择适合的参考译码算法对条码符号进行译码。核对译码的结果与该条码符号所表示的数据是否相同,相同为译码正确,不同为译码错误,得不出译码数据为不能被译码。

译码正确则该扫描反射率曲线参考译码的等级定为 4 级,译码错误或不能被译码则定为 0 级。

(5) 光学特性参数。测定光学特性参数值通常由条码检测仪测定。记录条码检测仪每次扫描后给出的最低反射率、符号反差、最小边缘反差、调制比和缺陷度的值。

光学特性参数的等级确定见表 4-7;根据值的大小,符号反差、调制比和缺陷度可被定为 4~0 级,最低反射率和最小边缘反差可被定为 4 或 0 级。

表 4-7　光学特性参数的等级确定

等级	最低反射率 (R_{min})	符号反差(SC)	最小边缘反差(EC_{min})	调制比(MOD)	缺陷度(defects)
4	$\leqslant 0.5R_{max}$	$SC \geqslant 70\%$	$\geqslant 15\%$	$MOD \geqslant 0.70$	defects$\leqslant 0.15$
3	—	$55\% \leqslant SC < 70\%$	—	$0.60 \leqslant MOD < 0.70$	$0.15 <$ defects$\leqslant 0.20$
2	—	$40\% \leqslant SC < 55\%$	—	$0.50 \leqslant MOD < 0.60$	$0.20 <$ defects$\leqslant 0.25$
1	—	$20\% \leqslant SC < 40\%$	—	$0.40 \leqslant MOD < 0.50$	$0.25 <$ defects$\leqslant 0.30$
0	$> 0.5R_{max}$	$SC < 20\%$	$< 15\%$	$MOD < 0.40$	defects> 0.30

(6) 可译码度。可译码度通常由条码检测仪测定。记录条码检测仪每次扫描后给出的可译码度。可译码度的等级确定见表 4-8。

表 4-8　可译码度的等级确定

可译码度(V)	等　　级	可译码度(V)	等　　级
$V \geqslant 0.62$	4	$0.25 \leqslant V < 0.37$	1
$0.50 \leqslant V < 0.62$	3	< 0.25	0
$0.37 \leqslant V < 0.50$	2		

4) Z 尺寸

用条码检测仪或符合要求的测量器具测量条码起始符左边缘到终止符右边缘的长度,用下面的公式计算 Z 尺寸。

$$Z = l/M$$

式中:Z——Z 尺寸,mm;

　　　l——条码起始符左边缘到终止符右边缘的长度,mm;

　　　M——条码中(不含左、右空白区)所含模块的数目(对于 EAN-13、UPC-A,$M=95$;对于 EAN-8,$M=67$;对于 UPC-E,$M=51$;对于 UCC/EAN-128,$M=11\times$数据符及含在数据中的辅助字符的个数$+46$)。根据符号规范规定的 X 尺寸范围判断 Z 尺寸是否符合规定。各种类型商品条码符号 X 尺寸的范围见表 4-9。

表 4-9　条码符号 *X* 尺寸的范围

条码符号类型	应 用 对 象	X 尺寸/mm		
		最小值	首选值	最大值
EAN-13,EAN-8, UPC-A,UPC-E	零售商品	0.264	0.330	0.660
	可零售的储运包装商品	0.495	0.660	0.660
	储运包装商品	0.495	0.660	0.660
ITF-14	储运包装商品	0.495	1.016	1.016
	其他[a]	0.250	0.495	0.495
UCC/EAN-128	储运包装商品	0.495	—	1.016
	物流单元	0.495	0.495	0.940
	其他[a]	0.250	0.495	0.495

a　其他应用对象包括在供应链的供需双方使用的贸易项目,如医疗保健品、纸张、包装材料、电气设备、通信设备等

5)宽窄比(N)

通常用条码检测仪测量。测量条码中所有条、空单元的宽度,单位为 mm。利用得出的 *Z* 尺寸,用下面的公式计算 ITF-14 条码的宽窄比。

$$N = (宽条宽度的平均值 + 宽空宽度的平均值)/2Z$$

式中:*N*——宽窄比;

　　　Z——*Z* 尺寸,mm。

ITF-14 条码符号的宽窄比(N)的测量值应在 $2.25 \leqslant N \leqslant 3.00$,测量值在此范围内则宽窄比评为 4 级,否则评为 0 级。

6)空白区宽度

空白区宽度的要求要符合各种类型条码符号空白区最小宽度的要求。

空白区宽度的测量,可以用具有空白区检测功能的条码检测仪扫描测量,检测仪应能按照空白区的定义测量空白区宽度,根据条码符号的 *Z* 尺寸及条码符号空白区最小宽度的要求对空白区宽度是否满足要求作出判断;也可以人工测量,用符合要求的长度测量器具,在检测带内人眼观察的空白区最窄处测量空白区宽度。人工测量的结果可作为各次扫描反射率曲线的空白区宽度参数值使用。根据条码符号的 *Z* 尺寸及条码符号空白区最小宽度的要求对空白区宽度是否满足要求作出判断。

空白区宽度的等级确定见表 4-10。

表 4-10　空白区宽度的等级确定

空白区宽度	等级
大于或等于标准要求的最小宽度	4
小于标准要求的最小宽度	0

7) 条高

用符合要求的长度测量器具测量。对商品条码条高的要求见表 4-11。

表 4-11　商品条码条高的要求

条 码 类 型	条高/mm
EAN-13、UPC-A、UPC-E	$\geqslant 69.24X$
EAN-8	$\geqslant 55.24X$
UCC/EAN-128($X<0.495$)	$\geqslant 13$
UCC/EAN-128($X\geqslant 0.495$)	$\geqslant 32$
ITF-14($X<0.495$)	$\geqslant 13$
ITF-14($X\geqslant 0.495$)	$\geqslant 32$
在不知道 X 尺寸的情况下,用 Z 尺寸代替 X 尺寸。把计算得到的条高数值修约到整数个位	

8) 印刷位置

按 GB/T 14257—2009 的规定进行目检。

3. 检测数据处理

1) 扫描反射率曲线等级的确定

取单次测量扫描反射率曲线的参考译码、最低反射率、符号反差、最小边缘反差、调制比、缺陷度、可译码度、空白区宽度和宽窄比等诸参数等级中的最小值作为该扫描反射率曲线的等级。各参数的等级及扫描反射率曲线的等级用字母表示时,字母等级与数字等级的对应关系是:A—4,B—3,C—2,D—1,F—0。

2) 符号等级的确定

10 次测量中有任何一次出现译码错误,则被检条码符号的符号等级为 0。

10 次测量中都无译码错误(允许有不译码),以 10 次测量扫描反射率曲线等级的算术平均值作为被检条码符号的符号等级值。

3) 符号等级的表示方法

符号等级以 G/A/W 的形式来表示,其中,G 是符号等级值,精确至小数点后一位;A 是测量孔径的参考号;W 是测量光波长以纳米为单位的数值。例如,2.7/06/660 表示符号等级值为 2.7、测量时使用的是参考号为 06 的、标称直径为 0.15mm 的孔径,测量光波长为 660nm。

符号等级值也可以用字母 A、B、C、D 或 F 来表示,字母符号等级与数字符号等级的对应关系如下:

A—($3.5\leqslant G\leqslant 4.0$)。

B—($2.5\leqslant G<3.5$)。

C—($1.5\leqslant G<2.5$)。

D—(0.5≤G<1.5)。

F—(G<0.5)。

4）扫描反射率曲线各单项参数检测结果的表示方法

对于一个条码符号经检测得出的 10 个扫描反射率曲线,可以计算各单项参数(除参考译码外)10 次测量值的平均值并确定平均值的等级,可以计算参考译码参数 10 次测量的等级的平均值,把这些测量值的平均值及其相对应等级或等级的平均值作为检测结果在检测报告中给出。

4. 判定

根据检验结果,按照 GB 12904—2008、GB/T 15425—2014、GB/T 16830—2008 或《GS1 通用规范》中关于符号质量的要求,进行单个商品条码符号质量的判定。

对各种类型商品条码的符号等级要求见表 4-12。

表 4-12　商品条码的符号等级要求

条 码 类 型	符 号 等 级
EAN-13,EAN-8,UPC-A,UPC-E	≥1.5/06/670
UCC/EAN-128(X<0.495mm)	≥1.5/06/670
UCC/EAN-128(X≥0.495mm)	≥1.5/10/670
ITF-14(X<0.635mm)	≥1.5/10/670
ITF-14(X≥0.635mm)	≥0.5/20/670

5. 检验报告

检验报告应包括以下内容:

(1) 被检条码符号的条码类型。

(2) 条码符号的供人识别字符。

(3) 条码符号所标识的商品的名称、商标和规格。

(4) 条码符号的承印材料。

(5) 测量光波长和测量孔径的直径。

(6) 检验依据的标准。

(7) 各项检验结果。

(8) 符号等级。

(9) 判定结论。

(10) 检验人、报告审核人和报告批准人的签名。

(11) 检验单位的印章。

(12) 检验日期。

6．实验室实际的检测方法

在实际的检验工作中是使用有综合分级方法功能的条码检测仪进行检测。条码检测仪能自动对每次扫描测量的扫描反射率曲线进行分析、测量和计算，从而使检测过程大为简化。检验人员对条码进行检测的主要工作有：

（1）确定被检条码符号的检测带。

（2）用条码检测仪对检测带内大致均分的 10 个不同条高位置各进行一次扫描测量。

（3）记录每次扫描测量后条码检测仪输出的各参数数据及等级和扫描反射率曲线的等级。

（4）判断译码正确性和符号一致性。

（5）如有译码错误，判定被检条码符号的符号等级为 0；如无译码错误，把 10 次扫描测量扫描反射率曲线的等级的平均值作为被检条码符号的符号等级。

（6）用人工检测被检条码符号的空白区宽度、放大系数、条高和印刷位置。

4.6.4　检测设备

根据 GB/T 14258—2003 检验方法的要求，对条码符号进行检验需要使用以下检验设备：

（1）最小分度值为 0.5mm 的钢板尺（用于测条高、放大系数）。

（2）最小分度值为 0.1mm 的测长仪器（用于测量空白区）。

（3）具有综合分级方法功能的条码检测仪。

针对不同的目的、应用领域及对它们可能的功能所要求的程度条码检测，常用设备分为两类：通用设备和专用设备。

1．通用设备

通用设备包括密度计、工具显微镜、测厚仪和显微镜。

（1）密度计有反射密度计和透射密度计两类。反射密度计是通过对印刷品反射率的测量来分析条码的识读质量；透射密度计是通过对胶片反射率的测量来分析条码的识读质量。

（2）工具显微镜用来测量条空尺寸偏差。

（3）测厚仪可以测出条码的条、空尺寸之差，从而得到油墨厚度。

（4）显微镜通过分析条、空边缘粗糙度来确定条码的印制质量。

2．专用设备

条码检测专用设备一般分为两类：便携式条码检测仪和固定式条码检测仪。

1) 便携式条码检测仪

简便、外形小巧的条码检测仪广泛适用于各种检测。便携式条码检测仪可以快速检测合格与否,并且可以通过功能强大的检测手段分析进一步的详细参数,如图 4-27 所示。

2) 固定式条码检测仪

固定式条码检测仪是一种专门设计的安装在印刷设备上的检测仪(一些是为了高速印刷,其他的设计为随选打印机),如图 4-28 所示。它们的检测设备对条码符号的制作并对主要的参数特别是单元宽度提供连续的分析,以使操作者能够及时地控制印刷过程。在线固定式条码检测仪能对条码标签在打印、应用、堆叠和处理的过程中进行实时连续的检测。常用于热敏或热转移打印机,内置激光检测仪和电源。一些设备甚至还能自动反馈控制指令,以提高符号质量并重新印刷有缺陷的标签。这样可以大大提高生产率,降低成本,提高生产质量。

图 4-27　便携式条码检测仪

图 4-28　固定式条码检测仪

3. 条码检测仪的使用

1) 孔径/光源的选择

选择与实际操作中所用的相匹配的光源、测量孔径与将要检测的符号的 X 尺寸范围相匹配同样是很重要的。检测 EAN/UPC 条码时使用 670nm 的可见红光为峰值波长,就是因为这个波长接近于使用激光二极管的激光扫描器和使用发光二极管的 CCD 扫描器的扫描光束的波长。

测量孔径则要根据具体应用的条码符号的尺寸而定,具体的选择方法见具体的应用规范。

2) 用条码检测仪扫描条码符号

对于光笔式检测仪,扫描时笔头应放在条码符号的左侧,笔体应和垂直线保持 15° 的倾角。这种条码检测仪一般都有塑料支撑块使之在扫描时保持扫描角度的恒定。另外应该确保条码符号表面平整。光笔式条码检测仪应该以适当的速度平滑地扫过条码符号表面。扫描次数可以多至 10 次,每一次应扫过符号的不同位置。扫描得太快或太慢,仪器都不会成功译码,有的仪器还会对扫描速度不当作出提示。

对于使用移动光束(一般为激光)或电机驱动扫描头的条码检测仪,应该使其扫描光束的起始点位于条码符号的空白区之外,并使其扫描路径完全穿过条码符号。通过将扫描头在条码高度方向上上下移动,可以实现在不同位置上对条码符号进行 10 次扫描。有的仪器可以自动完成此项操作。

3)扫描次数

为了对每个条码符号进行全面的质量评价,综合分级法要求检验时在每个条码符号的检测带内至少进行 10 次扫描,扫描线应均匀分布。分析相应的 10 条扫描反射率曲线并对各分析结果求平均就得出检验结果。

4)检测条码符号的其他参数或质量要求

条码检测仪并不能检测条码符号是否满足所有的指标要求。所以条码检验过程除使用条码检测仪检测条码之外,必须包含其他的检验形式,其中包括人工的目视检查。目视检查可以查看条码符号的位置是否合适,条码符号的编码和供人识读的字符是否一致,条码数据的形式是否正确,如条码符号是 UCC/EAN-128 条码还是普通的 128 条码等。

对于商品条码,在高度方向上的截短用条码检测仪是检测不出来的。但是,条码高度的截短将影响商品条码在全向式条码扫描器的识读性能,影响的程度取决于商品条码符号高度截短的程度。所以在这里也要通过人工用尺子对条码高度进行测量。

商品条码应用中,条码检测仪同样不能检验出条码是否满足针对商品品种的唯一性要求。要检验商品条码的唯一性,需要检查企业产品的编码数据。

总之,对于各项条码符号标准或规范(符号标准、检测标准、应用标准或规范)里面所包含的条码检测仪不能完成的其他要求,都应该选择合适的测量手段,对其进行测量。

4.6.5　条码符号的印刷质量控制

1. 承印物选择

为保证条码符号的识读效果,尽可能选择受力后尺寸稳定、着色性好的材质作承印物。纸类及塑料类承印物应尽可能保证相对较高的克数(厚度),避免材质透光。若塑料类承印物本身透明,应在印刷条码符号处加印一层底色;承印物光泽度不能过高,以避免镜面反射现象发生。对于反光性较高的材质,可打毛处理本体颜色或覆盖一层底色。

2. 油墨要求

承印物的材质不同,印刷时油墨的扩散性、渗透性也不同。要根据承印物的特点,严格控制辅料的添加比例,保证油墨密度均匀、色相饱满、纯度高。根据不同材质在受压时油墨吸附性、流动性的不同,适当调整供墨。同时,还应根据印刷环境适当调整油墨厚度,在保证条码符号印刷质量的前提下能够尽快干燥。

3. 现场监控

现场操作人员上岗前必须经过相关条码符号印刷知识的培训,具备必要的现场控制能力。印刷过程中,要随时监控条码符号的清晰度,在目测的同时进行定量机检,并根据实测情况调整供墨量、印刷压力、印刷速度等。印刷批量较大时,要勤清理印版滚筒,避免印版滚筒粘贴过多油墨。发现条码符号出现脱墨、污点、变形或首读率下降等情况,必须立刻停机自查。

条件允许,建议尽量采用竖板(即印刷方向与条码符号的条方向一致)印刷,这样可以减少印刷时油墨的扩散度。

4.7　实训项目

【知识目标】

了解代码编制的方法;掌握条码标签的印制、设计和使用知识;掌握条码检测技术、手段;了解最新条码检测技术知识和趋势。

【技能目标】

熟练条码打印软件、打印设备的使用;熟练检测设备使用。

【实训设备】

条码打印软件、条码打印机及其耗材、网络环境、硬件环境设备、条码检测仪、商品条码。

【实训内容】

项目一　代码设计

物流企业在办理客户业务中会涉及入仓、出仓、加工、订车、报关等各种各样的业务单据,应如何设计业务单据的代码?

(1)组建代码设计小组。

(2)确定代码体系。

(3)确定代码设计方法,编制代码设计说明文件。

(4)组织编制代码编制表。

项目二　条码的生成与印制

1.条码打印机的安装

(1)硬件的连接。关掉计算机的电源,将并口线连在计算机的并口上,将另一端连接在打印机的接口卡上;连接打印机的电源线。

(2)将电源线插入机体后部,另一端连入适当的插座。

(3)碳带的安装。打开打印头,按照打印机上的安装示意图正确的走向安装碳带,确保碳带转动轴的位置正确,以便于其按逆时针方向行进。

注意:碳带有内碳和外碳两种,可用标签纸粘贴碳带的内外,使标签纸粘有黑色的碳粉来判别其类型。

(4)按照安装说明书正确的行进路线安装标签纸。

（5）关好并搬动卡纸的打印头锁定按钮将纸卡住。

（6）顺时针旋转打印头的锁定按钮，将打印机的打印头及碳带、标签卡住，并关好两侧门板。

（7）前面板上的 DIP 开关选择正确的设定。DIP 开关功能表列于面板的内部。打印机出厂时，已设置好标签定位间距（DSW2-2，DSW3-3 都是关着的），DSW 开关置于下部时表示状态为关，上部时表示状态为开。

（8）打开控制面板上的电源开关（即 POWER 键）。

（9）电源指示灯和在线指示灯会随即点亮，同时屏幕上显示提示信息。

（10）按 LINE 键，在线指示灯熄灭，同时屏幕上显示"OFFLINE"的字样。

（11）按 FEED 键，打印头会送出一张标签（走纸）。

（12）关闭电源，打印机安装完毕。

2. 安装打印机驱动

如同所有其他的打印机一样，条码打印机也需安装相应的驱动程序，可用 Windows 中的添加打印机、浏览等操作寻找对应的目录安装，将随机所带光盘先放入光驱中。

3. 安装条码标签生成打印软件

1）安装软件狗

关闭计算机主机电源及与主机连接的所有外围设备的电源。如果计算机主机后面的并行打印口接有打印信号线将其拔下。将软件狗插在计算机后面的并行打印口上。将打印信号线接在软件狗的后面，重新打开与计算机连接的外围设备，并重新打开计算机主机电源，至此软件狗安装完毕。

2）安装软件

VSLable 软件发行在一张 CD-ROM 光盘中。其中包括安装程序、运行程序、帮助文件、样本文件、图像文件、字库文件及系统所需的系统支持环境。软件的安装从 CD-ROM 中的 Setup.exe 开始，按界面提示安装即可。建议在安装 VSLable 之前，关闭当前运行的所有应用软件。必要时可以重新启动计算机。

特别提示：本程序运行时需要 ODBC 数据库支持环境，如果系统中没有安装 ODBC，请先安装 ODBC 环境。

4. 生成可打印的条码

1）标签设置

双击桌面上的 VSLabel 快捷方式图标，如图 4-29 所示。

打开 VSLabel 标签生成软件，选择"新建"选项，如图 4-30 所示。

弹出图 4-31 所示"选择标签"对话框。

选择"新建"选项，弹出图 4-32 所示"标签设置"对话框。

图 4-29　VSLabel 快捷方式

图 4-30　新建命令

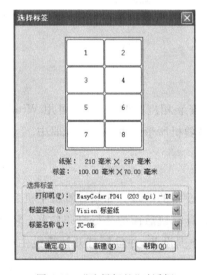

图 4-31　"选择标签"对话框

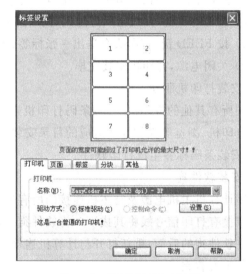

图 4-32　"标签设置"对话框

　　"标签设置"对话框包含控制标签的尺寸和标签在页面中的排列方式的选项,还包含一个显示当前页面布局的预览窗口,"标签设置"对话框的下半部分包括通过选项卡控制的区域,与其他修改属性对话框中的属性页方式相同。"标签设置"对话框根据选择的 5 个标签(打印机、页面、标签、分块和其他)显示出不同的选项。

　　打印机属性:用于设置打印机的有关信息。按照默认方式,如图 4-33 所示。

图 4-33　打印机属性设置

页面属性：用来设置整个页面的信息。

单击页面标签，对页面属性进行设置，如图 4-34 所示。

图 4-34　页面属性设置

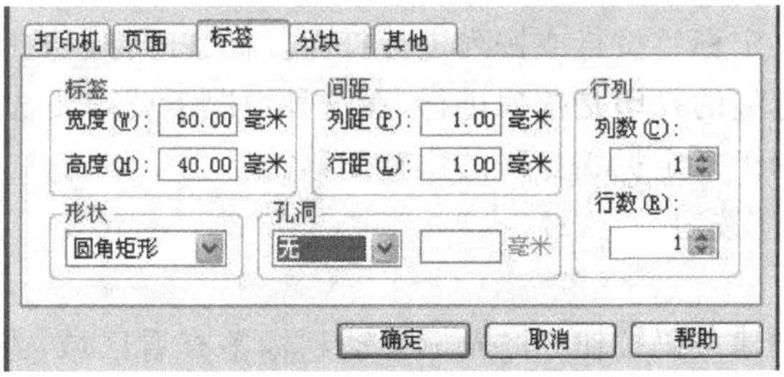

图 4-35　标签属性设置

"宽度"选项用于指定标签的宽度。指从标签的左边缘到右边缘的距离。

"高度"选项用于指定标签的高度。指从标签的顶边缘到底边缘的距离。

"间距"选项用于指定标签的"列距"和"行距"。列距是指从一个标签的右边缘到它右边一个标签左边缘的距离；行距是指从一个标签的底边缘到它下边一个标签顶边缘的距离。

"行列"选项用于指定标签介质上标签的列数和行数。根据不同的标签介质，可能会有一列或多列的标签、一行或多行的标签。

"形状"选项用于指定标签的外观形状。有直角矩形、圆角矩形和圆形三种外观选择。

两种尺寸的标签宽度和高度分别设置为：$60\text{mm} \times 40\text{mm}$ 和 $60\text{mm} \times 30\text{mm}$。间距设置为：水平 1mm，垂直 1mm；行列设置为：行数 1，列数 1。

分块属性：可将一页内的标签分成几个块，如图 4-36 所示。

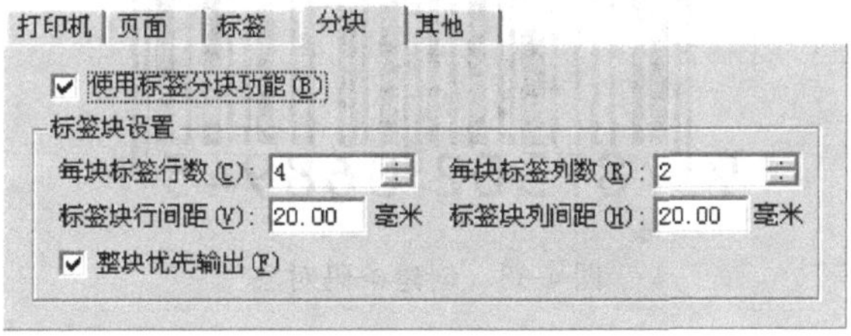

图 4-36　分块属性设置

若实训室所使用的是单列标签纸,可不选择"使用标签分块功能"。

其他属性:其他属性设置如图 4-37 所示。

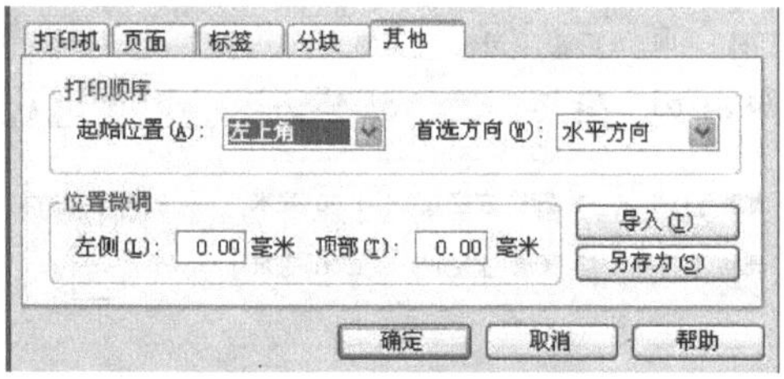

图 4-37　其他属性设置

"起始位置"选项可以左上角、右上角、左下角、右下角 4 个位置中任选一个。

"首选方向"选项决定标签按行或按列进行打印。标签的打印顺序默认是一行接一行打印,然而,有时会希望标签的打印是按列进行,在这种情况下就需要选择打印的首选方向。

"位置微调"选项用于指定标签打印的位置偏移。

完成后,单击"确定"按钮。

2)创建条码对象

单击工具栏上的创建条码按钮;将光标移动到标签查看区域,当光标指针通过标尺进入标签查看区域时,会变为与工具栏中按钮相匹配的形状,这时就可以创建条码对象了;将光标移动到标签查看区域中需要创建条码框的一个角的位置,单击左键并拖拽光标,释放左键,就可将条码对象放置到标签上。双击条码符号,可以输入条码信息数据、选择码制等。创建条码对象如图 4-38 所示。

图 4-38　创建条码对象

　　3）创建文字对象

　　单击工具栏中的创建文字按钮；将光标移动到标签查看区域,当光标指针通过标尺进入标签查看区域时,会变为与工具栏中按钮相匹配的形状,这时就可以创建文字对象了；将光标移动到标签查看区域中需要创建文字框的一个角的位置,单击左键并拖拽光标,释放左键,就可将文字对象放置到标签上。双击文字对象,可以输入文字说明及设置字体格式。

　　4）创建图片对象

　　单击工具栏中的创建图片按钮；将光标移动到标签查看区域,当光标指针通过标尺进入标签查看区域时,会变为与工具栏中按钮相匹配的形状,这时就可以创建图片对象了；将光标移动到标签查看区域中需要创建文字框的一个角的位置,单击左键并拖拽光标,释放左键,就可将默认的图片对象放置到标签上。双击图片对象,在图片属性页中选中链接式图片类型,单击"浏览图片"按钮；在"浏览图片"对话框中,"文件类型"选项的默认设置是所有支持的图像文件,使应用程序能够显示出当前指定目录下的所有可用图片文件,要从指定图片文件格式列表中查看或选择需要的文件,只要从列表框中选择需要的文件格式即可,选中预览图片可以查看供选择的图片；选中需要的图片,单击"确定"按钮,就可以在标签中看到选择的图片。

　　5. 打印条码标签

　　按平常打印的方法打印条码即可。

　　6. 组织学生进行动手操作

　　7. 评定学生成绩

　　8. 介绍设备维护的初级知识、使用注意事项

　　项目三　印刷资格的评审

　　模拟印刷企业,填写印刷资格申请表(如表 4-13 所示),结合印刷资格评审表(如表 4-14 所示)了解企业应具备的条件。

表 4-13　商品条码印刷资格申请表

企业名称				传真	
详细地址				邮政编码	
营业执照号码		企业性质		注册资本	
法人代表		职务		电话	
联系人		职务		电话	
经营 范围	主营				
	兼营				
人员 情况	职工总数		技术人员数		
	条码印刷 技术负责人		职务		职称
条码印刷 技术类型	平版胶印		凹版印刷		丝网印刷
	柔性版印刷		其他(简述)		

续表

条码载体材料	纸质		不干胶		瓦楞纸		金属		塑料	
	其他(简述)									
主要印刷设备	(名称、型号、产地、使用年限等)									
条码检测设备	(名称、型号、产地、使用年限等)									
备注										

表 4-14　商品条码印刷资格现场评审表

评审项目与要求	评审方法	评审记录	单项评审结果
1. 质量方针和目标 　　企业应制定总体质量方针和质量目标,明示各工序各环节应达到的质量要求,并贯彻实施和有效运行	有质量方针和目标并贯彻实施记"A";否则记"C";有缺陷记"B"		
2. 组织机构 　　企业应根据条码生产流程,明确主管领导、业务、技术、生产、检验、仓储等部门各自的职责、权限和相互关系,使条码印刷各环节衔接配套,有工作流程和组织机构框图,确保条码印刷品质量符合国家标准要求,并遵守国家有关条码管理的各项规定	机构设置合理,人员职责明确记"A";反之记"C";有缺陷记"B"		

评审项目与要求	评审方法	评审记录	单项评审结果
3. 人员 3.1　主管领导 　　企业内部应明确负责条码印刷管理工作的企业领导,该领导应了解条码基本知识、质量要求和国家有关条码管理的规定	符合要求记"A";否则记"C";部分符合记"B"		
3.2*　技术负责人 　　条码技术负责人应熟悉条码国家标准,掌握条码印刷技术,具备条码印刷过程质量控制能力	符合要求记"A";否则记"C";部分符合记"B"		
3.3　业务人员 　　承接印刷业务的人员应了解条码基本知识和国家有关条码管理、企业有关规章制度的规定	符合要求记"A";否则记"C";部分符合记"B"		
3.4*　设计审查人员 　　熟悉条码国家标准,掌握条码位置、尺寸、颜色等设计技术要求	符合要求记"A";否则记"C";部分符合记"B"		
3.5　现场操作人员 　　应了解条码的基本质量要求,并具备现场质量控制能力	符合要求记"A";反之记"C";部分符合记"B"		
3.6*　检验人员 　　企业应配备检验人员负责条码印刷品检验。检验人员应熟悉条码国家标准,掌握条码质量检验技术	有符合要求的人员记"A";否则记"C";部分符合记"B"		
4.*印刷设备 　　用于印刷条码的主要设备适宜;能够满足条码印刷质量要求;运转正常	符合记"A";否则记"C"		
5. 适性试验 　　通过印刷适性试验,能有效控制条宽平均增益或减少,满足条码质量要求	符合记"A";有缺陷记"B";否则记"C"		
6.*印刷品抽检 　　抽检样品符合质量要求	合格为"A";否则记"C"		
7. 企业内部检验 7.1*　条码检验 　　拥有必要的条码符号检验设备	符合记"A";部分符合记"B";否则记"C"		

续表

评审项目与要求	评审方法	评审记录	单项评审结果
7.2　检验工作程序及要求 　　按标准进行抽样和检验;检验记录与合格证应规范统一、项目齐全、字迹工整	符合记"A";否则记"C";有缺陷记"B"		
8. 规章制度 8.1　验证制度 　　在承接条码印刷业务时,必须向委托单位索取有关证明,核查证明的有效性,并将证明复印件与核查记录一起存档备查,保留期不得少于二年	有制度并严格执行记"A";无制度记"C";有制度,执行不严记"B"		
8.2　条码设计审查制度 　　印刷条码前要对设计稿样进行审查,做到设计不合格的稿样不投入制版印刷	有制度并严格执行记"A";无制度记"C";有制度,执行不严记"B"		
8.3　条码印刷品、印版、胶片管理制度 　　明确条码印刷合格品、不合格品、残次品、印版、胶片的出入库登记、保管、移交、监销程序和负责人员	有制度并严格执行记"A";无制度记"C";有制度,执行不严记"B"		
8.4* 　条码印刷品质量检验制度 　　明确检验合格放行程序,做到检验不合格的半成品不投入下道生产工序;明确负责出厂检验人员,做到未经检验合格的条码印刷品不出厂	有制度并严格执行记"A";无制度记"C";有制度,执行不严记"B"		

注:带 * 号的项为重点项。

综合判定规则

评审结论分为"认定"和"不认定"两种。

申请企业经评审同时满足下述要求的,评审结论为"认定";否则,评审结论为"不认定"。

重点项(含 * 号标记项)为 A 的项数不得少于 5 项,且无 C 项。

全项出现 B 项的个数不得超过 6 项。

非重点项出现 C 项的个数不得超过 2 项。当非重点项出现 1 个 C 项时,全项中出现 B 项的数目不得超过 4 项;当出现 2 个 C 项时,全项中出现 B 项的数目不得超过 2 项。

项目四　条码符号的检测

1. 安装仪器

1) 连接

将 JY-3C 检测仪的各部件连接成一个整体,如图 4-39 所示。

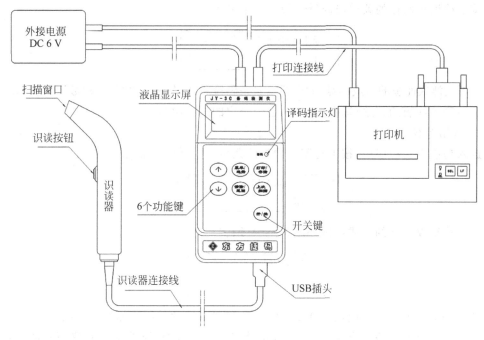

图 4-39　JY-3C 检测仪部件连接

2）电源安装

使用 4 节 AA（5 号）碱性电池或使用产品配套的专用外接直流稳压电源（将外接直流稳压电源插入 AC 220 V 插座,输入端插入 JY-3C 主机上的电源插座）。

3）连接打印机

如果需要打印检测结果,用本机附带的专用打印电缆连接检测仪主机和打印机。

2. 开机

安装完成后,按下检测仪的开/关键,即接通电源。此时,液晶屏上显示:

a

表示检测仪准备就绪,可以开始检测条码符号。

3. 设置

1）扫描次数

进入功能设置程序后,按下检测仪面板的菜单/选择键,液晶屏上显示:

b

按下检测仪面板的菜单/选择键,液晶屏上显示:

```
2 扫描次数
1
```
c

按下检测仪面板的⇨或⇦键,调整或设置条码检测 N 次求均的"扫描次数"($1 \leqslant N \leqslant 10$)。再按下检测仪面板的菜单/选择键,确认已经设定的扫描次数。

2) 合格等级

进入功能设置程序后,按下检测仪面板的菜单/选择键,液晶屏上显示:

```
2 合格等级
1.5
```
d

按下检测仪面板的⇨或⇦键,液晶屏上显示:

```
2 合格等级
3.0
```
e

合格等级的范围可以设定为 0.5～3.5 级,可以设置的等级间隔为 0.5 级。

按下检测仪面板的⇨或⇦键,选择需要设定的合格等级,再按下检测仪面板的菜单/选择键,确认已经设定的合格等级。

3) 计量单位

进入功能设置程序后,按下检测仪面板的菜单/选择键,液晶屏上显示:

```
2 计量单位
公制
```
f

按下检测仪面板的⇨或⇦键,可以往复选择公制或英制;再按下检测仪面板的菜单/选择键,确认已经选择的计量单位。

提示:在中国境内,依照中国标准使用公制单位的用户可以不改变出厂设置(出厂时设置成公制单位),直接使用。

4) 语言

进入功能设置程序后,按下检测仪面板的菜单/选择键,液晶屏上显示:

```
2 语言
English
```
a

按下检测仪面板的⇨或⇦键,可以往复选择中文(屏幕显示:中文)或英文(屏幕显示:English)。

再按下检测仪面板的菜单/选择键,液晶屏上显示:

| 🔧 语言 |
| 中文 |

b

确认已经选择的语言。

5）打印机

按下检测仪面板的菜单/选择键，液晶屏上显示：

| 🔧 添加打印纸 |
| 0 |

c

按下检测仪面板的菜单/选择键，液晶屏上显示：

| 2 添加打印纸 |
| 5 |

d

按下检测仪面板的⇨或⇦键，进入调整打印结果之间的走纸间距，再按下检测仪面板的菜单/选择键，液晶屏上显示：

| 🔧 添加打印纸 |
| 5 |

e

按下检测仪面板的清除/返回键，液晶屏上显示：

| ▶打印机设置 |

f

再按两下检测仪面板的清除/返回键，返回主菜单，液晶屏上显示：

| JY-3C |
| 准备扫描! |

g

在主菜单状态下，可以进行条码检测工作。

4．条码检测

1）检测仪开机

当液晶屏上显示：

| JY-3C |
| 准备扫描! |

h

可使用 CCD 识读器对条码符号进行扫描。

2）开机校准

可根据设备说明书对检测仪进行开机校准。

3) 检测扫描

手持 CCD 识读器的中后部,将扫描窗口垂直并贴紧被测条码符号,扫描窗口从左至右覆盖被测的条码符号。

握持 CCD 识读器之手的食指按压 CCD 识读器的识读按钮,听到蜂鸣器的提示声音,即完成一次扫描,显示器上显示检测结果。

提示:扫描条码符号时应注意:

(1) 被测条码符号应放置在无振动、清洁且不反光的深色平面上。

(2) 扫描条码符号时,应保持 CCD 识读器窗口平贴于条码之上,并保持平稳状态。

(3) 理想的扫描轨迹是一条垂直于被测符号条和空的直线,如图 4-40 所示。

稍有倾斜不影响识读,但可能影响检测数据的准确性,如图 4-41 所示。

图 4-40　正确的扫描轨迹　　　　图 4-41　不适宜的扫描轨迹

（4）为反映条码符号的整体印制水平,通常应选择 N 次求均的方法,选取多个扫描路径进行扫描分析,得到条码的 N 次求均的平均符号等级。这在很多时候和很多场合是有意义的。按照相关标准中的规定,多个扫描路径的选取应取被测条码条高的 $10\%\sim90\%$ 作为检测带。如图 4-42 所示。

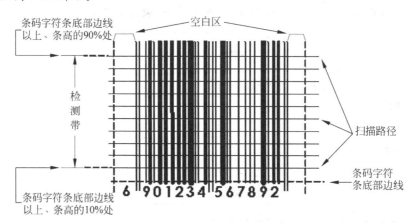

图 4-42　N 次求均检测的扫描检测带示意

5. 检测结果的显示和输出

检测结果的显示和输出通过蜂鸣器声音提示、液晶屏显示、译码指示灯、打印机打印等几种方式完成。

1）译码不成功的显示和输出

条码符号在扫描结束后,若译码不成功或符号等级为 0 或未达到预设合格等级(假定预设合格等级为 1.5),蜂鸣器发出一长声,面板右上角的译码指示灯显现红色,液晶屏上显示如以下三个示例:

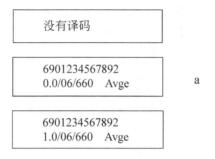

可以继续进行检测扫描。

2）译码成功的显示和输出

条码符号在扫描结束后,若译码成功,蜂鸣器发出一短声,面板右上角的译码指示灯显现绿色,液晶屏上显示译码及检测结果。按下检测仪面板的⇨或⇦键查看各项检测结果。完成查看工作后,按下检测仪面板的清除/返回键返回主菜单,开始下一个条码扫描准备。

EAN-13 条码检测结果显示示例:

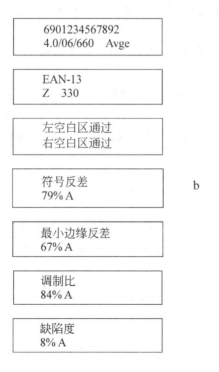

可译码度
81% A

参考译码
100% A

最低反射率
2% A

条偏差
−5%　（32%）

放大系数
100%

条偏差中的−5%为实测的条的平均偏差；括号中的32%为条偏差的允许偏差。

6. 检测结果存储、数据导出与检测结果的打印

1) 检测结果存储

使用检测仪,每检测一个条码符号,检测仪屏幕显示检测结果后,按下检测仪面板的**打印/存储**键,可将本次检测结果存储到检测仪内置的存储器之中(如果随机配置的打印机已经和检测仪正确连接且接通电源,按下检测仪面板的**打印/存储**键时,打印机会打印出检测结果)。存储结果按照时间顺序排序。

如果不希望存储检测结果,可以继续进行下一次扫描。

2) 数据导出

从检测仪机内置存储器中导出已经存储的检测数据；导出的数据为 TXT. 格式,可以在计算机中应用。从检测仪机内存储器中向 U 盘导出的检测数据不能再导入检测仪。

按下检测仪面板的**菜单/选择**键,逐步进入检测仪的功能选择菜单"译码",按下检测仪面板的⇐键,液晶屏上显示：

◆数据导出

从检测仪下部 USB 接口上,拔除 CCD 识读器,插入 U 盘(U 盘容量大于等于 1G)。

按下检测仪面板的**菜单/选择**键,开始执行检测数据的导出工作,在此期间,请不要拔出 U 盘,直至液晶屏上显示：

◆转换
成功!

此时,从检测仪机内置存储器中已经导出全部已经存储的检测数据,检测仪机内存储器

同时自动清空。

3）检测结果的打印

使用检测仪,每检测一个条码符号,检测仪屏幕显示检测结果后,如果随机配置的打印机已经和检测仪正确连接且接通电源,按下检测仪面板的**打印/存储**键,打印出检测结果;同时检测结果被存储在检测仪内置的存储器中。

单次扫描状态下,将打印出单次扫描数据。

多次扫描状态下,N 次扫描完成后,将打印出 N 次平均结果。

多次扫描状态下,N 次扫描完成后,如需要查看或打印任意一次扫描结果,按下检测仪面板的上次扫描键,翻到需要的扫描结果,按下检测仪面板的**打印/存储**键,可将存于内存中的任意一次扫描结果送出打印。

【**实训报告**】

1. 实训一代码设计方案。

2. 实训二生成各种条码标签。

3. 实训三质量检测报告。

【**注意事项**】

1. 安装、演示、实操中注意学生和教师人身安全。

2. 安装、分解、演示注意非正常操作造成的设备损害。

3. 设备精密、体积较小,注意保管、搬运和使用中设备安全。

4. 实训结束,恢复实训室初始状态。

5. 保持环境卫生。

第5章 条码的识读技术

【教学目标】

目标分类	目标要求
能力目标	1. 能够针对不同应用系统选择条码识读设备
	2. 熟练操作常见的识读设备
知识目标	动手操作能力,信息处理能力,总结归纳能力,合作交流能力
素养目标	1. 理解条码的识读原理及有关概念
	2. 掌握条码识读系统的构成
	3. 掌握常见的识读设备

【理论知识】

5.1 条码识读原理

5.1.1 条码识读的基本工作原理

条码识读的基本工作原理:由光源发出的光线经过光学系统照射到条码符号上面,被反射回来的光经过光学系统成像在光电转换器上,使之产生电信号。电信号经过电路放大后产生一模拟电压,它与照射到条码符号上被反射回来的光成正比,再经过滤波和整形,形成与模拟信号对应的方波信号,经译码器解释为计算机可以直接接受的数字信号。

5.1.2 条码识读系统的组成

条码符号是图形化的编码符号。对条码符号的识读要借助一定的专用设备,将条码符号中含有的编码信息转换成计算机可识别的数字信息。

从系统结构和功能上讲,条码识读系统由扫描系统、信号整形、译码三部分组成,如图 5-1 所示。

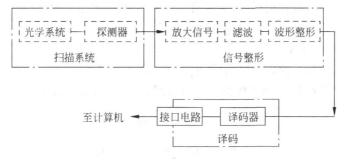

图 5-1　条码识读系统组成

扫描系统。扫描系统由光学系统及探测器即光电转换器件组成。它完成对条码符号的光学扫描,并通过光电探测器,将条码条空图案的光信号转换成为电信号。

信号整形部分。信号整形部分由放大信号、滤波和波形整形组成。它的功能在于将条码的光电扫描信号处理成为标准电位的矩形波信号,其高低电平的宽度和条码符号的条空尺寸相对应。

译码部分。译码部分一般由嵌入式微处理器组成。它的功能是对条码的矩形波信号进行译码,其结果通过接口电路输出到条码应用系统中的数据终端。

条码符号的识读涉及光学、电子学和微处理器等多种技术。要完成正确识读,必须满足以下几个条件:

(1) 建立一个光学系统并产生一个光点,使该光点在人工或自动控制下能沿某一轨迹作直线运动且通过一个条码符号的左侧空白区、起始符、数据符、终止符及右侧空白区。

(2) 建立一个反射光接收系统,使它能够接收到光点从条码符号上反射回来的光。同时要求接受系统的探测器的敏感面尽量与光点经过光学系统成像的尺寸相吻合。

(3) 要求光电转换器将接收到的光信号不失真地转换成电信号。

(4) 要求电子电路将电信号放大、滤波、整形,并转换成电脉冲信号。

(5) 建立某种译码算法,将所获得的电脉冲信号进行分析和处理,从而得到条码符号所表示的信息。

(6) 将所得到的信息转储到指定的地方。

上述的前四步一般由扫描器完成,后两步一般由译码器完成。

1. 光源

首先,对于一般的条码应用系统,条码符号在制作时,条码符号的条空反差均针对630 nm 附近的红光而言,所以条码扫描器的扫描光源应该含有较大的红光成分。因为红外线反射能力在 900 nm 以上;可见光反射能力一般为 630~670 nm;紫外线反射能力为300~400 nm。一般物品对 630 nm 附近的红光的反射性能和对近红外光的反射性能十分接近,所以,有些扫描器采用近红外光。

　　扫描器所选用的光源种类很多,主要有半导体光源和激光光源,也有选用白炽灯、闪光灯等光源的。在这里主要介绍半导体发光二极管和激光器。

　　1) 半导体发光二极管

　　半导体发光二极管又称发光二极管,它实际上就是一个由 P 型半导体和 N 型半导体组合而成的二极管。当在 P-N 结上施加正向电压时,发光二极管就发出光来,如图 5-2 所示。

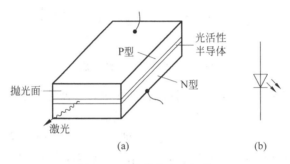

图 5-2　半导体发光二极管

　　2) 激光器

　　激光技术已有 30 多年的历史,现在已广泛应用于各个领域。激光器可分为气体激光器和固体激光器,气体激光器波长稳定,多用于长度测量;固体激光器具有光功率大、功耗低、体积小、工作电压低、寿命长、可靠性高、价格低廉的优点,这使得原来广泛使用的气体激光器迅速被取代。

　　激光与其他光源相比,有其独特的性质:

　　(1) 有很强的方向性。

　　(2) 单色性和相干性极好。其他光源无论采用何种滤波技术也得不到像激光器发出的那样的单色光。

　　(3) 可获得极高的光强度。条码扫描系统采用的都是低功率的激光二极管。

2. 光电转换接收器

　　接收到的光信号需要经光电转换器转换成电信号。

　　手持枪式扫描识读器的信号频率为几十千赫到几百千赫。一般采用硅光电池、光电二极管和光电三极管作为光电转换器件。

3. 放大、整形与计数

　　全角度扫描识读器中的条码信号频率为几兆赫到几十兆赫,如图 5-3 所示。全角度扫描识读器一般都是长时间连续使用,为了使用者安全,要求激光源出射能量较小。因此最后接收到的能量极弱。为了得到较高的信噪比(这由误码率决定),通常都采用低噪声的分立元件组成前置放大电路来低噪声地放大信号。

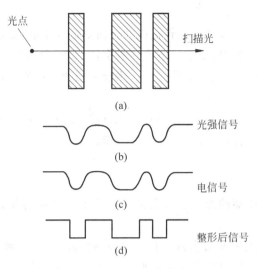

图 5-3　条码的扫描信号

由于条码印刷时的边缘模糊性,更主要是因为扫描光斑的大小有限以及电子线路的低通特性,将使得到的信号边缘模糊,通常称为"模拟电信号"。这种信号还须经整形电路尽可能准确地将边缘恢复出来,变成通常所说的"数字信号"。

条码识读系统经过对条码图形的光电转换、放大和整形,其中信号整形部分由信号放大、滤波、波形整形组成。它的功能在于将条码的光电扫描信号处理成为标准电位的矩形波信号,其高低电平的宽度和条码符号的条空尺寸相对应。这样就可以按高低电平持续的时间记数。

4. 译码

条码是一种光学形式的代码。它不是利用简单的计数来识别和译码的,而是需要用特定方法来识别和译码的。

译码包括硬件译码和软件译码。硬件译码通过译码器的硬件逻辑来完成,译码速度快,但灵活性较差。为了简化结构和提高译码速度,现已研制了专用的条码译码芯片,并已经在市场上销售。软件译码通过固化在 ROM 中的译码程序来完成,灵活性较好,但译码速度较慢。实际上每种译码器的译码都是通过硬件逻辑与软件共同完成的。

译码不论采用什么方法,都包括如下几个过程。

1) 记录脉冲宽度

译码过程的第一步是测量记录每一脉冲的宽度值,即测量条空宽度。记录脉冲宽度利用计数器完成。译码器有一个比较复杂的分频电路,它能自动形成不同频率的计数时钟以适应于不同的扫描设备。

2）比较分析处理脉冲宽度

脉冲宽度的比较方法有多种。比较过程并非简单地求比值,而是经过转换/比较后得到一系列便于存储的二进制数值,把这一系列的数据放入缓冲区以便下一步的程序判别。转换/比较的方法因码制的不同也有多种方法。比较常见的是均值比较法和对数比较法。

3）程序判别

译码过程中的程序判别是用程序来判定转换/比较所得到的一系列二进制数值,把它们译成条码符号所表示的字符,同时也完成校验工作。

5. 通信接口

目前常用的条码识读器的通信接口主要有 USB 接口和串行接口。

1）USB 接口

USB 是连接计算机与外界设备的一种串口总线标准,也是一种输入输出接口的技术规范,支持即插即用及热插拔功能,也是目前最常用的条码识读器通信接口方式。

2）串行接口

串行通信是计算机与条码识读器之间一种常用的通信方式,在逐渐被 USB 接口形式所替代,扫描条码得到的数据由串口输入,需要驱动或直接读取串口数据,需要外接电源。

5.1.3　条码识读系统的基本概念

1. 首读率、误码率、拒识率

首读率(first read rate)是指首次读出条码符号的数量与识读条码符号总数量的比值。

误码率(misread rate)是指错误识别次数与识别总次数的比值。

拒识率(non-read rate)是指不能识别的条码符号数量与条码符号总数量的比值。

不同的条码应用系统对以上指标的要求不同。一般要求首读率在 85% 以上,拒识率低于 1%,误码率低于 0.01%。但对于一些重要场合,要求首读率为 100%,误码率为 0.000 1%。

需要指出的是,首读率与误码率这两个指标在同一识读设备中存在着矛盾统一,当条码符号的质量确定时,要降低误码率,需加强译码算法,尽可能排除可疑字符,必然导致首读率的降低。当系统的性能达到一定程度后,要想再进一步提高首读率的同时降低误码率是不可能的,但可以降低一个指标而使另一个指标达到更高的要求。在一个应用系统中,首次读出和拒识的情况显而易见,但误识情况往往不易察觉,用户一定要注意。

2. 扫描器的分辨率

扫描器的分辨率是指扫描器在识读条码符号时能够分辨出的条(空)宽度的最小值。它与扫描器的扫描光点(扫描系统的光信号的采集点)尺寸有着密切的关系。扫描光点尺寸的大小是由扫描器光学系统的聚焦能力决定的,聚焦能力越强,所形成的光点尺寸越小,则扫描器的分辨率越高。

调节扫描光点的大小有两种方法:一种是采用一定尺寸的探测器接收光栏;另一种是通过控制实际扫描光点的大小。

对于普通扫描光源的扫描系统,由于照明光斑一般很大,主要采用探测器光栏来调节扫描光点的大小,如图 5-4(a)所示。

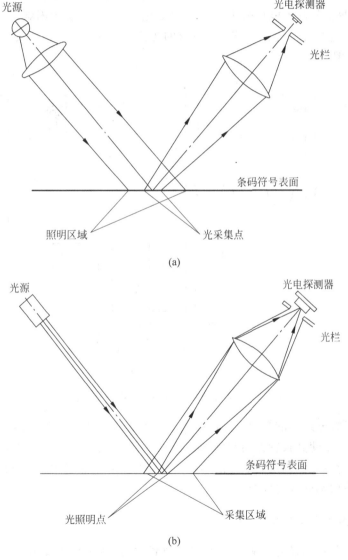

图 5-4　扫描器的光点

　　对于激光扫描,通过调节激光光束可以直接调节的扫描光点,如图5-4(b)所示。这时在探测器的采集区中,激光的光信号占主流,所以激光的扫描光点就标志了扫描系统的分辨率。

　　条码扫描器的分辨率并不是越高越好。在能够保证识读的情况下,不需要把分辨率做得太高。若过分强调分辨率,一是提高设备的成本,二是必然造成扫描器对印刷缺陷的敏感程度的提高,则条码符号上微小的污点、脱墨等对扫描信号都会产生严重的影响,如图5-5(c)所示。

　　当扫描光点做得很小时,扫描对印刷缺陷的敏感度很高,会造成识读困难。如果扫描光点做得太大,扫描信号就不能反映出条与空的变化,同样造成识读困难,如图5-7(b)所示。较为优化的一种选择是:光点直径(椭圆形的光点是指短轴尺寸)为最窄单元宽度值的0.8~1.0倍,如图5-5(a)所示。

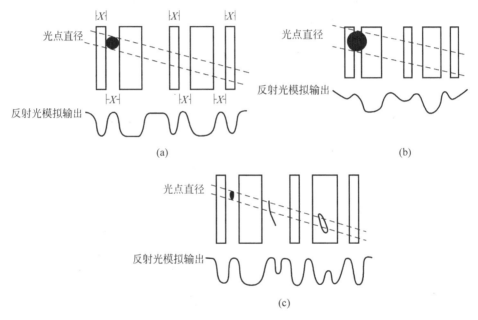

图5-5　扫描系统的分辨率与扫描信号的关系

　　为了在不牺牲分辨率的情况下降低印刷缺陷对识读效果的影响,通常把光点设计成椭圆形或矩形,但必须使其长轴方向与条码符号的条高的方向平行,否则会降低分辨率,无法进行正常工作,所以无法确定光点方向的扫描器(如光笔)不能采用这一方法,它适于扫描器的安装及扫描方向都固定的场合。

3. 工作距离和工作景深

　　根据扫描器与被扫描的条码符号的相对位置,扫描器可分为接触式和非接触式两种。所谓接触式即扫描时扫描器直接接触被扫描的条码符号;而非接触式即扫描时扫描器与被扫描的条码符号之间可保持一定距离范围。这一范围就叫作扫描景深,通常用 DOF 表示。

扫描景深是非接触式的条码扫描器的一个重要参数。在一定程度上,扫描识读距离的范围和条码符号的最窄元素宽度 X 以及条码其他的质量参数有关。X 值大,条码印刷的误差小,条码符号条空反差大,该范围相应的会大一些。

激光扫描器扫描工作距离一般为 8～30 in(20～76 cm),有些特殊的手持激光扫描器识读距离能够达到数英尺。CCD 扫描器的扫描景深一般为 1～2in,但出现有新型的 CCD 扫描器,其识读距离能有扩展到 7in(17.78 cm)。

4. 扫描频率

扫描频率是指条码扫描器进行多重扫描时每秒的扫描次数。选择扫描器扫描频率时应充分考虑到扫描图案的复杂程度及被识别的条码符号的运动速度。不同的应用场合对扫描频率的要求不同。单向激光扫描的扫描频率一般为 40 线/秒。POS 系统用台式激光扫描器(全向扫描)的扫描频率一般为 200 线/秒。工业型激光扫描器的扫描频率可达 1 000 线/秒。

5. 抗镜向反射能力

条码扫描器在扫描条码符号时其探测器接收到的反射光是漫反射光,而不是直接的镜向反射光,这样能保证正确识读。在设计扫描器的光学系统时已充分考虑了这一问题。但在某些场合,会出现直接反射光进入探测器影响正常识读的情况。例如,在条码符号表面加一层覆膜或涂层,会给识读增加难度。因为当光束照射条码符号时,覆膜的镜向反射光要比条码符号的漫反射光强得多。如果较强的直接反射光进入接收系统,必然影响正确识读。所以在设计光路系统时应尽量使镜向光远离接收光路。

对于用户来说,在选择条码扫描器时应注意其光路设计是否考虑了镜向反射问题,最好选择那些有较强抗镜向反射能力的扫描器。

6. 抗污染、抗皱折能力

在一些应用环境中,条码符号容易被水迹、手印、油污、血渍等弄脏,也可能被某种原因弄皱,使得表面不平整,致使在扫描过程中信号变形。这一情况应在信号整形过程中给予充分考虑。

7. 涉及扫描识读一些常用术语

引自中华人民共和国国家标准 GB/T 12905—2000《条码术语》:

(1)条码识读器:识读条码符号的设备。

(2)扫描器:通过扫描将条码符号信息转变成能输入到译码器的电信号的光电设备。

(3)译码:确定条码符号所表示的信息的过程。

（4）译码器：完成译码的电子装置。

（5）光电扫描器的分辨率：表示仪器能够分辨条码符号中最窄单元宽度的指标。能够分辨 0.15～0.30 mm 的仪器为高分辨率，能够分辨 0.30～0.45 mm 的仪器为中分辨率，能够分辨 0.45 mm 以上的为低分辨率。

（6）读取距离：扫描器能够读取条码时的最大距离。

（7）读取景深（DOF）：扫描器能够读取条码的距离范围。

（8）红外光源：波长位于红外光谱区的光源。

（9）可见光源：波长位于可见光谱区的光源。

（10）光斑尺寸：扫描光斑的直径。

（11）接触式扫描器：扫描时需和被识读的条码符号作物理接触方能识读的扫描器。

（12）非接触式扫描器：扫描时不需和被识读的条码符号作物理接触就能识读的扫描器。

（13）手持式扫描器：靠手动完成条码符号识读的扫描器。

（14）固定式扫描器：安装在固定位置上的扫描器。

（15）固定光束式扫描器：扫描光束相对固定的扫描器。

（16）移动光束式扫描器：通过摆动或多边形棱镜等实现自动扫描的扫描器。

（17）激光扫描器：以激光为光源的扫描器。

（18）CCD 扫描器：采用电荷耦合器件（CCD）的电子自动扫描光电转换器。

（19）光笔：笔形接触式固定光束式扫描器。

（20）全方位扫描器：具备全向识读性能的条码扫描器。

（21）条码数据采集终端：是手持式扫描器与掌上电脑（手持式终端）的功能组合为一体的设备单元。

（22）高速扫描器：扫描速率达到 600 次/分的扫描器。

5.1.4　条码识读器的分类

条码识别设备由条码扫描和译码两部分组成。现在绝大部分的条码识读器都将扫描器和译码器集成为一体。人们根据不同的用途和需要设计了各种类型的扫描器。下面按条码识读器的扫描方式、操作方式、识读码制能力和扫描方向对各类条码识读器进行分类。

1. 从扫描方式上分类

条码识读设备从扫描方式上可分为接触式和非接触式两种条码扫描器。

接触式识读设备包括光笔与卡槽式条码扫描器。

非接触式识读设备包括 CCD 扫描器与激光扫描器。

2. 从操作方式上分类

条码识读设备从操作方式上可分为手持式和固定式两种条码扫描器。

手持式条码扫描器应用于许多领域,特别适用于条码尺寸多样、识读场合复杂、条码形状不规整的应用场合。在这类扫描器中有光笔、激光枪、手持式全向扫描器、手持式 CCD 扫描器和手持式图像扫描器。

固定式扫描器扫描识读不用人手把持,适用于省力、人手劳动强度大(如超市的扫描结算台)或无人操作的自动识别应用场合。固定式扫描器有卡槽式扫描器、固定式单线、单方向多线式(栅栏式)扫描器、固定式全向扫描器和固定式 CCD 扫描器。

3. 从识读码制能力上分类

条码扫描设备从原理上可分为光笔、CCD、激光和拍摄 4 类条码扫描器。光笔与卡槽式条码扫描器只能识读一维条码。激光条码扫描器只能识读行排式二维条码(如 PDF417 码)和一维码。图像式条码识读器可以识读常用的一维条码,还能识读行排式和矩阵式的二维条码。

4. 从扫描方向上分类

条码扫描设备从扫描方向上可分为单向和全向条码扫描器。其中全向条码扫描器又分为平台式和悬挂式。

悬挂式全向扫描器是从平台式全向扫描器中发展而来,如图 5-6 所示。这种扫描器也适用于商业 POS 系统以及文件识读系统。识读时可以手持,也可以放在桌子上或挂在墙上,使用时更加灵活方便。

图 5-6　悬挂式全向扫描器

5.2　条码识读设备

常用的条码识读设备包括激光枪、CCD 扫描器、光笔与卡槽式扫描器、全向扫描平台、图像式条码扫描器和手机扫描。

5.2.1　激光枪

激光枪属于手持式自动扫描的激光扫描器。

激光扫描器是一种远距离条码阅读设备,其性能优越,因而被广泛应用。激光扫描器的扫描方式有单线扫描、光栅式扫描和全角度扫描三种方式。激光手持式扫描器属单线扫描,其景深较大,扫描首读率和精度较高,扫描宽度不受设备开口宽度限制。卧式激光扫描器为全角扫描器,其操作方便,操作者可双手对物品进行操作,只要条码符号面向扫描器,不管其方向如何,均能实现自动扫描,超级市场大都采用这种设备。

现阶段主要有激光扫描技术和光学成像数字化技术。激光扫描技术的基本原理是先由机具产生一束激光(通常是由半导体激光二极管产生),再由转镜将固定方向的激光束形成激光扫描线(类似电视机的电子枪扫描),激光扫描线扫描到条码上再反射回机具,由机具内部的光敏器件转换成电信号。其原理如图5-7所示。

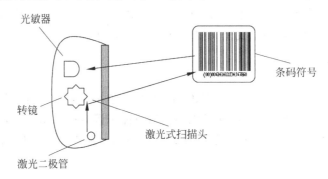

图 5-7 激光扫描原理

激光式扫描头的工作流程如图5-8所示。

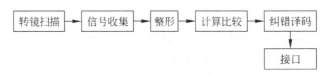

图 5-8 激光式扫描头的工作流程

利用激光扫描技术的优点是识读距离适应能力强,具有穿透保护膜识读的能力,识读的精度和速度比较容易做得高些。缺点是对识读的角度要求比较严格,而且只能识读堆叠式二维条码(如 PDF417 码)和一维码。

图 5-9 手持激光扫描器

激光枪的扫描动作通过转动或振动多边形棱镜等光装置实现。这种扫描器的外形结构类似于手枪,如图5-9所示。手持激光扫描器比激光扫描平台具有方便灵活且不受场地限制的特点,适用于扫描体积较小的首读率不是很高的物品。除此之外它还具有接口灵活、应用广泛的特点。手持激光扫描器,是新一代的商用激光条码扫描器。扫描线清晰可见,扫描速度快,一般扫描频率大约每秒40次,有的可达到每秒44次。有的还可选具有自动感应功能的智能支架,可灵活使用于各种应用环境。

这种扫描器的主要特点是识读距离长,通常它们扫描区域能

在 1 in 以外。有些超长距离的扫描器，其扫描距离甚至可以达到 10 in。目前新型的 CCD
扫描器也可以达到一般的激光扫描器所能够达到的识读距离。

5.2.2　CCD 扫描器

CCD 扫描器主要采用了电荷耦合装置(charge coupled device，CCD)。CCD 元件是一
种电子自动扫描的光电转换器，也叫 CCD 图像感应器。它可以代替移动光束的扫描运动机
构，不需要增加任何运动机构，便可以实现对条码符号的自动扫描。

1. CCD 扫描器的两种类型

手持式 CCD 扫描器和固定式 CCD 扫描器均属于非接触式扫描器，只是形状和操作方
式不同，其扫描机理和主要元器件完全相同，如图 5-10 所示。扫描景深和操作距离取决于
照射光源的强度和成像镜头的焦距。

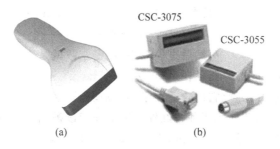

CSC-3075

CSC-3055

(a)　　　　　　　(b)

图 5-10　CCD 扫描器
(a) 手持式；(b) 固定式

CCD 扫描器利用光电耦合(CCD)原理，对条码印刷图案进行成像，然后再译码。它的
特点是无任何机械运动部件，性能可靠，寿命长；按元件排列的节距或总长计算，可以进行
测长；价格比激光枪便宜；可测条码的长度受限制；景深小。

2. 选择 CCD 扫描器的两个参数

(1) 景深。由于 CCD 的成像原理类似于照相机，如果要加大景深，相应地要加大透镜，
从而会使 CCD 体积过大，不便操作。优秀的 CCD 应无须紧贴条码即可识读，而且体积适
中，操作舒适。

(2) 分辨率。如果要提高 CCD 分辨率，必须增加成像处光敏元件的单位元素。低价
CCD 一般是 512 像素(pixel)，识读 EAN、UPC 等商品条码已经足够，对于别的码制识读就
会困难一些。中档 CCD 以 1 024 pixel 为多，有些能达到 2 048 pixel，能分辨最窄单位元素
为0.1 mm 的条码。

5.2.3　光笔与卡槽式扫描器

光笔和大多数卡槽式扫描器都采用手动扫描的方式。手动扫描比较简单,扫描器内部不带有扫描装置,发射的照明光束的位置相对于扫描器固定,完成扫描过程需要手持扫描器扫过条码符号。这种扫描器就属于固定光束扫描器。光笔扫描如图 5-11 所示。

1. 光笔

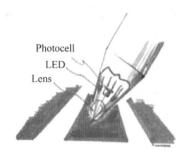

图 5-11　光笔扫描

光笔属于接触式固定光束扫描器。在其笔尖附近中有发光二极管 LED 作为照明光源,并含有光电探测器。在选择光笔时,要根据应用中的条码符号正确选择光笔的孔径(分辨率)。分辨率高的光笔的光点尺寸能达到 4 mil (0.1 mm),6 mil 属于高分辨率,10 mil 属于低分辨率。一般光笔的光点尺寸在 0.2 mm 左右。

选择光笔分辨率时,有一个经验的计算方法:条码最小单元尺寸 X 的密尔数乘以 0.7,然后进位取整,该密尔数就是使用的光笔孔径的大小。例如,$X=10$ mil,那么就应该选择孔径在 7 mil 左右的光笔。

光笔的耗电量非常低,因此它比较适用于和电池驱动的手持数据采集终端相连。

光笔的光源有红光和红外光两种。红外光笔擅长识读被油污弄脏的条码符号。光笔的笔尖容易磨损,一般用蓝宝石笔头,不过,光笔的笔头可以更换。

随着条码技术的发展,光笔已逐渐被其他类型的扫描器所取代。现在已研制出一种蓝牙光笔扫描器,能支持更多条码类型,改进了扫描操作,还可以用作触摸屏的触笔,如图 5-12 所示。人性化设计,配备蜂鸣器,电池可提供 5 000 次以上扫描,适用于在平面上扫描所有应用程序,成为新一代接触式扫描器。还有一种蓝牙无线扫描器,适用于大量高速扫描场合,可以在非常暗淡或明亮的环境,在反光或弯曲的表面,或透过玻璃进行扫描,甚至可以扫描损坏的/制作粗糙的条码。

图 5-12　蓝牙光笔扫描器

2. 卡槽式扫描器

卡槽式扫描器属于固定光束扫描器,内部结构和光笔类似。它上面有一个槽,手持带有条码符号的卡从槽中滑过实现扫描。这种识读广泛应用于时间管理及考勤系统。它经常和带有液晶显示和数字键盘的终端集成为一体。

5.2.4　全向扫描平台

　　全向扫描平台属于全向激光扫描器,如图 5-13 所示。全向扫描指的是标准尺寸的商品条码以任何方向通过扫描器的区域都会被扫描器的某个或某两个扫描线扫过整个条码符号。一般全向扫描器的扫描线方向为 3~5 个,每个方向上的扫描线为 4 个左右。这方面的具体指标取决于扫描器的具体设计。

　　全向扫描平台一般用于商业超市的收款台。它一般有 3~5 个扫描方向,扫描线数一般为 20 条左右。它们可以安装在柜台下面,也可以安装在柜台侧面。

图 5-13　全向扫描平台

　　这类设备的高端产品为全息式激光扫描器。它用高速旋转的全息盘代替了棱镜状多边转镜扫描。有的扫描线能达到 100 条,扫描的对焦面达到 5 个,每个对焦面含有 20 条扫描线,扫描速度可以高达 8 000 线/秒,特别适用于传送带上识读不同距离、不同方向的条码符号。这种类型的扫描器对传送带的最大速度要求小的有 0.5 m/s,高的有 4 m/s。

5.2.5　图像式条码扫描器

　　采用面阵 CCD 摄像方式将条码图像摄取后进行分析和解码,可识读一维条码和二维条码。这里详细介绍一下有关图形采集和数字化处理以及拍摄方式的内容。

1. 图形采集和数字化处理

　　目前国际上对条码图形采集方式主要有两种,即“光学成像”(image)方式和“激光”(laser)方式。其中光学成像方式中又有两种:一种是面阵 CCD;一种是 CMOS。在采用图像方式中绝大多数采用技术较为成熟的 CCD 器件。其中少数已经采用了 CMOS 器件。从长远发展的角度看,图像方式对在条码采集中的应用,将是一个必然的趋势。

　　CCD 技术是一种传统的图形/数字光电耦合器件,现已广泛应用。其基本原理是利用光学镜头成像,转化为时序电路,实现 A/D 转换为数字信号。CCD 的优点是像质好,感光速度快,有许多高分辨率的芯片供选择,但信号特性是模拟输出,必须加入模数转换电路。加上 CCD 本身要用时序和放大电路来驱动,所以硬件开销很大,成本较高。

　　CMOS 技术是近年发展起来的新兴技术。与 CCD 一样,是一种光电耦合器件。但是其时序电路和 A/D 转换是集成在芯片上,无须辅助电路来实现。其优点是,单块芯片就能完成数字化图像的输出,硬件开销非常少,成本低。缺点是像质一般(感光像素间的漏电流较大),感光速度较慢,目前分辨率也偏低。

CCD技术已经是传统成熟的技术,虽然分别率高,感光速度快,但是电路复杂,价格下降的空间已经很小。CMOS技术虽然目前在性能上略低于CCD器件,但是近年来的发展速度很快,国际上新近开发的产品,正在逐步采用该技术。从各种资料和近期发展情况上看,CMOS技术正以迅猛的速度发展,并且价格越来越低,性能越来越高。同时,在图形采集和转换方面,采用CMOS技术和大规模逻辑阵列技术配合,将能够满足图形采集和信号传输的需求。同时,目前国际上所有图像方式识读器,几乎所有国外品牌都采用了FPGA(大规模可编程逻辑阵列)技术。

采用FPGA除了可以完成数字图形采集外,还可以用来完成条码的纠错和译码,因为纠错算法是一种特别适合硬件实现的算法,FPGA容易实现。对于大容量的条码如果用FPGA来完成纠错算法,能比软件算法提高10倍左右的速度。FPGA的另外一个作用还可以完成图像处理,理论上整个图形处理的算法都可以用硬件来完成。

2. 拍摄方式

在条码识读器中被广泛使用的另一项技术是光学成像数字化技术。其基本原理是通过光学透镜成像在半导体传感器上,在通过模拟/数字转化(传统的CCD技术)或直接数字化(CMOS技术)输出图像数据。CMOS将采集到的图像数据送到嵌入式计算机系统处理。处理的内容包括图像处理、解码、纠错、译码,最后处理结果通过通信接口(如RS232)送往PC机,如图5-14所示。拍摄方式采集器的工作流程如图5-15所示。拍摄方式图像传感流程如图5-16所示。

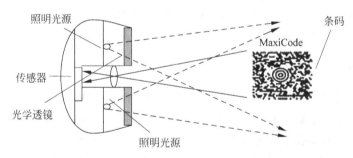

图 5-14　拍摄方式的原理

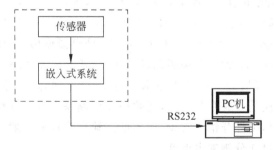

图 5-15　拍摄方式采集器的工作流程

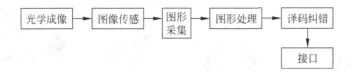

图 5-16　拍摄方式图像传感流程

5.2.6　手机扫描

在手机上安装相应的商品条码识别软件,通过手机摄像头扫描商品条码,就可以识别商品并进行智能搜索,更快捷准确地获取该商品的相关信息。通过条码扫描可以收到所需要的商品信息,不仅提供商品的具体功能特性,成为您的贴心导购,更重要的是,还能展示各个网上商城的商品报价,让您真正价比百家,心中有数。

将手机二维条码软件安装于具有拍照功能的手机终端之上,通过手机终端拍摄二维条码(如 QR code),可以解析出其中信息。这为手机市场、网络行销以及电子商务等应用带来新的市场与机会,也开启了无线增值行业的无限商机。电子票务、移动付款、手机上网、电子名片等的实现,为人们的生活增添了一份便捷。

5.3　便携式数据采集设备

把条码识读器和具有数据存储、处理、通信传输功能的手持数据终端设备结合在一起,成为条码数据采集器,简称数据采集器,当人们强调数据处理功能时,往往简称为数据终端。它具备实时采集、自动存储、即时显示、即时反馈、自动处理、自动传输功能。它实际上是移动式数据处理终端和某一类型的条码扫描器的集合体。

5.3.1　概述

数据采集器按处理方式分为两类:在线式数据采集器和批处理式数据采集器。数据采集器按产品性能分为:手持终端、无线型手持终端、无线掌上电脑、无线网络设备,如图 5-17所示。

1. 数据采集器与扫描设备的异同点

数据采集器是一种条码识读设备,它是手持式扫描器与掌上电脑的功能组合为一体的设备单元。也就是说它比条码扫描器多了自动处理、自动传输的功能。普通的扫描设备扫描条码后,经过接口电路直接将数据传送给 PC 机;数据采集器扫描条码后,先将数据存储

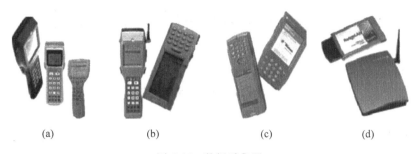

图 5-17　数据采集器

(a) 手持终端；(b) 无线型手持终端；(c) 无线掌上电脑；(d) 无线网络设备

起来,根据需要再经过接口电路批处理数据,也可以通过无线局域网或 GPRS 与广域网相连,实时传送和处理数据。

　　数据采集器是具有现场实时数据采集、处理功能的自动化设备。数据采集器随机提供可视化编程环境。条码数据采集器具备实时采集、自动存储、即时显示、即时反馈、自动处理、自动传输功能,为现场数据的真实性、有效性、实时性和可用性提供了保证。

2. 数据采集器的环境性能要求

　　由于数据采集器大都在室外使用,周围的湿度、温度等环境因素对手持终端的操作影响比较大。尤其是液晶屏幕、RAM 芯片等关键部件,低温、高温特性都受限制。因此用户要根据自身的使用环境情况选择手持终端产品。

　　因为作业环境比较恶劣,手持终端产品要经过严格的防水测试。能经受饮料的泼溅、雨水的浇淋等常见情况的测试都应该是用户选择产品时应该考虑的因素。针对便携产品防水性的考核,国际上有 IP 标准进行认证。对通过测试的产品,发给证书。

　　抗震、抗摔性能也是手持终端产品另一项操作性能指标。作为便携使用的数据采集产品,操作者无意间的失手跌落是难免的。因而手持终端要具备一定的抗震、抗摔性能。目前大多数产品能够满足 1m 以上的跌落高度。

5.3.2　便携式数据采集器

1. 概述

　　信息时代的今天人们离不开计算机的帮助。正如 POS 系统的建立就必须具备由计算机系统支持的 POS 终端机一样,库存(盘点)电子化的实现同样也离不开素有"掌上电脑"美称的便携式数据采集器。这里我们所谈的便携式数据采集器,也称为便携式数据采集终端(portable data terminal,PDT)或手持终端(hand-hold terminal,HT)。便携式数据采集器是为适应一些现场数据采集和扫描笨重物体的条码符号而设计的,适合于脱机使用的场合。

识读时,与在线式数据采集器相反,它是将扫描器带到物体的条码符号前扫描。

便携式数据采集器是集激光扫描、汉字显示、数据采集、数据处理和数据通信等功能于一体的高科技产品,相当于一台小型的计算机,是将计算机技术与条码技术完美的结合,利用物品上的条码作为信息快速采集手段。简单地说,它兼具了掌上电脑和条码扫描器的功能。

便携式数据采集器的基本工作原理是首先按照用户的应用要求,将应用程序在计算机编制后下载到便携式数据采集器中。便携式数据采集器中的基本数据信息必须通过 PC 的数据库获得,而存储的操作结果也必须及时地导入到数据库中。手持终端作为计算机网络系统的功能延伸,满足了日常工作中人们各种信息移动采集、处理的任务要求。

从完成的工作内容上看,便携式数据采集器又分为数据采集型和数据管理型两种。数据采集型的产品主要应用于供应链管理的各个环节,快速采集物流的条码数据,在采集器上作简单的数据存储、计算等处理,尔后将数据传输给计算机系统。此类型的设备一般面对素质较低的操作人员,操作简单、容易维护、坚固耐用是此类设备主要考虑的因素。数据管理型的产品主要用于数据采集量相对较小、数据处理的要求较高(通常情况下包含数据库的各种功能)。此类设备主要考虑采集条码数据后能够全面地分析数据,并得出各种分析、统计的结果。但是此类设备由于操作系统比较复杂,对操作人员的基本素质要求比较高。

2. 便携式数据采集器的硬件特点

严格意义上讲,便携式数据采集器不是传统意义上的条码产品,它的性能在更多层面取决于其本身的数据计算、处理能力,这恰恰是计算机产品的基本要求。与目前很多条码产品生产厂商相比,很多计算机公司生产的数据采集器在技术上有较强的领先优势,凭借着这些厂商在微电子、电路设计生产方面的领先优势,其相关的产品具有良好的性能。以某厂家生产的两种不同类型的产品数据采集型和数据管理型为例,介绍两种产品不同的性能指标。

下面根据不同类型详细介绍数据采集器的产品硬件特点:

1) 数据采集型设备

以某型号数据采集型便携式数据采集器产品为例,如图 5-18 所示。

(1) CPU 处理器。采用 32 位元 RISC 微处理器 ARM 内核。

(2) 手持终端内存。目前大多数产品采用都 FLASH-ROM＋RAM 型内存。

(3) 功耗。功耗包括条码扫描设备的功耗、显示屏的功耗和 CPU 的功耗等。由电池支持工作。

(4) 整机功耗。整机功耗目前数据采集器在使用中采用普通电池、充电电池两种方式。以 CX-PT18 数据采集

图 5-18   数据采集器 CX-PT18

器为例,它采用两节普通电池,可以使用 150 h。

(5) 输入设备。输入设备包括条码扫描输入、键盘输入两种方式。条码输入又分为 CCD\LASER(激光)\CMOS 等。常用的是激光条码扫描设备,具有扫描速度快、操作方便等优点。但是第三代的 CMOS 扫描输入产品具有成像功能,不仅能够识读一维、二维条码,还能够识读各种图像信息,应用在各种领域中。键盘输入包括标准的字母、英文、符号等方法,同时都具有功能快捷键。有些数据采集器产品还具有触摸屏,可使用手写识别输入等功能。

(6) 显示输出。目前的数据采集器大都具备大屏液晶显示屏,能够显示中英文、图形等各种用户信息,有背光支持,即使在夜间也能够操作,同时在显示精度、屏幕的工业性能上面都有较严格的要求。

(7) 与计算机系统的通信能力。目前高档的便携式数据采集器都具有串口、红外线通信口等几种方式。

(8) 外围设备驱动能力。利用数据采集器的串口、红外口,可以连接各种标准串口设备,或者通过串—并转换可以连接各种并口设备,包括串并口打印机、调制解调器等,实现计算机的各种功能。

2) 数据管理型设备

根据上文所述,数据管理型设备在 Pocket PC 技术上构建,大都采用 WinCE/Palm 类操作系统,同时在各项性能指标上针对工业使用要求进行了增强,以满足更加恶劣复杂的环境要求。由于系统结构复杂,需要的硬件指标也较高。

(1) CPU 处理器。由于此类操作系统使用多线程管理的技术,消耗系统的资源较大,需要采用 CPU 芯片,主频要求较高。

(2) 手持终端内存。目前基于 WinCE 产品的掌上电脑,内存基本由系统内存和用户存储内存组成,并且容量较大。

(3) 功耗。与数据采集型的设备相比,基于 WinCE 的便携式设备功耗偏高。

(4) 输入设备。由于基于 Pocket PC 构架,此类数据采集器可以有各种形式的接口插槽(slot),可以外接 PCMCIA/CF 类的插卡设备,包括条码扫描卡、无线 LAN 网卡、GSM/GPRS 卡等,扩大了数据采集器的应用范围。

(5) 显示输出。具备大屏液晶彩色显示屏驱动能力,为用户的操作提供更好的人性化界面。

(6) 与计算机系统的通信能力。像前文所述,通过各种插卡与用户的应用系统之间实现柔性的通信接口能力。

5.3.3　无线数据采集器

1. 概述

无线数据采集器将普通便携式数据采集器的性能进一步扩展,如图 5-19 所示。除了具有一般便携式数据采集器的优点外,还有在线式数据采集器的优点。它与计算机的通信是通过无线电波来实现的,可以把现场采集到的数据实时传输给计算机。相比普通便携式数据采集器又更进一步地提高了操作人员的工作效率,使数据从原来的本机校验、保存转变为远程控制、实时传输。

无线式数据采集器可以直接通过无线网络和 PC、服务器进行实时数据通信,数据实时性强,效率高。

2. 无线数据采集器的产品硬件技术特点

无线数据采集器的产品硬件技术特点与便携式的要求一致,包括 CPU、内存、屏幕显示、输入设备和输出设备等。除此之外,比较关键的就是无线通信机制。无线便携数据采集器采用了 802.11b 的直频技术。每个无线数据采集器都是一个自带 IP 地址的网络节点,通过无线的登录点(AP),实现与网络

图 5-19　某型号无线数据
采集器

系统的实时数据交换。无线数据终端在无线 LAN 网中相当于一个无线网络节点,它的所有数据都必须通过无线网络与服务器进行交换。

无线数据采集器与计算机系统的连接基本上采用 4 种方式。

1) 终端仿真(Telnet)连接

在这种方式下,无线数据采集器本身不需要开发应用程序。只是通过 Telnet 服务登录到应用服务器上,远程运行服务器上面的程序。在这种方式下工作,由于大量的终端仿真控制数据流在无线采集器和服务器之间交换,通信效率相对会低一些。但是由于在数据采集器上无须开发应用程序,在系统更新升级方面会相对简单容易。

2) 传统的 Client/Server(C/S)结构

这种方式的系统也分为两部分,即客户端—无线数据终端和服务端—数据交换服务器。这种情况下,客户端和服务端都需要开发相应的程序。但这两端的程序并不是完全独立的,由于数据实时交互传输,同时可能有多台数据终端与服务端进行数据传输,这时服务端必须知道每个数据终端发出的具体作业请求是什么,这就需要建立一个客户端和服务端之间的消息互通约定表,这样服务端才能在多线程数据处理过程中应对自如。

这种方式下工作,数据采集器与通信服务器之间只需要交换采集的数据信息,数据量小,通信的效率相应的较高。像便携式数据采集器一样,每台无线数据采集器都要安装应用程序,对于后期的应用升级显得较麻烦。

3) Browse/Server (B/S)结构

在无线数据采集器上面内嵌浏览器,通过 HTTP 协议与应用服务器进行数据交换。目前这种方式在 PC 上运用比较多,但在无线数据终端上还很少应用,它必须使用浏览器,通过 HTTP 协议与服务器进行数据交换。这种方式对无线数据采集器的系统要求较高,基于

WinCE 平台下面有内置的浏览器支持。

4) 多种系统共存

在实际使用过程中可能会有多种无线应用系统共存的情况,既有同一公司使用多个无线系统,也有不同公司使用不同的无线。只要通过简单的网络设置就完全可以使不同系统之间完全独立运行而互不干扰。

在应用无线数据采集器时,具体采用何种方式进行应该根据实际的应用情况而定。

5.3.4　数据终端的程序功能

数据终端的应用程序一般分为两种。一种是厂商在数据终端出厂时就随机附带的应用程序,一般这种程序具有很强的通用性,但功能方面比较简单,无法满足一些有特殊需求的用户;而另一种是软件开发商根据用户的实际需要进行特定编制开发的,充分考虑了用户操作使用的方便性、灵活性、高效性和可靠性。

1. 数据终端程序的基本功能

数据终端的基本功能有用户登录、数据采集、数据传输、数据删除和系统管理等功能。

用户登录主要是为了验证操作员的合法身份,以便在正常登录后将所有该操作人员的操作记录到数据库中,做到责任到人。

数据采集功能包含众多操作流程,如盘点、收货、入库、移库、发货、损益等。将商品的条码通过扫描装置读入,查询数据库商品信息库后将商品的名称、规格和单价等信息显示在屏幕上,然后对商品的数量直接进行确认或通过键盘录入,再将数据实时传输到数据库中。

数据删除是将操作错误的数据从数据库中删除。当然这个功能是需要一定权限的。

系统管理主要是为了让用户检查当前网络状态以及更改网络设置而设立的模块。

2. 数据终端程序的优势

数据终端程序的最大优势就是减少人工操作中的差错和提高操作人员的工作效率,使原先需要人工输入和人工校验的过程转化为自动识别输入和自动数据核对、校验的过程。

1) 单据校验

由于实际使用时在数据库中的单据信息不止一个,所以这就需要在操作中输入单据号加以区分。

2) 商品重复校验

在数据采集的过程中,可能会遇到同一种商品重复读入的情况,如收货时同一商品重复收货,商品盘点时不同货架中有相同的商品。这就需要在重复读入的时候给予提示,以使操作人员确认当前的操作是否正确有效。对于重复收货可采取数量覆盖形式,对于盘点可提示已盘点的数量,并可将同一商品的盘点数量自动累加后保存,其他方式的物流可采用相应的处理方法。

3）数量校验

在数据采集过程中，数量输入的正确性尤为重要。这就需要数据终端在第一时间校验输入数量的正确性。

4）清晰的操作界面提示

数据终端屏幕采用全部简体中文显示，菜单式操作，每一环节都有明确的操作提示，操作人员只需简单培训就可轻松掌握操作原理和步骤。

5.3.5　数据采集器的应用场合

由于条码的识别具有快速、准确和易于操作等特点，在各个物流环节中都引入条码，采用应用计算机系统与数据采集器的结合方式可以方便、准确地完成商品流通的相关管理。

1. 数据采集器在仓储及配送中心中的应用

（1）商品的入库验收（收货）。

（2）商品的出库发货。

（3）库存盘点。

2. 数据采集器在移动销售领域中的应用——移动 POS

随着现代商业业态的发展和消费方式的不断改变，一种新颖的销售方式——移动销售应运而生，如网站的 B2B、B2C 销售。而配合移动销售的移动 POS 系统将庞大的收银系统浓缩在数据采集器和微型红外打印机上，方便携带，功能强大，使用灵活简单，随时随地可完成商品销售情况的记录、金额的结算和凭证的打印。

3. 数据采集器在邮政、速递行业中的应用

采用数据采集器管理所有速递信件和物品可以高效可靠地完成工作。无论是收入还是发出的信件和物品，操作员都可以在客户现场使用无线数据采集器通过无线 WAN 网将扫描登记的信息第一时间传输到总部服务器中，这样整个物品运转的速度就大大地提高了。

邮件速递数据采集系统是一个稳定的、可扩展的、易于维护的便携式条码采集器数据采集系统，它全面提升了传统邮件速递邮件揽收和处理模式。

数据采集器在各个领域的应用已十分广泛，它的发展前景是十分广阔的，特别是无线数据采集器。从发展趋势来看，数据采集器已不仅仅局限于某个领域的使用，Wince 操作平台的数据终端必将占据主导地位，并且具有多种接口的数据采集器也将逐步受到用户的青睐。

5.4　条码识读设备的选型和应用

5.4.1　条码识读器的选择

不同的应用场合对识读设备有不同的要求,用户必须综合考虑,以达到最佳的应用效果。在选择识读设备时,应考虑以下几个方面。

1) 与条码符号相匹配

条码扫描器的识读对象是条码符号,所以在条码符号的密度、尺寸等已确定的应用系统中,必须考虑扫描器与条码符号的匹配问题。例如,对于高密度条码符号,必须选择高分辨率的扫描器。当条码符号的长度尺寸较大时,必须考虑扫描器的最大扫描尺寸。当条码符号的高度与长度尺寸比值较小时,最好不选用光笔,以避免造成人工扫描的困难。如果条码符号是彩色的,一定得考虑扫描器的光源,最好选用波长为 633 nm 的红光,否则可能造成对比度不足而给识读带来困难。

2) 首读率

首读率是条码应用系统的一个综合指标。要提高首读率,除了要提高条码符号的质量外,还要考虑扫描设备的扫描方式等因素。在手动操作时首读率并非特别重要,因为重复扫描会补偿首读率低的缺点。但对于一些无人操作的应用环境,则要求首读率为 100%,否则会出现数据丢失等现象。为此最好选择移动光束式扫描器,以便在短时间内有几次扫描机会。

3) 工作空间

不同的应用系统都有不同的特定的工作空间,所以对扫描器的工作距离及扫描景深有不同的要求。一些日常办公条码应用系统对工作距离及扫描景深的要求不高,选用光笔、CCD 扫描器这两种较小扫描景深和工作距离的设备即可满足要求。而对于一些仓库、储运系统,大都要求离开一段距离扫描条码符号,要求扫描器的工作距离较大,所以要选择有一定工作距离的扫描器,如激光枪等。对于某些扫描距离变化的场合,则需要扫描景深大的扫描设备。

4) 接口要求

应用系统的开发,首先是确定硬件系统环境,而后才涉及条码识读器的选择问题,这就要求所选识读器的接口要符合该系统的整体要求。通用条码识读器的接口方式有串行通信接口和键盘接口两种。

5) 性价比

条码识读器由于品牌不同,功能不同,价格也存在着很大的差别。因此我们在选择识读器时,一定要注意产品的性能价格比,应本着能够满足应用系统的要求且价格较低的原则选购。

　　扫描设备的选择不能只考虑单一指标,应根据实际情况作全面考虑。

　　零售领域的识读设备选择,最重要的是注意扫描速度和分辨率,而景深并不是关键因素。因为当景深加大时,分辨率会大大降低。

　　适用的激光扫描器应当是高扫描速度、固定景深范围内很高的分辨率。激光扫描器的价格较高,同时因为内部有马达或振镜等活动部件,耐用性能会打折扣。

　　与激光阅读器相比,CCD 阅读器有很多优点。它的价格比激光阅读器便宜,同时因为内部没有可移动部件,又比激光式扫描器更加结实耐用,同样有阅读条码的密度广泛,容易使用的优点。比较新型的 CCD 的阅读景深已经能够很好地满足商业流通业的使用要求。

5.4.2　条码识读器的应用

　　商品零售领域使用的条码多为一维条码。大多数的条码识读设备均可以识读此类条码。条码在零售领域的主要应用环节包括收货、入库、出库、点仓、查价、销售和盘点。这些环节都要应用到相应的识读设备。

　　(1) 收货、入库、出库。这些环节员工手持无线手提终端,通过无线网与主机连接的无线手提终端上已有此次要收的货品名称、数量和货号等资料,通过扫描货物自带的条码,确认货号,再输入此货物的数量,无线手提终端上便可马上显示此货物是否符合订单的要求。

　　(2) 点仓。点仓是仓库部门最重要也是最必要的一道工序。仓库部员工手持无线手提终端(通过无线网与主机连接的无线手提终端上已经有各货品的货号、摆放位置和具体数量等资料)扫描货品的条码,确认货号,确认数量。所有的数据都会通过无线网实时地传送到主机。

　　(3) 查价。查价是零售中的一项烦琐的任务。因为货品经常会有特价或调整的时候,混乱也容易发生,所以工作人员手提无线手提终端,腰挂小型条码打印机,按照无线手提终端上的主机数据检查货品的变动情况,对应变而还没变的货品,马上通过无线手提终端连接小型条码打印机打印更改后的全新条码标签,贴于货架或货品上。

　　(4) 销售。销售一项是超市的命脉,主要是通过 POS 系统对产品条码的识别而体现等价交换。

　　(5) 盘点。盘点是超市收集数据的重要手段,也是零售领域中必不可少的工作。工作人员通过无线手提终端得到主机上的指令,按指定的路线和顺序清点货品。然后不断把清点资料传输回主机,盘点期间根本不影响销售工作的正常进行。

　　条码识读器在使用时会出现不能读取条码的情况,常见的原因有以下几种。

　　(1) 没有打开识读这种条码的功能。

　　(2) 条码符号不符合规范。例如,空白区尺寸过小,条和空的对比度过低,条和空的宽窄比例不合适等。

（3）工作环境光线太强，感光器件进入饱和区。

（4）条码表面覆盖有透明材料，反光度太高。虽然眼睛可以看到条码，但是条码识读器识读条件严格，不能识读。

（5）硬件故障。这种情况需要和经销商联系对识读器进行维修。

5.5　实训项目

【知识目标】

1. 熟悉条码设备的应用。

2. 体会不同码制的应用特点和应用场景。

【技能目标】

1. 掌握各种条码设备的安装、设置和使用。

2. 体会各种条码设备对不同码制条码应用。

【实训设备】

条码扫描枪（CCD 或激光）、某型号便携式数据采集器、相应网络环境、相应硬件环境及实训条码标签。

【实训内容】

项目一　常用条码识读器操作

1. 常用条码识读器的安装

条码识读器按照接口方式可分为键盘口、串口、USB 口。

键盘接口的条码识读器属于即插即用型，接入即可使用，串口和 USB 接口的条码识读器连接计算机后需安装驱动的程序方可使用。

2. 常用的条码识读设备

用常用的条码识读设备（CCD 扫描器、激光扫描器、扫描平台）扫描识读常见的一维条码。

可结合信息管理系统（如物流一体化系统、POS 系统等）进行识读操作。

项目二　数据采集器的操作

1. 便携式数据采集器的使用

便携式数据采集器通过红外扫描商品条码，将产品信息批量采集到设备中，采用数据线方式将数据传输到服务器，由后台进行处理。具有高效、快捷、可靠的优势。

其数据采集软件包括采集器内嵌程序和数据传递程序两部分组成，共同实现数据的采集和传递。

使用时，可结合信息管理系统（如物流一体化系统）和安装相应的数据传递程序进行操作。通常的操作步骤如下所述。

（1）按照设备说明书将便携式数据采集器与计算机相连。

（2）参数设置。设置"远程主机地址"，即装载软件的服务器的地址，保存配置。

（3）下载数据。

（4）数据终端单据录入。

（5）数据终端数据上传。

2. 无线数据采集器的使用

无线数据采集器的产品硬件技术特点与便携式的要求一致，包括 CPU、内存、屏幕显示、输入设备、输出设备等。除此之外，比较关键的就是无线通信机制。每个无线数据采集器都是一个自带 IP 地址的网络节点，通过无线的登录点（AP），实现与网络系统的实时数据交换。无线数据终端在无线 LAN 网中相当于一个无线网络节点，它的所有数据都必须通过无线网络与服务器进行交换。

在使用无线数据采集器之前，须对设备进行初始设置，其他功能设置请参考设备详细的使用说明书，这里主要对实训相关项进行设置。

1）设备位置的设定，即将设备联入局域网

如 DT-X10 无线数据采集器，其操作方法如下：

打开设备后，选择"start"菜单下的"settings-control panel"选项，双击"built inwire"，选择"level5"，勾选"wirelessLAN ON"，再单击"OK"按钮。

双击"network and dial-up connections"，选择"NETWLAN1"选项，再选择"IP Address"，手工输入赋予无线采集器的 IP 地址，同理设置"Name servers"。

在"Wireless network"中任选一项，单击"configure"，再单击右上角的"OK"按钮，局域网设置完毕。

2）与计算机相连

因为无线数据采集器除了可以充当条码识读器的作用外，还可以连入网络，充当掌上电脑的角色。

连接方法如下：

双击 IE 浏览器，键入装了物流信息系统（如物流一体化系统）软件的服务器的地址，如 http://192.168.0.1:88/rf。

注意："192.168.0.1"是服务器的 IP 地址，"88"是服务器的端口号，"rf"是设备的默认设置。

（3）具体实景操作

具体实景操作包括出库、入库、盘点等操作。

项目三　调研

到卖场、仓库调研数据采集器的使用情况。

【实训报告】

撰写总结报告。

【注意事项】

1. 安装、演示、实操中注意学生和教师人身安全。

2. 安装、分解、演示,注意非正常操作造成的设备损害。

3. 设备精密、体积较小,注意保管、搬运和使用中设备安全。

4. 实训结束,恢复实训室初始状态。

5. 保持环境卫生。

第6章　条码技术标准在零售中的应用

【教学目标】

目标分类	目标要求
能力目标	1. 能够熟练操作销售时点信息系统(POS)软件及相关设备
	2. 能够对企业的零售商品代码进行编码方案的设计
	3. 能够运用本节知识分析零售企业在使用条码中的常见问题并提出解决方案
	4. 能够根据使用要求选择适合的条码识读设备
	5. 能正确使用国家有关技术标准
知识目标	1. 熟记零售商品代码的编码原则,掌握编码方法
	2. 理解商品条码符号的二进制表示
	3. 掌握商品条码符号的质量要求
素养目标	1. 自我学习能力
	2. 综合应用能力

【理论知识】

6.1　医疗卫生领域商品条码案例

医疗卫生产品的生产和分销与其他行业产品类似,包括原材料采购,产品加工生产、包装,通过直销或经批发商、零售商、医疗机构流向最终用户的整个供应链过程。为了确保医疗卫生产品从生产厂商高效、安全地传递到患者,完善监督管理机制,提高供应链的管理水平,对供应链中原材料、产品和患者的信息进行管理,实现产品和信息的可追溯,已成为我国医疗卫生体系建设的中心工作。

GS1 系统作为一种开放的、多环节、多领域应用的全球统一商务语言,能为贸易项目、物流单元、资产、位置和服务提供全球唯一的标识,能够提高供应链管理效率和透明度,提高对客户的反应能力,降低管理成本,实现物流各个环节的信息共享。它在医疗卫生供应链各个环节的应用,可以带来以下好处:

（1）提高对产品和原材料跟踪的可靠性。

（2）减少供应链合作伙伴之间的摩擦，并能有效协调订单、收据和发票。

（3）避免信息处理和标识的重复投入。

（4）在产品准备、运送和接收环节中节省时间。

（5）改善可追溯性能，提高患者安全。

（6）确定产品召回目标，提高产品召回管理效率。

（7）提升可靠性并优化库存。

（8）改善医疗服务质量。

（9）实现数据自动记录，确保信息与追溯的质量。

医疗卫生产品生产企业商品条码的应用流程如图 6-1 所示。

图 6-1　医疗卫生产品生产企业商品条码的应用流程

1）申请厂商识别代码

中国物品编码中心是厂商识别代码的唯一受理机构，医疗卫生产品生产企业需要厂商识别代码时，可以到所在地区的编码分支机构进行申请。

2）编制产品项目代码、计算校验码、产品信息备案

取得厂商识别代码的企业，负责本企业医疗卫生产品项目代码的编制，保证编码的唯一性，项目代码也可由中国物品编码中心负责编制。校验码可通过一定的算法计算获得或条码专用软件自动生成，详见相关条码国家标准。企业获得产品标识代码后，应按前文所述规则将产品标识代码分配给相应产品，并在中国商品信息服务平台上进行产品信息备案。

3）选择合适条码符号

企业应根据代码编制和包装形式选择合适的条码符号，零售医疗卫生产品一般选择 EAN/UPC 条码符号。

4）条码尺寸设计

条码尺寸用放大系数或窄单元宽度（X 尺寸）表示，企业根据产品外包装的大小或预留条码标签空间的大小，以及条码符号的印刷条件，选择相应的放大系数或窄单元宽度，条码尺寸的设计应符合相关国家标准的规定。EAN/UPC 条码的放大系数为 0.80～2.00，ITF-14

窄单元宽度为 0.495～0.66 mm。如图 6-2 和图 6-3 所示。

图 6-2　EAN-13、EAN-8 条码符号尺寸示意图(放大系数为 1.00)(单位：mm)

图 6-3　ITF-14 条码符号尺寸示意图

5) 条码颜色设计

颜色设计是指条码符号的颜色搭配要满足光学特性的要求,通常白色作底,黑色作条是最理想的颜色搭配。

6) 条码位置设计

参照本书第 6 章 6.3.3 小节中条码符号的放置相关内容。

7) 印刷或打印条码

批量制作条码时应选择印刷方式,现场制作或小批量、多品种的条码制作应选用条码打印设备打印。

8) 条码维护管理

企业应指派专人负责条码的维护管理,按国家商品条码管理规定进行续展、变更、医疗卫生产品信息备案、注销等。

9) 条码的应用

对产品批号、生产日期或有效期的管理是国家医疗卫生产品生产和销售管理的特殊要求。医疗卫生产品生产企业可利用 SSCC 对原材料进行数量控制,通过原材料包装上的 GTIN 及附加信息代码标识对原材料进行到货管理,并登记其生产日期和生产批号。

产品下线包装后企业为产品分配 GTIN,创建产品的生产批号,并标识相应的条码, GTIN 可以采用 EAN-13 或 EAN-8,也可采用"GTIN+生产批号、有效期等附加信息代码"

形式。

同时建立产品生产批号与所用原材料之间的联系,对产品的储运、物流单元分别分配 EAN-14(或 EAN-13)和 SSCC,对产品进行库存、销售管理,实现产品的去向跟踪和信息追溯。

6.2　零售商品应用条码技术标准要求

6.2.1　基本术语

零售商品应用条码基本术语主要有如下几个。

1) 商品条码(bar code for commodity)

由一组规则排列的条、空及其对应代码组成,表示商品代码的条码符号,包括零售商品、储运包装商品、物流单元和参与方位置等的代码与条码标识。

2) 零售商品(retail commodity)

零售业中,根据预先定义的特征而进行定价、订购或交易结算的任意一项产品或服务。

3) 零售商品代码(identification code for retail commodity)

零售业中,标识商品身份的唯一代码,具有全球唯一性。

4) 前缀码(GS1 prefix)

商品代码的前 3 位数字,由国际物品编码协会(GS1)统一分配。

5) 放大系数(magnification factor)

条码实际尺寸与模块宽度(X 尺寸)为 0.330mm 的条码尺寸的比值。

6.2.2　编码标准

1. 代码结构

零售商品代码的结构包括 13 位代码结构、8 位代码结构、12 位代码结构及消零压缩代码结构。

1) 13 位代码结构

中国大陆地区的 13 位零售商品代码是由厂商识别代码、商品项目代码、校验码三部分组成,其代码由 GS1 系统、中国物品编码中心以及系统成员共同编写完成,主要编码分配模式如图 6-4 所示。

13 位数字代码按照厂商申请的厂商识别代码位数的不同共有 4 种结构形式,见表 6-1。

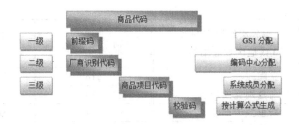

图 6-4　零售商品编码分配模式图

表 6-1　13 位代码结构

结构种类	厂商识别代码	商品项目代码	校验码
结构一	$X_{13} X_{12} X_{11} X_{10} X_9 X_8 X_7$	$X_6 X_5 X_4 X_3 X_2$	X_1
结构二	$X_{13} X_{12} X_{11} X_{10} X_9 X_8 X_7 X_6$	$X_5 X_4 X_3 X_2$	X_1
结构三	$X_{13} X_{12} X_{11} X_{10} X_9 X_8 X_7 X_6 X_5$	$X_4 X_3 X_2$	X_1
结构四	$X_{13} X_{12} X_{11} X_{10} X_9 X_8 X_7 X_6 X_5 X_4$	$X_3 X_2$	X_1

（1）厂商识别代码。厂商识别代码由 7～10 位数字组成，依法取得营业执照和相关合法经营资质证明的生产者、销售者和服务提供者，可以申请注册厂商识别代码，中国物品编码中心负责分配和管理。

厂商识别代码的前 3 位代码为前缀码，国际物品编码协会已分配给中国物品编码中心的前缀码为 690～699，其中 690、691 采用表 6-1 中的结构一，692～696 采用结构二，697 采用结构三，698、699 未启用，国际物品编码协会已分配给国家（或地区）编码组织的前缀码见表 6-2。

表 6-2　GS1 已分配给国家（地区）编码组织的前缀码

前　缀　码	编码组织所在国家（或地区）/应用领域	前　缀　码	编码组织所在国家（或地区）/应用领域
000～019		387	波黑
030～039	美国	389	黑山共和国
060～139		400～440	德国
020～029		450～459	日本
040～049	店内码	490～499	
200～299		460～469	俄罗斯
050～059	优惠券	470	吉尔吉斯斯坦
300～379	法国	471	中国台湾
380	保加利亚	474	爱沙尼亚
383	斯洛文尼亚	475	拉脱维亚
385	克罗地亚	476	阿塞拜疆

续表

前　缀　码	编码组织所在国家 （或地区）/应用领域	前　缀　码	编码组织所在国家 （或地区）/应用领域
477	立陶宛	618	象牙海岸
478	乌兹别克斯坦	619	突尼斯
479	斯里兰卡	621	叙利亚
480	菲律宾	622	埃及
481	白俄罗斯	624	利比亚
482	乌克兰	625	约旦
484	摩尔多瓦	626	伊朗
485	亚美尼亚	627	科威特
486	格鲁吉亚	628	沙特阿拉伯
487	哈萨克斯坦	629	阿拉伯联合酋长国
488	塔吉克斯坦	640～649	芬兰
489	中国香港特别行政区	690～699	中国
500～509	英国	700～709	挪威
520～521	希腊	729	以色列
528	黎巴嫩	730～739	瑞典
529	塞浦路斯	740	危地马拉
530	阿尔巴尼亚	741	萨尔瓦多
531	马其顿	742	洪都拉斯
535	马耳他	743	尼加拉瓜
539	爱尔兰	744	哥斯达黎加
540～549	比利时和卢森堡	745	巴拿马
560	葡萄牙	746	多米尼加
569	冰岛	750	墨西哥
570～579	丹麦	754～755	加拿大
590	波兰	759	委内瑞拉
594	罗马尼亚	760～769	瑞士
599	匈牙利	770～771	哥伦比亚
600～601	南非	773	乌拉圭
603	加纳	775	秘鲁
604	塞内加尔	777	玻利维亚
608	巴林	778～779	阿根廷
609	毛里求斯	780	智利
611	摩洛哥	784	巴拉圭
613	阿尔及利亚	786	厄瓜多尔
615	尼日利亚	789～790	巴西
616	肯尼亚	800～839	意大利

续表

前　缀　码	编码组织所在国家 (或地区)/应用领域	前　缀　码	编码组织所在国家 (或地区)/应用领域
840～849	西班牙	896	巴基斯坦
850	古巴	899	印度尼西亚
858	斯洛伐克	900～919	奥地利
859	捷克	930～939	澳大利亚
860	南斯拉夫	940～949	新西兰
865	蒙古	950	GS1 总部
867	朝鲜	951	GS1 总部(产品电子代码)
868～869	土耳其	960～969	GS1 总部(缩短码)
870～879	荷兰	955	马来西亚
880	韩国	958	中国澳门特别行政区
884	柬埔寨	977	连续出版物
885	泰国	978～979	图书
888	新加坡	980	应收票据
890	印度	981～983	普通流通券
893	越南	990～999	优惠券

注：以上数据截至 2016 年 11 月。

(2) 商品项目代码。商品项目代码由 2～5 位数字组成,一般由厂商编制,也可由中国物品编码中心负责编制。

不难看出,由 3 位数字组成的商品项目代码有 00～99 共 100 个编码容量,可以标识 100 种商品。同理,由 3 位数字组成的商品项目代码可以标识 1 000 种商品,由 4 位数字组成的商品项目代码可标识 10 000 种商品,而由 5 位数字组成的商品项目代码则可以标识多达 100 000 种商品。

(3) 校验码。校验码为 1 位数字,用于检验整个编码的正误。校验码的计算方法见表 6-3。

表 6-3 13 位代码校验码的计算方法示例

步　　骤	举　例　说　明													
自右向左顺序编号	位置序号	13	12	11	10	9	8	7	6	5	4	3	2	1
	代码	6	9	0	1	2	3	4	5	6	7	8	9	X_1
(1) 从序号 2 开始求出偶数位上 　　数字之和①	$9+7+5+3+1+9=34$											①		
(2) ①×3＝②	$34\times3=102$											②		

步　　骤	举 例 说 明	
(3) 从序号 3 开始求出奇数位上数字之和③	$8+6+4+2+0+6=26$	③
(4) ②+③=④	$102+26=128$	④
(5) 用大于或等于结果④且为 10 的整数倍的最小数减去④,其差即为所求校验码的值	$130-128=2$ 校验码 $X_1=2$	

2) 8 位代码结构

8 位代码由前缀码、商品项目代码和校验码三部分组成,其结构见表 6-4。

表 6-4　8 位代码结构

前缀码	商品项目代码	校验码
$X_8 X_7 X_6$	$X_5 X_4 X_3 X_2$	X_1

(1) 前缀码。$X_8 X_7 X_6$ 是前缀码,国际物品编码协会已分配给中国物品编码中心的前缀码为 690～699。

(2) 商品项目代码。$X_5 X_4 X_3 X_2$ 是商品项目代码,由 4 位数字组成。中国物品编码中心负责分配和管理。

(3) 校验码。X_1 是校验码,为 1 位数字,用于检验整个编码的正误。校验码的计算方法为在 X_8 前补足 5 个“0”后按照 13 位代码计算。

8 位的零售商品代码留给商品项目代码的空间极其有限。以前缀码位 690 为例,只有 4 位数字可以用于商品项目的编码,即只可以标识 10 000 种商品。因此如非确有必要,8 位的零售商品代码应当慎用。8 位代码的使用条件在后面的内容中将予以说明。

在我国由中国物品编码中心对于 8 位的零售商品代码进行统一分配,以确保代码在全球范围内的唯一性,厂商不得自行分配。

3) 12 位代码结构

12 位的代码可以用 UPC-A 和 UPC-E 两种商品条码的符号来表示。UPC-A 是 12 位代码的条码符号表示,UPC-E 是特定条件下将 12 位代码消“0”后得到的 8 位代码的符号表示。

需要指出的是,当产品出口到北美地区并且客户指定时,企业才需要申请使用 12 位代码。中国厂商如需申请 12 位商品代码,需经中国物品编码中心统一办理。

其代码由厂商识别代码、商品项目代码和校验码组成的 12 位数字组成,其结构如下:

$$X_{12} \quad X_{11} \; X_{10} \; \underline{X_9} \; \underline{X_8} \; \underline{X_7} \; \underline{X_6} \; \underline{X_5} \; \underline{X_4} \; \underline{X_3} \; \underline{X_2} \; \underline{X_1}$$

厂商识别代码和商品项目代码 —— └—— 校验码

（1）厂商识别代码。厂商识别代码是统一代码委员会(GS1 US)分配给厂商的代码，由左起 6～10 位数字组成。其中 X_{12} 为系统字符，其应用规则见表 6-5。

表 6-5　系统字符应用规则

系 统 字 符	应 用 范 围	系 统 字 符	应 用 范 围
0,6,7	一般商品	4	零售商店内码
2	商品变量单元	5	代金券
3	药品及医疗用品	1,8,9	保留

（2）商品项目代码。商品项目代码由厂商编码，由 1～5 位数字组成，编码方法与 13 位代码相同。

（3）校验码。校验码为 1 位数字，在 X_{12} 前补上数字"0"后按照 13 位代码结构校验码的计算方法计算。

4）消零压缩代码结构

消零压缩代码是将系统字符为 0 的 12 位代码进行消零压缩所得的 8 位数字代码，消零压缩方法见表 6-6。其中，$X_8 \cdots X_2$ 为商品项目识别代码，X_8 为系统字符，取值为 0；X_1 为校验码，校验码为消零压缩前 12 位代码的校验码。

表 6-6　12 位代码转换为消零压缩代码的压缩方法

12 位代码				消零压缩代码	
厂商识别代码		商品项目代码	校验码 X_1	商品项目代码	校验码
X_{12}（系统字符）	$X_{11} \, X_{10} \, X_9 \, X_8 \, X_7$	$X_6 \, X_5 \, X_4 \, X_3 \, X_2$			
0	$X_{11} \, X_{10} \, 0 \, 0 \, 0$ $X_{11} \, X_{10} \, 1 \, 0 \, 0$ $X_{11} \, X_{10} \, 2 \, 0 \, 0$	$0 \, 0 \, X_4 \, X_3 \, X_2$	X_1	$0 \, X_{11} \, X_{10} \, X_4 \, X_3 \, X_2 \, X_9$	X_1
	$X_{11} \, X_{10} \, 3 \, 0 \, 0$ … $X_{11} \, X_{10} \, 9 \, 0 \, 0$	$0 \, 0 \, 0 \, X_3 \, X_2$		$0 \, X_{11} \, X_{10} \, X_9 \, X_3 \, X_2 \, 3$	
	$X_{11} \, X_{10} \, X_9 \, 1 \, 0$ … $X_{11} \, X_{10} \, X_9 \, 9 \, 0$	$0 \, 0 \, 0 \, 0 \, X_2$		$0 \, X_{11} \, X_{10} \, X_9 \, X_8 \, X_2 \, 4$	
	无 0 结尾（$X_7 \neq 0$）	$0 \, 0 \, 0 \, 0 \, 5$ … $0 \, 0 \, 0 \, 0 \, 9$		$0 \, X_{11} \, X_{10} \, X_9 \, X_8 \, X_7 \, X_2$	

2. 代码的编制原则

零售商品代码是一个统一的整体,在商品流通过程中应整体应用。编制零售商品代码时,应遵守以下基本原则。

1)唯一性原则

相同的商品分配相同的商品代码,基本特征相同的商品视为相同的商品。

不同的商品应分配不同的商品代码,基本特征不同的商品视为不同的商品。

通常情况下,商品的基本特征包括商品名称、商标、种类、规格、数量和包装类型等产品特性。企业可根据所在行业的产品特征以及自身的产品管理需求为产品分配唯一的商品代码。

2)无含义性原则

零售商品代码中的商品项目代码不表示与商品有关的特定信息,也就是说既与商品本身的基本特征无关,也与厂商性质、所在地域和生产规模等信息无关,零售商品代码与商品是一种人为的捆绑关系。这样有利于充分利用一个国家(地区)的厂商代码空间。

通常情况下,厂商在申请厂商代码后编制商品项目代码时,最好使用无含义的流水号。这样可以最大限度地利用商品项目代码的编码容量。

3)稳定性原则

零售商品代码一旦分配,若商品的基本特征没有发生变化,就应保持不变。这样有利于生产和流通各环节的管理信息系统数据保持一定的连续性和稳定性。

一般情况下,对于商品项目的基本特征发生了明显的重大变化时,就必须分配一个新的商品代码。但是,对于某些行业,比如医药保健业,哪怕是产品的成分只发生了微小的变化,也必须分配不同的代码。

根据国际惯例,不再生产的产品,其商品代码自厂商将最后一批商品发送之日起,至少4年内不能重新分配给其他商品项目。对于服装类的商品,最低期限可为两年半。不过,即使商品已不在供应链中流通,由于要保存历史资料,也需要在数据库中较长时间地保留它的商品代码。

3. 代码的编制

1)独立包装的单个零售商品代码的编制

独立包装的单个零售商品是指单独的、不可再分的独立包装的零售商品。其商品代码的编制通常采用 13 位代码结构。当商品的包装很小,符合以下 3 种情况任意之一时,可申请采用 8 位代码结构:

(1)13 位代码的条码符号的印刷面积超过商品标签最大表面面积的 1/4 或全部可印刷面积的 1/8。

(2)商品标签的最大表面面积小于 40 cm² 或全部可印刷面积小于 80 cm²。

（3）产品本身是直径小于 3cm 的圆柱体时。

2）组合包装的零售商品代码的编制

（1）标准组合包装的零售商品代码的编制。标准组合包装的零售商品是指由多个相同的单个商品组成的标准的、稳定的组合包装的商品。其商品代码的编制通常采用 13 位代码结构，但不应与包装内所含单个商品的代码相同。

（2）混合组合包装的零售商品代码的编制。混合组合包装的零售商品是指由多个不同的单个商品组成的标准的、稳定的组合包装的商品。其商品代码的编制通常采用 13 位代码结构，但不应与包装内所含商品的代码相同。

如果商品是一个稳定的组合单元，其中每一部分都有其相应的零售商品代码。任意一个组合单元的零售商品代码发生变化，或者组合单元的组合有所变化，都必须分配一个新的零售商品代码。

如果组合单元变化微小，其零售商品代码一般不变。但如果需要对商品实施有效的订货、营销或者跟踪，就必须对其进行分类标识，另行分配商品代码。例如，针对某一特定代理区域的促销，某一特定时期的促销品，或者使用不同语言进行包装的促销品。

某一产品的新变体取代原产品，消费者已经从变化中认为两者截然不同，这时就必须给新产品分配一个不同于原产品的零售商品代码。

3）变量零售商品代码的编制

变量零售商品的代码用于商店内部或其他封闭系统中的商品消费单元。其商品代码的选择见 GB/T 18283—2008。

6.2.3　条码表示标准

1. 码制

零售商品代码的条码表示采用 ISO/IEC 15420 中定义的 EAN/UPC 条码码制。EAN/UPC 条码共有 EAN-13、EAN-8、UPC-A、UPC-E 4 种结构。

2. EAN/UPC 条码的符号结构

1）EAN-13 条码的符号结构

EAN-13 条码由左侧空白区、起始符、左侧数据符、中间分隔符、右侧数据符、校验符、终止符、右侧空白区及供人识别字符组成，如图 6-5 和图 6-6 所示。

（1）左侧空白区。左侧空白区位于条码符号最左侧的与空的反射率相同的区域，其最小宽度为 11 个模块宽。

（2）起始符。起始符位于条码符号左侧空白区的右侧，表示信息开始的特殊符号，由 3 个模块组成。

图 6-5 EAN-13 条码的符号结构

图 6-6 EAN-13 条码符号构成示意图

（3）左侧数据符。左侧数据符位于起始符右侧,表示 6 位数字信息的一组条码字符,由 42 个模块组成。

（4）中间分隔符。中间分隔符位于左侧数据符的右侧,是平分条码字符的特殊符号,由 5 个模块组成。

（5）右侧数据符。右侧数据符位于中间分隔符右侧,表示 5 位数字信息的一组条码字符,由 35 个模块组成。

（6）校验符。校验符位于右侧数据符的右侧,表示校验码的条码字符,由 7 个模块组成。

（7）终止符。终止符位于条码符号校验符的右侧,表示信息结束的特殊符号,由 3 个模块组成。

（8）右侧空白区。右侧空白区位于条码符号最右侧的与空的反射率相同的区域,其最小宽度为 7 个模块宽。为确保右侧空白区的宽度,可在条码符号右下角加">"符号,">"符号的位置如图 6-7 所示。

（9）供人识别字符。供人识别字符位于条码符号的下方与条码相对应的 13 位数字。

图 6-7　EAN-13 条码符号右侧空白区中"＞"的位置

供人识别字符优先选用 GB/T 12508—1990 中规定的 OCR-B 字符集；字符顶部和条码字符底部的最小距离为 0.5 个模块宽。

2) EAN-8 条码的符号结构

EAN-8 条码由左侧空白区、起始符、左侧数据符、中间分隔符、右侧数据符、校验符、终止符、右侧空白区及供人识别字符组成，如图 6-8 和图 6-9 所示。

图 6-8　EAN-8 条码符号结构

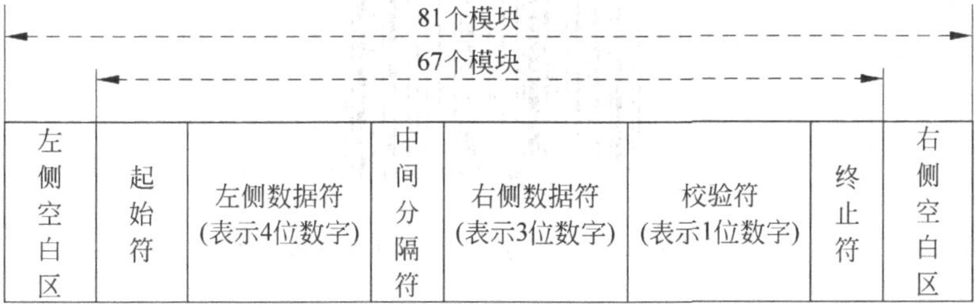

左侧空白区	起始符	左侧数据符（表示4位数字）	中间分隔符	右侧数据符（表示3位数字）	校验符（表示1位数字）	终止符	右侧空白区

图 6-9　EAN-8 条码符号构成示意图

　　EAN-8 条码的起始符、中间分隔符、校验符、终止符的结构同 EAN-13 条码。

　　EAN-8 条码的左侧空白区与右侧空白区的最小宽度均为 7 个模块宽。为了确保左、右侧空白区的宽度,可在条码符号左下角加"＜"符号,在条码符号右下角加"＞"符号,"＜"和"＞"符号的位置如图 6-10 所示。

图 6-10　EAN-8 条码符号空白区中"＜""＞"的位置

　　左侧数据符表示 4 位数字信息,由 28 个模块组成。

　　右侧数据符表示 3 位数字信息,由 21 个模块组成。

　　供人识别字符与条码相对应的 8 位数字,位于条码符号的下方。

　　3) UPC-A 和 UPC-E 条码的符号结构

　　UPC-A 条码左、右侧空白区最小宽度均为 9 个模块宽,其他结构与 EAN-13 商品条码相同,如图 6-11 所示。UPC-A 供人识别字符中第一位为系统字符,最后一位是校验字符,它们分别被放在起始符与终止符的外侧。而且,表示系统字符和校验字符的条码字符的条高与起始符、终止符和中间分隔符的条高相等。

图 6-11　UPC-A 条码的符号结构

UPC-E 条码由左侧空白区、起始符、数据符、终止符、右侧空白区及供人识别字符组成，如图 6-12 所示。

图 6-12 UPC-E 条码的符号结构

UPC-E 条码的左侧空白区、起始符的模块数同 UPC-A 条码。终止符为 6 个模块宽，右侧空白区最小宽度为 7 个模块宽，数据符为 42 个模块宽。

3. EAN/UPC 条码的二进制表示

EAN/UPC 条码字符集包括 A 子集、B 子集和 C 子集。每个条码字符由两个"条"和两个"空"构成。每个"条"或"空"由 1～4 个模块组成，每个条码字符的总模块数为 7。用二进制"1"表示"条"的模块，用二进制"0"表示"空"的模块，如图 6-13 所示。条码字符集可表示 0～9 共 10 个数字字符。EAN/UPC 条码字符集的二进制表示见表 6-7。

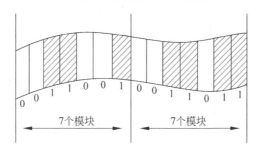

图 6-13 条码字符的构成

表 6-7 EAN/UPC 条码字符集的二进制表示

数字字符	A 子集	B 子集	C 子集
0	0001101	0100111	1110010
1	0011001	0110011	1100110
2	0010011	0011011	1101100
3	0111101	0100001	1000010

续表

数字字符	A 子集	B 子集	C 子集
4	0100011	0011101	1011100
5	0110001	0111001	1001110
6	0101111	0000101	1010000
7	0111011	0010001	1000100
8	0110111	0001001	1001000
9	0001011	0010111	1110100

1) EAN-13 条码的二进制表示

(1) 起始符、终止符。起始符、终止符的二进制表示都为"101",如图 6-14(a)所示。

(2) 中间分隔符。中间分隔符的二进制表示为"01010",如图 6-14(b)所示。

(3) EAN-13 条码的数据符及校验符。13 代码中左侧的第一位数字为前置码。左侧数据符根据前置码的数值选用 A、B 子集,见表 6-8。

（a）　　　　　（b）

图 6-14　EAN/UPC 条码起始符、终止符、中间分隔符示意图

（a）起始符、终止符；（b）中间分隔符

表 6-8　左侧数据符 EAN/UPC 条码字符集的选用规则

前置码数值	EAN-13 左侧数据符商品条码字符集					
	代码位置序号					
	12	11	10	9	8	7
0	A	A	A	A	A	A
1	A	A	B	A	B	B
2	A	A	B	B	A	B
3	A	A	B	B	B	A
4	A	B	A	A	B	B
5	A	B	B	A	A	B
6	A	B	B	B	A	A
7	A	B	A	B	A	B
8	A	B	A	B	B	A
9	A	B	B	A	B	A

示例：确定一个 13 位代码 6901234567892 的左侧数据符的二进制表示。

① 根据表 6-8 可查得：前置码为"6"的左侧数据符所选用的商品条码字符集依次排列

为 ABBBAA。

② 根据表 6-7 可查得：左侧数据符"901234"的二进制表示，见表 6-9。

表 6-9　前置码为"6"时左侧数据符的二进制表示示例

左侧数据符	9	0	1	2	3	4
条码字符集	A	B	B	B	A	A
二进制表示	0001011	0100111	0110011	0011011	0111101	0100011

右侧数据符及校验符均用 C 子集表示。

2）EAN-8 条码的数据符及校验符

左侧数据符用 A 子集表示，右侧数据符和校验符用 C 子集表示。

3）UPC-A 和 UPC-E 条码的二进制表示

UPC-A 条码的二进制表示同前置码为 0 的 EAN-13 条码的二进制表示。

UPC-E 条码起始符的二进制表示与 UPC-A 相同，终止符的二进制表示为"010101"，如图 6-15 所示。

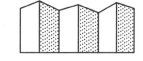

图 6-15　UPC-E 条码终止符示意图

每个数据符用二进制表示时，选用 A 子集或 B 子集取决于校验码的数值，见表 6-10。UPC-E 条码中系统字符（X_8）和校验码（X_1）不用条码字符表示。

表 6-10　UPC-E 条码数据符条码字符集的选用规则

校验码数值	条码字符集					
	代码位置序号					
	7	6	5	4	3	2
0	B	B	B	A	A	A
1	B	B	A	B	A	A
2	B	B	A	A	B	A
3	B	B	A	A	A	B
4	B	A	B	B	A	A
5	B	A	A	B	B	A
6	B	A	A	A	B	B
7	B	A	B	A	B	A
8	B	A	B	A	A	B
9	B	A	A	B	A	B

6.3　零售商品条码符号标准

6.3.1　条码符号的设计

1. 尺寸

模块是构成条码符号的最小单元。当放大系数为 1.00 时,EAN/UPC 条码的模块宽度为 0.330 mm。

当放大系数为 1.00 时,EAN/UPC 条码字符集中每个字符的各部分尺寸如图 6-16 所示。

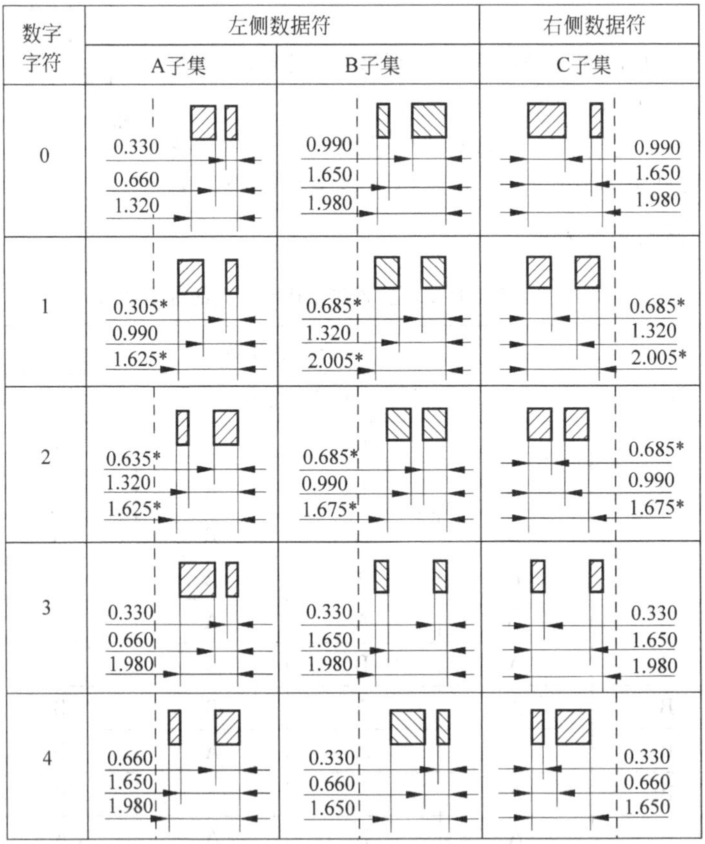

数字字符	左侧数据符		右侧数据符
	A 子集	B 子集	C 子集
0	0.330 / 0.660 / 1.320	0.990 / 1.650 / 1.980	0.990 / 1.650 / 1.980
1	0.305* / 0.990 / 1.625*	0.685* / 1.320 / 2.005*	0.685* / 1.320 / 2.005*
2	0.635* / 1.320 / 1.625*	0.685* / 0.990 / 1.675*	0.685* / 0.990 / 1.675*
3	0.330 / 0.660 / 1.980	0.330 / 1.650 / 1.980	0.330 / 1.650 / 1.980
4	0.660 / 1.650 / 1.980	0.330 / 0.660 / 1.650	0.330 / 0.660 / 1.650

图 6-16　条码字符的尺寸(单位:mm)

注:＊表示对 1、2、7、8 条码字符条空的宽度尺寸进行了适当调整。

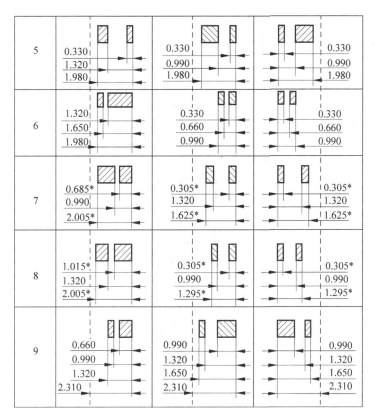

图 6-16　（续）

条码字符 1、2、7、8 的条空宽度应进行适当调整，调整量为一个模块宽度的 1/13，见表 6-11。

表 6-11　条码字符 1、2、7、8 条空宽度的调整量　　　　单位：mm

字符值	A 子集		B 子集或 C 子集	
	条	空	条	空
1	−0.025	+0.025	+0.025	−0.025
2	−0.025	+0.025	+0.025	−0.025
7	+0.025	−0.025	−0.025	+0.025
8	+0.025	−0.025	−0.025	+0.025

当放大系数为 1.00 时，EAN-13 条码的左右侧空白区最小宽度分别为 3.63 mm 和 2.31 mm，EAN-8 条码的左、右侧空白区最小宽度均为 2.31 mm。

当放大系数为 1.00 时，EAN 条码起始符、中间分隔符、终止符的尺寸如图 6-17 所示。

当放大系数为 1.00 时，供人识别字符的高度为 2.75 mm。

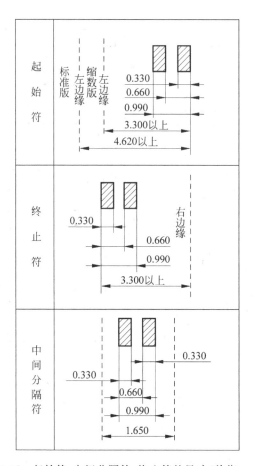

图 6-17　起始符、中间分隔符、终止符的尺寸(单位：mm)

当放大系数为 1.00 时，EAN-13、EAN-8、UPC-A 和 UPC-E 条码的符号尺寸分别如图 6-18～图 6-21 所示。

图 6-18　EAN-13 条码符号尺寸示意图(单位：mm)

图 6-19　EAN-8 条码符号尺寸示意图（单位：mm）

图 6-20　UPC-A 商品条码尺寸示意图（单位：mm）

图 6-21　UPC-E 条码尺寸示意图（单位：mm）

2. 条码符号的颜色搭配

条码识读设备是通过条码符号中条、空对光反射率的对比来实现识读的。不同颜色对光的反射率不同。一般来说，浅色的反射率较高，可作为空色，如白色、黄色等；深色的反射率较低，可作为条色，如黑色、深蓝色等。

商品条码要求条与空的颜色反差越大越好，最理想的颜色搭配为白色作空、黑色作条。

条码符号的条空颜色选择可以参考表 6-12。

表 6-12　条码符号条空颜色搭配参考表

序号	空色	条色	能否采用	序号	空色	条色	能否采用
1	白	黑	√	17	红	深棕	√
2	白	蓝	√	18	黄	黑	√
3	白	绿	√	19	黄	蓝	√
4	白	深棕	√	20	黄	绿	√
5	白	黄	×	21	黄	深棕	√
6	白	橙	×	22	亮绿	红	×
7	白	红	×	23	亮绿	黑	×
8	白	浅棕	×	24	暗绿	黑	×
9	白	金	×	25	暗绿	蓝	×
10	橙	黑	√	26	蓝	红	×
11	橙	蓝	√	27	蓝	黑	×
12	橙	绿	√	28	金	黑	×
13	橙	深棕	√	29	金	橙	×
14	红	黑	√	30	金	红	×
15	红	蓝	√	31	深棕	黑	×
16	红	绿	√	32	浅棕	红	×

注1："√"表示能采用;"×"表示不能采用。

注2:此表仅供条码符号设计者参考。

在进行条码符号的颜色搭配时,一般要注意以下一些原则。

(1)条空宜采用黑白颜色搭配。这样可以获得最大的对比度,是最安全的颜色搭配。

(2)当所使用条码扫描设备发出的扫描光为红色时,红色不能用作条码符号中的条色。由于红光照射到红色的条时,会获得最高的反射率,也就无法保证条空之间的对比度,从而影响对条码的识读。

(3)对于透明或半透明的印刷载体,应禁用与其包装内容物相同的颜色作为条色。此时可以采用在印条码的条色前,先印一块白色的底色作为条码的空色,然后再印刷条色的方式予以解决。

(4)当装潢设计的颜色与条码设计的颜色发生冲突时,应以条码设计的颜色为准,改动装潢设计颜色。

(5)慎用金属材料做印刷载体。金属表面往往容易形成镜面反射,从而影响条码的识读。可以采取打毛或者印刷底色的方法来解决条码在金属载体上的印刷。

6.3.2　条码符号选用

1. 13 位编码的条码选用

13 位编码的零售商品代码采用 EAN-13 的条码符号表示。

2. 8 位编码的条码选用

8 位编码的零售商品代码采用 EAN-8 的条码符号表示。

3. 12 位编码的条码选用

12 位代码用 UPC-A 条码表示,消零压缩代码用 UPC-E 条码表示。

6.3.3　条码符号的放置

通常,条码符号只要在印刷尺寸和光学特性方面符合标准的规定就能够被可靠识读。但是,如果将通用商品条码符号印刷在食品、饮料和日用杂品等商品的包装上,我们便会发现,条码符号的识读效果在很多情况下受印刷位置的影响。因此,选择适当的位置印刷条码符号,对于迅速可靠地识读商品包装上的条码符号、提高商品管理和销售扫描结算效率非常重要。

1. 执行标准

商品条码符号位置可参阅国家标准 GB/T 14257—2002。其中确立了商品条码符号位置的选择原则,还给出了商品条码符号放置的指南。适用于商品条码符号位置的设计。

2. 条码符号位置选择原则

1）基本原则

条码符号位置的选择应以符号位置相对统一、符号不易变形及便于扫描操作和识读为准则。

2）首选位置

商品包装正面是指商品包装上主要明示商标和商品名称的一个外表面。与商品包装正面相背的商品包装的一个外表面定义为商品包装背面。首选的条码符号位置宜在商品包装背面的右侧下半区域内。

3）其他的选择

商品包装背面不适宜放置条码符号时,可选择商品包装另一个适合的面也就是右侧下半区域放置条码符号。但是对于体积较大或笨重的商品,条码符号不应放置在商品包装的底面。

4）边缘原则

条码符号与商品包装邻近边缘的间距不应小于 8 mm 或大于 102 mm。

5）方向原则

（1）通则。商品包装上条码符号宜横向放置,如图 6-22（a）所示。横向放置时,条码符号的供人识别字符应为从左至右阅读。在印刷方向不能保证印刷质量或者商品包装表面曲率及面积不允许的情况下,应该将条码符号纵向放置,如图 6-22(b)所示。纵向放置时,条码符号供人识别字符的方向宜与条码符号周围的其他图文相协调。

(2) 曲面上的符号方向。

在商品包装的曲面上将条码符号的条平行于曲面的母线放置条码符号时,条码符号表面曲度 θ 应不大于 30°,如图 6-23 所示。可使用的条码符号放大系数最大值与曲面直径有关。条码符号表面曲度大于 30°,应将条码符号的条垂直于曲面的母线放置,如图 6-24 所示。

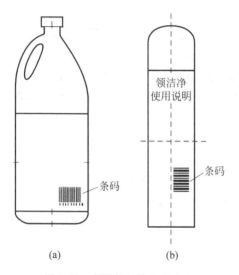

图 6-22　条码符号放置的方向

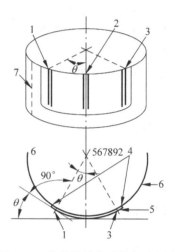

图 6-23　条码符号表面曲度示意图

1——第一个条的外侧边缘;2——中间分隔符两条的正中间;
3——最后一个条的外侧边缘;4——左、右空白区的外边缘;
5——条码符号;6——包装的表面;θ——条码符号表面曲度

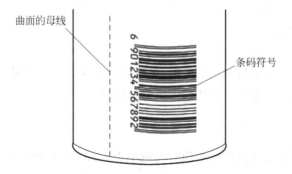

图 6-24　条码符号的条与曲面的母线垂直

6）避免选择的位置

不应把条码符号放置在有穿孔、冲切口、开口、装订钉、拉丝拉条、接缝、折叠、折边、交叠、波纹、隆起、褶皱、其他图文和纹理粗糙的地方。

不应把条码符号放置在转角处或表面曲率过大的地方。

不应把条码符号放置在包装的折边或悬垂物下边。

6.3.4　条码符号质量的要求和评价

1. 条码符号质量要求

条码符号的质量要求体现在 4 个方面。

（1）代码结构要求。

（2）唯一性要求。

（3）符号要求。

这三方面的要求在前面已经有阐述，这里不再重复。

（4）条码符号的等级要求。零售商品条码的符号等级不得低于 1.5/06/670。其中，1.5 为符号等级值，06 为测量孔径标号（测量孔径为 0.15 mm），670 nm 为测量光波长，其允许偏差为 ±10 nm。

符号等级 1.5/06/670 是对零售商品条码符号的最低质量要求，但由于商品在包装、储存和装卸等过程中商品条码易受损毁，使符号等级降低，因此建议零售商品条码的印制质量等级不低于 2.5/06/670。关于符号等级的确定，将在下面予以说明。

2. 条码符号质量评价

1）评价方法

零售商品条码符号质量的评价方法采用 GB/T 18348—2008 规定的反射率曲线分析综合分级法。

反射率曲线是采用符合规定的检测仪器，对条码反射率进行测量后绘制出来的。扫描反射率曲线可以是存放在存储器中的数据形式，也可以是可供人观察的形式，如图 6-25 所示。

2）质量参数

（1）参考译码。参考译码是描述按照 GB/T 18348—2008 规定的程序用指定的参考译码算法确定零售商品条码符号所表示数据过程的参数。参考译码的检测和分级见 GB/T 18348—2008。

（2）可译码度。可译码度是依据指定参考译码算法评定的、条码符号条空尺寸偏差测

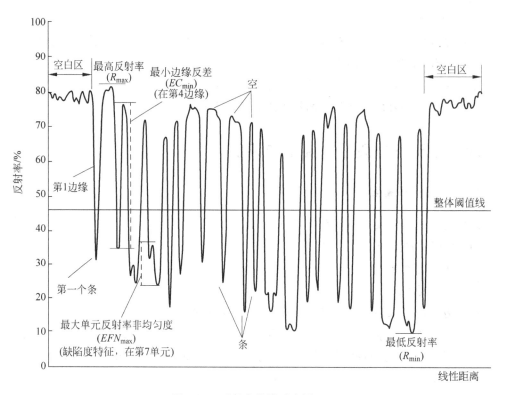

图 6-25　反射率曲线示意图

量值与最大允许偏差值接近的程度。零售商品条码符号可译码度的检测方法、计算公式和分级见 GB/T 18348—2008。

（3）光学特性。条码符号的光学特性参数包括最低反射率(R_{min})、符号反差(SC)、最小边缘反差(EC_{min})、调制比(MOD)和缺陷度(defects)。光学特性参数的检测和分级见 GB/T 18348—2008。

（4）空白区宽度。零售商品条码符号左、右空白区的宽度应分别不小于 GB/T 18348—2008 规定的左、右空白区最小宽度(单位：mm,保留小数点后一位)。空白区宽度大于或等于允许的最小宽度,等级评定为 4。空白区宽度小于允许的最小宽度,等级评定为 0。

（5）符号等级。零售商品条码的符号等级依据译码、可译码度、光学特性和空白区宽度的等级进行评定,评定方法见 GB/T 18348—2008。

3.　判定规则

商品条码的质量符合前述要求的,等级判定为合格。

6.4　商品二维条码标准

6.4.1　主要术语

商品二维码的主要术语有如下几个：

1) 二维条码(two dimensional bar code)

在二维方向上表示信息的条码符号。

2) 商品二维条码(two dimensional code for commodity)

用于标识商品及商品特征属性、商品相关网址等信息的二维条码。

3) 应用标识符(application identifier)

标识数据含义与格式的字符，由 2～4 位数字组成，一般用英文缩写 AI 表示。

6.4.2　数据结构标准

商品二维条码的数据结构分为编码数据结构、国家统一网址数据结构、厂商自定义网址数据结构 3 种。

1. 编码数据结构

1) 编码数据结构的组成

编码数据结构由一个或多个取自表 6-13 中的单元数据串按顺序组成。每个单元数据串由 GS1 应用标识符(AI)和 GS1 应用标识符(AI)数据字段组成。扩展数据项的 GS1 应用标识符和 GS1 应用标识符数据字段取自商品二维码国家标准附录 A 内容中的表 A.1。其中，全球贸易项目代码单元数据串为必选项，其他单元数据串为可选项。

2) 全球贸易项目代码单元数据串

全球贸易项目代码单元数据串由 GS1 应用标识符"01"以及应用标识符对应的数据字段组成，应作为第一个单元数据串出现。全球贸易项目代码数据字段由 14 位数字代码组成，包含包装指示符、厂商识别代码、项目代码和校验码，厂商识别代码、项目代码和校验码的分配和计算见国家标准 GB 12904—2008。

3) 批号单元数据串

批号单元数据串由 GS1 应用标识符"10"以及商品的批号数据字段组成。批号数据字段为厂商定义的字母数字字符串，长度可变，最大长度为 20 个字节，可包含商品二维码国家标准附录 A 内容中的表 B.1 中除"％,＆,/,＜,＞,?"之外的所有字符。

表 6-13　　商品二维条码的单元数据串

单元数据串名称	GS1 应用标识符(AI)	GS1 应用标识符(AI)数据字段的格式	可选/必选
全球贸易项目代码	01	N_{14} [a]	必选
批号	10	$X..20$ [b]	可选
系列号	21	$X..20$	可选
有效期	17	N_6	可选
扩展数据项 [c]	AI(见商品二维码国家标准附录 A 内容中的表 A.1)	对应 AI 数据字段的格式	可选
包装扩展信息网址	8200	遵循 RFC1738 协议中关于 URL 的规定	可选

[a] N：数字字符；

[a] N_{14}：14 个数字字符,定长；

[b] $X^{注}$：表 B.1 中的任意字符；

[b] $X..20$：最多 20 个表 B.1 中的任意字符,变长；

[c] 扩展数据项：用户可以从商品二维码国家标准附录 A 内容中的表 A.1 选择 1 个、2 个或者 3 个单元数据串,表示产品的其他扩展信息。

注：商品二维码的单元数据串不允许使用字符"%,&,/,<,>,?"。

4) 系列号单元数据串

系列号单元数据串由 GS1 应用标识符"21"以及商品的系列号数据字段组成。系列号数据字段为厂商定义的字母数字字符,长度可变,最大长度为 20 个字节,可包含商品二维码国家标准附录 A 内容中的表 B.1 中除"%,&,/,<,>,?"之外的所有字符。

5) 有效期单元数据串

有效期单元数据串由 GS1 应用标识符"17"以及商品的有效期数据字段组成。有效期数据字段为 6 位长度固定的数字,由年(取后 2 位)、月(2 位)和日(2 位)按顺序组成。

6) 扩展数据项单元数据串

扩展数据项单元数据串取自商品二维码国家标准附录 A 内容中的表 A.1,用户可从商品二维码国家标准附录 A 内容中的表 A.1 中选择 1 个、2 个或者 3 个单元数据串,表示产品的其他扩展信息。

7) 包装扩展信息网址单元数据串

包装扩展信息网址单元数据串由 GS1 应用标识符"8200"以及对应的包装扩展信息网址数据字段组成。包装扩展信息网址数据字段为厂商授权的网址,遵循 RFC1738 协议中的相关规定。

8) 基于编码数据结构的商品二维条码示例

(1) 示例 1。

假设某商品二维条码的编码信息字符串为：

(01) 06901234567892(10)A1000B0000(21)C510319021010083826

采用 Data Matrix 码的 GS1 模式,得到的商品二维条码符号如图 6-26 所示。采用 QR 码的 FNC1 模式编码,纠错等级均设置为 L 级(7%),得到的商品二维条码符号如图 6-27 所示。

图 6-26　Data Matrix 商品二维条码示例 1　　　　　图 6-27　QR 商品二维条码示例 1

注:编码数据结构示例 1 中的应用标识符(例如,"01""10""21"等)两侧的括号不是标识符的一部分,不会像标识符一样存储在二维条码中,它们的设置只便于标准的使用者区分编码信息字符串中的应用标识符。

(2)示例 2。

假设某一商品有产品变体需要使用编码数据结构中的扩展数据项进行标识。查询商品二维码国家标准附录 A 内容中的表 A.1 获取产品变体的 AI 和 AI 对应的数据格式分别为 20 和 N2。

假设商品二维条码的编码信息字符串为:

(01) 06901234567892(20)01(8200)http://www.2dcode.org

采用 Data Matrix 码的 GS1 模式,得到的商品二维条码符号如图 6-28 所示。采用 QR 码的 FNC1 模式编码,纠错等级均设置为 L 级(7%),得到的商品二维条码符号如图 6-29 所示。

图 6-28　Data Matrix 商品二维条码示例 2　　　　　图 6-29　QR 商品二维条码示例 2

2. 国家统一网址数据结构

国家统一网址数据结构由国家二维条码综合服务平台服务地址、全球贸易项目代码和标识代码三部分组成。国家二维条码综合服务平台地址为 http://2dcode.org/ 和 https://2dcode.org/;全球贸易项目代码为 16 位数字代码;标识代码为国家二维条码综合服务平台通过对象网络服务(OWS)分配的唯一标识商品的代码,最大长度为 16 个字节,见表 6-14。数据结构遵循 URI 格式。

表 6-14　国家统一网址数据结构

国家二维码综合服务平台服务地址	全球贸易项目代码	标 识 代 码
http://2dcode.org/ https://2dcode.org/	AI+全球贸易项目代码数据字段 如:0106901234567892	长度可变,最长 16 个字节

假设某商品的完整信息服务地址为:http://www.example.com/goods.aspx?base_id=F25F56A9F703ED74E5252A4F154A7C3519BF58BE64D26882624E28E935292B86BD357045。

通过国家二维条码综合服务平台 OWS 服务得到商品二维条码编码为:

http://2dcode.org/0106901234567892OXjVB3。

采用汉信码编码,纠错等级设置为 L2(15%),得到的商品二维条码符号如图 6-30 所示。

图 6-30　汉信码商品二维条码示例 1

3. 厂商自定义网址数据结构

1) 厂商自定义网址数据结构组成

厂商自定义网址数据结构由厂商或厂商授权的网络服务地址、必选参数和可选参数 3 部分依次连接而成,连接方式由厂商确定,应遵循 URI 格式,具体定义及有关格式见表 6-15。

表 6-15　厂商自定义网址数据结构

网络服务地址	必 选 参 数		可 选 参 数
http://example.com/ https://example.com/	全球贸易项目代码查询关键字"gtin"	全球贸易项目代码数据字段	取自商品二维码国家标准附录 A 中的表 A.1 的一对或多对查询关键字与对应数据字段的组合

注:example.com 仅为示例。

2) 必选参数

必选参数由查询关键字"gtin"以及全球贸易项目代码两部分组成,两部分之间应以 URI 分隔符分隔。

3) 可选参数

可选参数由取自商品二维码国家标准附录 A 中的表 A.1 的一对或多对查询关键字与对应 AI 数据字段的组合组成,组合之间应以 URI 分隔符分隔。每对组合由查询关键字和对应的 AI 数据字段两部分组成,两部分之间应以 URI 分隔符分隔。

6.4.3　商品二维条码的信息服务标准

1. 编码数据结构的信息服务

在终端对商品二维条码进行扫描识读时,应对二维条码承载的信息进行解析,对于商品二维条码数据中包含的每一个单元数据串,根据解析出的 AI,查找商品二维码国家标准附录 A 中的表 A.1 获取单元数据串名称和对应 AI 数据字段传输给本地的商品信息管理系统。

在终端对商品二维条码进行扫描识读时,应对二维条码承载的信息进行解析,对于商品二维条码数据中包含的每一个单元数据串,根据解析出的 AI,查找商品二维码国家标准附录 A 中的表 A.1 获取单元数据串名称和对应 AI 数据字段传输给本地的商品信息管理系统。单元数据串名称和相应 AI 数据字段之间用“:”分隔,不同单元数据串的信息分行显示。

示例:

某商品二维条码中的编码信息字符串为:

(01)06901234567892(10)A1000B0000(21)C51031902101083826

在终端扫描该商品二维条码后获得的编码信息格式为:

全球贸易项目代码: 06901234567892

批号: A1000B0000

系列号: C51031902101083826

2. 国家统一网址数据结构的信息服务

国家二维条码综合服务平台为商品分配唯一标识代码,国家二维条码综合服务平台服务地址与标识代码连接构成商品二维条码,与商品的完整信息服务地址对应。在终端扫描商品二维条码时,访问国家二维条码综合服务平台的 OWS 信息服务,获得商品的完整信息服务地址。

国家二维条码综合服务平台的 OWS 生成服务是为厂商自定义的商品完整信息服务地址分配唯一的标识代码。具体的生成流程如下面的步骤:

(1) 用户指定商品的完整信息服务地址。

(2) 国家二维条码综合服务平台为商品分配标识代码。

(3) 服务地址与标识代码组合成商品二维条码。

示例:

用户指定商品的完整信息服务地址为:

http://www.example.com/goods.aspx?base_id＝F25F56A9F703ED74E5252A4F154 A7C3519BF58BE64D26882624E28E935292B86BD357045，用户通过访问国家二维条码综合服务平台调用 OWS 生成服务，得到唯一标识代码：0106901234567892OXjVB3，国家二维条码综合服务平台将商品二维条码返回用户，用户将商品二维条码印制在商品的外包装上：http://2dcode.org/0106901234567892OXjVB3。

3. 厂商自定义网址数据结构的信息服务

在终端对商品二维条码进行扫描识读时，链接厂商或厂商授权的商品二维条码网络服务地址，获取商品二维条码信息页面。

4. 基于厂商自定义网址数据结构商品二维条码示例

假设商品二维条码的编码信息字符串为：

http://www.example.com/gtin/06901234567892/bat/Q4D593/ser/32a。

图 6-31　汉信码商品二维条码示例 2

采用汉信码编码，纠错等级设置为 L2（15％），得到的商品二维条码符号如图 6-31 所示。

在终端进行商品二维条码的扫描识读，链接商品二维条码网络服务，获取商品二维条码信息页面。具体的解析流程如下：

（1）终端读取标签中的编码。例如：

http://www. example. com/gtin/06901234567892/bat/Q4D593/ser/32a。

（2）与服务地址 http://www.example.com 进行通信，获取商品二维条码信息页面。

6.4.4　商品二维条码的符号及质量要求标准

1. 码制

商品二维条码应采用汉信码、快速响应矩阵码（简称 QR 码）、数据矩阵码（Data Matrix 码）等具有 GS1 或 FNC1 模式，且具有国家标准或国际 ISO 标准的二维条码码制。其中，编码数据结构在进行二维条码符号表示时，应选用码制的 GS1 模式或者 FNC1 模式进行编码。

2. 商品二维条码的尺寸

商品二维条码符号大小应根据编码内容、纠错等级、识读装置与系统、标签允许空间等因素综合确定,如有必要,需要进行相关的适应性实验确定。最小模块尺寸不宜小于 0.254mm。

3. 商品二维条码符号位置

商品二维条码位置选择基本原则与商品条码一致,见 GB/T 14257—2009。此外,商品二维条码位置选择需要遵循以下原则:

(1) 同一厂家生产的同一种商品的标识位置一致。

(2) 标识位置的选择应保证标识符号不变形、不被污损。

(3) 标识位置的选择应便于扫描、易于识读。

4. 商品二维条码中的图形位置

(1) 无图形标识。如图 6-32 所示。

(2) 在商品二维条码周围加上图形标识,图形标识由用户自由选择,一般选择与商品相关的品牌图形标识,如图 6-33 所示。在保证符号不影响识读的情况下,建议用户结合外包装和放置界面,选择合适的图案大小。避免图案过大,导致符号印制面积过大;图案过小,消费者无法辨认等情况。

(3) 在商品二维条码中间加上图形标识,图形标识由用户自由选择,一般选择与商品相关的品牌图形标识,如图 6-34 所示。中间图形标识的大小根据二维条码符号的纠错等级决定,纠错等级越高,允许中间图案占整个二维条码符号的比例越大。

图 6-32　商品二维条码示例 1　　图 6-33　商品二维条码示例 2　　图 6-34　商品二维条码示例 3

5. 商品二维条码符号质量要求

1) 商品二维条码符号质量等级

商品二维条码符号的质量等级不宜低于 1.5/XX/660。其中:1.5 是符号等级值;XX 是测量孔径的参考号(应用环境不同,测量孔径大小选择不同);660 是测量光波长,单位为 nm,允许偏差±10nm。

2) 商品二维条码符号的印制质量测试要求

商品二维条码符号的质量等级应依据 GB/T 23704—2009、相应码制标准以及本标准的符号质量要求对商品二维条码符号进行检测。

6.5　商品条码办理标准程序

企业根据需求可进行商品条码的申请、续展和变更,随着互联网技术的发展,三项业务均可以登录中国物品编码中心网站自行办理,办理流程如下。

1. 商品条码申请程序

1) 申请使用商品条码的程序

企业可以通过网上或编码中心各地的分支机构窗口办理注册手续,网上办理地址: http://mis.ancc.org.cn/anccoh/。

应当填写《中国商品条码系统成员注册登记表》,出示营业执照或相关合法经营资质证明并提供复印件。

企业应按照编码中心规定的收费标准交纳有关费用。

通过注册的,中心向企业颁发《中国商品条码系统成员证书》。

中心将对企业及其注册的厂商代码予以公告。

2) 申请使用 UPC 条码的程序

申请注册 UPC 条码的程序与申请注册和使用中国商品条码厂商识别代码相同,但要填写中、英文申请书各一份。

如企业制造的商品主要销往北美地区,且外商特别提出要在商品上印刷 UPC 条码,则企业应申请 UCC 厂商识别代码(UCC 是美国统一代码委员会的英文缩写,它推行的通用产品代码即 UPC 码,在美国、加拿大普遍应用)。

审查合格后,由"中心"与 UCC 联系,办理登记手续。

中心将 UCC 分配给企业的厂商识别代码及有关资料经中心的分支机构寄发申请企业,特殊情况下,也可直接寄给申请企业。

企业要求使用 UPC 条码,应申请加入 UCC,成为它的会员。

获得 UCC 厂商识别代码的中国企业,视为中国商品条码系统成员,并由"中心"颁发证书。

商品条码申请程序如图 6-35 所示。

2. 商品条码续展程序

为了提升对中国商品条码系统成员的服务质量,提高系统成员续展业务的办理效率,凡具备互联网访问、网银支付等条件的系统成员,可通过编码中心网上业务大厅在线提交厂商识别代码续展业务申请。系统成员(企业)具体操作步骤如图 6-36 所示。

图 6-35 商品条码申请程序

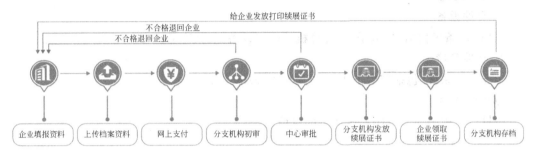

图 6-36 商品条码续展程序

3. 商品条码变更程序

商品条码或系统成员(企业)变更的具体操作步骤如图 6-37 所示。

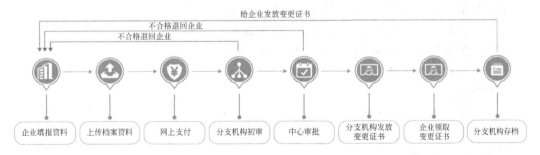

图 6-37 商品条码变更程序

6.6 实训项目

【知识目标】

了解 EAN-13 条码的二进制表示及符号。

了解商品条码系统成员的概念,掌握办理商品条码系统成员证的方法。

理解 POS 系统的管理理念,通过系统实训理解卖场管理系统是集进、销、调、存于一体的商业管理信息系统。

通过基础数据录入、营运管理、收银管理、财务结算和统计分析管理各子系统的模拟,了解卖场整个进销存实训的流程,掌握制定各类单据的方法,并掌握查询业务进程的方法。

【技能目标】

能独立完成商品条码系统成员的办理。

通过上机使用《卖场管理系统》来理解卖场管理的思想,了解卖场各个部门的主要业务流程和操作方法,掌握《卖场管理系统》的主要功能和主要操作。

【实训设备】

1. 硬件设备

POS 机、条码扫描器、电子秤、计算机及网络设备、货架商品。

2. 软件环境

卖场管理系统(包括前台 POS 系统和后台 MIS 系统)。

【实训内容】

项目一　中国商品条码系统成员的申请

1. 项目背景

天津市某食品生产企业拟向中国物品编码中心申请成为商品条码系统成员,请你代为该企业办理此申请业务。

企业有关资料如下:

企业名称:天津市天运食品有限公司

企业注册地址:天津市西青区西青道 888 号邮编:300110

企业办公地址:天津市西青区西青道 888 号邮编:300110

营业执照注册号(或工商注册号):2201340908085

注册地行政区划代码:120111

注册资金:200 万元

企业类别:单个生产企业

企业其他情况:企业为方便面生产的股份有限公司

2. 实训项目设计

学生根据上述企业背景资料的说明,运用网络等学习资源完成下面工作。

(1)请学生说明企业应向中国物品编码中心或其分支机构提供的资料。

(2)请学生填写《中国商品条码系统成员注册登记表》,该表可以从中国物品编码中心网站免费获取。

(3)画出申请流程图。

3. 实训成果评价

(1)学生应正确阐述企业所提交资料的项目。

（2）学生应正确填写《中国商品条码系统成员注册登记表》各项内容。

4. 实训说明

教师应向学生做注册登记表各相关项目的延伸说明，比如行政区划代码、国民经济类型代码等，由学生举一反三进行其他填写项目的含义查找和解释，增加学生有关企业经营方面的知识。

项目二　中国商品条码系统成员的续展和变更

1. 实训项目设计

（1）请学生说明企业应向中国物品编码中心或其分支机构提供的资料。

（2）请学生填写《中国商品条码系统成员续展登记表》和《中国商品条码系统成员变更登记表》，该表可以从中国物品编码中心网站免费获取。

（3）画出申请流程图。

2. 实训成果评价

（1）学生应正确阐述企业所提交资料的项目。

（2）学生应正确填写登记表各项内容。

项目三　用 Excel 制作 EAN-13 商品条码

（1）根据所学知识，分析编码 6901234567892 的二进制表示。

（2）根据 EAN-13 条码的符号结构，在 Excel 单元格填涂颜色，制作条码。

（3）用手机识读自己制作的条码。

项目四　POS 系统操作

1. 销售管理

系统的销售管理分前台 POS 收银系统和后台统计分析管理两部分，是系统"进、销、调、存"环节中使用最频繁的环节。后台的统计分析管理模块的重要功能是负责前台 POS 销售数据的收集，并对销售数据进行分析，以提供各种经营分析报表。

（1）POS 销售。

（2）日批处理任务（系统配置）。

（3）出销售报表。

2. 财务结算

系统提供准确的应付款、已付款及付款账期等管理功能，并提供方便严谨的付款业务流程。系统能向商家财务部门提供准确可靠的财务数据。付款管理分自营/联营付款录入、付款审核、自营/联营未结/已结报表、付款报告、单据查询等模块。

（1）财务结算。

（2）付款录入。

（3）付款审核。

（4）结算报表。

3. 盘点管理

系统提供了合理的库存盘点管理流程,通过定期或不定期的库存盘点作业,可以更有效地保证系统库存和实际库存的一致,同时能发现在经营过程中的丢失、库损等。系统的盘点模块通过差值修改库存、灵活的盘点范围、盘点商品选择,能最大限度地在不影响正常的营业情况下完成库存的盘点作业。商品盘点分盘点过程管理、盘点数据录入、预盘报表及盘点报表等模块。

4. POS 周边设备应用

(1) 准备实训商品条码。

(2) 按实训编码规则对实训商品编码。

(3) 准备商品磁卡。

(4) 对 POS 软件安装、设置、维护进行介绍讲解。

(5) 使用 POS 软件对商品进行进、销、存实训。

(6) 结合 POS 软件使用磁卡读写。

5. 收银结算操作

(1) 打开 POS 软件,登录 POS 软件系统。

(2) 进入系统后,操作人员可以更改口令。

(3) 进行 POS 收银操作,销售商品。

其具体的操作方法参考操作手册,另外,参照系统设定的"帮助"选项,可以掌握系统的各项快捷键的用法,使系统操作更为简单。

(4) 上传销售数据。按"Enter"键,则本日的销售数据便可上传至商场终端。建议学生在做完所有的销售操作以后执行此项操作。

(5) 收银管理。此项操作在前台收银人员将销售数据上传之后才可执行。

查询收款员的各项操作细则,包括:收款员成绩报表、取消作业统计、取消作业流水、实收金额录入、差额报表、交易流水查询。

【实训报告】

结合卖场各个部门的主要业务流程和操作方法、"卖场管理系统"的主要功能和主要操作,通过基础数据录入、营运管理、收银管理、财务结算和统计分析管理各子系统的流程操作,完成实训报告。

【注意事项】

1. 爱护设施设备。

2. 实训结束,恢复实训室初始状态。

3. 保持环境卫生。

第7章　条码技术标准在仓库管理中的应用

【教学目标】

目标分类	目标要求
能力目标	1. 能够熟练操作仓储管理信息系统软件
	2. 能应用本节内容对本节案例进行分析
	3. 能对货位、托盘、库存货物进行编码，并选择适合的条码码制
	4. 依据仓库特点选择使用条码识读器，并能够熟练使用识读器
知识目标	1. 理解条码技术在仓库管理中应用的意义，理解本节涉及的基本术语
	2. 熟记储运包装13位或14位数字代码结构，掌握不同包装形式商品的代码编制方法
	3. 掌握 EAN/UPC、ITF-14 或 UCC/EAN-128 条码特征
素养目标	总结归纳能力、沟通交流能力、信息处理能力、5S管理素养

【理论知识】

7.1　条码在仓库管理中的应用案例

1. 项目背景

A公司是一家快速发展中的制造型企业，在仓库管理方面遇到了一些困惑。

A公司的原物料种类达3 000多种，成品300多种，由7个仓库管理员分片区管理。物料收料后先用半张A4纸标记物料信息，进出库时登记料卡、填写料单，再录入到计算机的电子表格中。

随着公司规模扩大及物料数量增加，A公司物流管理的压力和风险日益增加，主要表现在由于仓库没有使用任何仓储物流软件，所有的物料记录都是由手工来登记物料的名称、数量、规格、出入库日期等信息，手工记录工作量非常大，数据的及时性和准确性完全依赖仓库管理员的工作责任心。再有,A 公司的客户基本都采用条码系统管理物料。这就要求 A 公司必须在发货前根据客户的要求打印和粘贴条码标签。手工记录数据和标签打印工作不仅效率低下,存在错误隐患,而且对公司来讲是不增值的活动,并在一定程度上影响客户关系管理。

在这种情况下,A 公司管理层聘请专家组进行专业诊断,并提出在仓库管理中全面应用条码技术。

2. 方案概述

仓储在企业的整个供应链中起着至关重要的作用,如果不能保证正确的进货和库存控制及发货,将会导致管理费用的增加,服务质量难以得到保证,从而影响企业的竞争力。

传统简单、静态的仓库管理已无法保证企业资源的高效利用。如今的仓库作业和库存控制作业已十分复杂多样化,仅靠人工记忆和手工录入,不但费时费力,而且容易出错,给企业带来巨大损失。

仓库管理条码解决方案在仓库管理中引入条码技术,对仓库的到货检验、入库、出库、调拨、移库移位、库存盘点等各个作业环节的数据进行自动化的数据采集,保证仓库管理各个作业环节数据输入的效率和准确性,确保企业及时准确地掌握库存的真实数据,合理保持和控制企业库存。通过科学的编码,还可方便地进行物品的批次、保质期等管理。

3. 条码在仓库管理中的作用

(1) 传统的仓库系统内部,一般依赖于一个非自动化的、以纸张文件为基础的系统来记录、追踪进出的货物,以人为记忆实施仓库内部的管理。对于整个仓储区而言,人为因素的不确定性,导致劳动效率低下,人力资源严重浪费。

(2) 随着库存品种及数量的增加以及出入库频率的剧增,传统的仓库作业模式严重影响正常的运行工作效率。而现有已经建立的计算机管理的仓库管理系统,随着商品流通的加剧,也难以满足仓库管理快速准确实时的要求。

(3) 条码技术在解决了仓库作业人员的数据输入的自动化的同时,实现了数据的准确传输,确保仓库作业效率,有利于充分利用有限的仓库空间。

4. 条码技术在仓库管理中的应用流程

1) 对库存品进行科学编码,并列印库存品条码标签

根据不同的管理目标(例如,要追踪单品,还是实现保质期/批次管理)对库存品进行科学编码,在科学编码的基础上,入库前列印出库存品条码标签,以便于对后续仓库作业的各个环节进行相关数据的自动化采集。

2) 对仓库的库位进行科学编码,并用条码符号加以标识,实现仓库的库位管理

对仓库的库位进行科学编码,用条码符号加以标识,并在入库时采集库存品所入的库

位,同时导入管理系统。库位管理有利于在大型仓库或多品种仓库快速定位库存品所在位置,有利于实现先进先出的管理目标及仓库作业的高效率运行。

3) 使用带有条码扫描功能的手持数据终端进行仓库管理

对于大型的仓库,由于仓库作业无法在计算机旁直接作业,可以使用手持数据终端先分散采集相关数据,再把采集的数据上载到计算机系统集中批量处理。此时给生产现场作业人员配备带有条码扫描功能的手持数据终端,进行现场的数据采集。同时在现场也可查询相关信息,在此之前会将系统中的有关数据下载到手持终端中。

4) 数据的上传与同步

将现场采集的数据上传到仓库管理系统中,自动更新系统中的数据。同时也可以将系统中更新以后的数据下载到手持终端中,以便在现场进行查询和调用。

5. 条码技术在仓库管理应用中的特点和优势

(1) 以条码技术的应用为特点,实现仓库数据收集的自动化。

(2) 利用物料的条码标识实现仓库作业的各个环节数据自动化采集,提升仓库作业尤其是仓库盘点的作业效率,提升仓库数据的准确性和及时性。

(3) 强调对物料进行科学编码,以实现不同的管理目标,如单品追踪、保质期管理、批次管理以及产品质量追溯等。

(4) 对仓库的库位进行科学编码,用条码符号加以标识,并对仓库作业的各个环节采集库位数据,同时导入管理系统。有利于在大型仓库或多品种仓库中快速定位库存品所在的位置,实现先进先出的管理目标及仓库作业的效率。

(5) 对组装出库作业进行现场数据采集,实现组装作业的需求。

(6) 使用条码设备采集出库包装作业环节的数据(包装规格/包装层次关系等数据),并在包装作业结束后列印出装箱清单,减少出错。

6. 条码技术在仓库管理应用中的效益评估

(1) 在仓库管理中应用条码技术,实现数据的自动化采集,去掉了手工书写单据和送到机房输入的步骤,能大大提高工作效率。

(2) 解决库房信息陈旧滞后的弊病。一张单据从填写、收集到键盘输入,需要一天或更长的时间。这使得生产调度员只能根据前几天甚至一周前的库存信息,为用户定下交货日期。

(3) 解决手工单据信息不准确的问题(主要是抄写错误、键入错误),从而达到提高生产率、明显改善服务质量、消除事务处理中的人工操作、减少无效劳动、消除因信息不准引起的附加库房存量、提高资金利用率等目的。

(4) 将单据所需的大量纸张文字信息转换成电子数据,简化了后期查询步骤,工作人员无须手工翻阅查找各种登记册和单据本,只需输入查询条件,计算机就会自动查到所需记录,大大提高了查询速度。另外,提高生产数据统计的速度和准确性,减轻汇总统计人员的工作难度。

7.2 储运包装条码应用技术标准要求

7.2.1 基本术语

储运包装条码应用技术基本术语有以下几个。

1) 储运包装商品(dispatch commodity)

由一个或若干个零售商品组成的用于订货、批发、配送及仓储等活动的各种包装的商品。

2) 定量零售商品(fixed measure retail commodity)

按相同规格(类型、大小、重量、容量等)生产和销售的零售商品。

3) 变量零售商品(variable measure retail commodity)

在零售过程中,无法预先确定销售单元,按基本计量单位计价销售的零售商品。

4) 定量储运包装商品(fixed measure dispatch commodity)

由定量零售商品组成的稳定的储运包装商品。

5) 变量储运包装商品(variable measure dispatch commodity)

由变量零售商品组成的储运包装商品。

7.2.2 编码标准

1. 代码结构

储运包装商品的编码采用 13 位或 14 位数字代码结构。

1) 13 位代码结构

13 位储运包装商品的代码结构与 13 位零售商品的代码结构相同,见表 7-1。

表 7-1　13 位储运包装商品的代码结构

结构种类	厂商识别代码	商品项目代码	校验码
结构一	$X_{13} X_{12} X_{11} X_{10} X_9 X_8 X_7$	$X_6 X_5 X_4 X_3 X_2$	X_1
结构二	$X_{13} X_{12} X_{11} X_{10} X_9 X_8 X_7 X_6$	$X_5 X_4 X_3 X_2$	X_1
结构三	$X_{13} X_{12} X_{11} X_{10} X_9 X_8 X_7 X_6 X_5$	$X_4 X_3 X_2$	X_1
结构四	$X_{13} X_{12} X_{11} X_{10} X_9 X_8 X_7 X_6 X_5 X_4$	$X_3 X_2$	X_1

2）14 位代码结构

储运包装商品 14 位代码结构，见表 7-2。

表 7-2　储运包装商品 14 位代码结构

储运包装商品包装指示符	内部所含零售商品代码前 12 位												校验码
V	X_{12}	X_{11}	X_{10}	X_9	X_8	X_7	X_6	X_5	X_4	X_3	X_2	X_1	C

储运包装商品包装指示符。储运包装商品 14 位代码中的第 1 位数字为包装指示符，用于指示储运包装商品的不同包装级别，取值范围为：1,2,…,8,9。其中 1～8 用于定量储运包装商品，9 用于变量储运包装商品。

内部所含零售商品代码前 12 位。储运包装商品 14 位代码中的第 2～13 位数字为内部所含零售商品代码前 12 位，是指包含在储运包装商品内的零售商品代码去掉校验码后的 12 位数字。

校验码。储运包装商品 14 位代码中的最后一位为校验码，计算方法如下。

（1）代码位置序号。代码位置序号是指包括检验码在内的，由右至左的顺序号（校验码的代码位置序号为 1）。

（2）计算步骤。校验码的计算步骤如下所述。

① 从代码位置序号 2 开始，所有偶数位的数字代码求和。

② 将步骤①的和乘以 3。

③ 从代码位置序号 3 开始，所有奇数位的数字代码求和。

④ 将步骤②与步骤③的结果相加。

⑤ 用 10 减去步骤④所得结果的个位数作为校验码（个位数为 0，校验码为 0）。

示例：代码 0690123456789C 的校验码 C 计算方法见表 7-3。

表 7-3　14 位代码的校验码计算方法

步　骤	举 例 说 明														
（1）自右向左顺序编号	位置序号	14	13	12	11	10	9	8	7	6	5	4	3	2	1
	代码	0	6	9	0	1	2	3	4	5	6	7	8	9	C
（2）从序号 2 开始求出偶数上数字之和①	9＋7＋5＋3＋1＋9＝34　　　①														
（3）①×3＝②	34×3＝102　　　②														
（4）从序号 3 开始求出奇数位上数字之和③	8＋6＋4＋2＋0＋6＝26　　　③														
（5）②＋③＝④	102＋26＝128　　　④														
（6）用 10 减去结果④所得结果的个位数作为校验码（个位数为 0，校验码为 0）	130－128＝2 校验码 C＝2														

2. 代码编制

1) 标准组合式储运包装商品

标准组合式储运包装商品是多个相同零售商品组成的标准组合包装商品。标准组合式储运包装商品的编码可以采用与其所含零售商品的代码不同的 13 位代码。编码方法详见本书第 6 章条码技术在零售业中的应用,也可参照 GB 12904—2008《商品条码零售商品编码与条码表示》。也可以采用 14 位的代码(包装指示符为 1～8),编码方法见表 7-2。

2) 混合组合式储运包装商品

混合组合式储运包装商品是多个不同零售商品组成的标准组合包装商品。这些不同的零售商品的代码各不相同。混合组合式储运包装商品可采用与其所含各零售商品的代码均不相同的 13 位代码,编码方法详见本书第 6 章条码技术在零售业中的应用,也可参照 GB 12904—2008《商品条码　零售商品编码与条码表示》。也可以采用 14 位的代码(包装指示符为 1～8),编码方法见表 7-2。

3) 变量储运包装商品

变量储运包装商品采用 14 位的代码(包装指示符为 9)。

4) 同时又是零售商品的储运包装商品

按 13 位的零售商品代码进行编码。编码方法详见本书第 6 章条码技术在零售业中的应用,也可参照 GB 12904—2008《商品条码　零售商品编码与条码表示》。

7.2.3　条码表示标准

1. 13 位代码的条码表示

采用 EAN/UPC、ITF-14 或 GS1-128 条码表示。

当储运包装商品不是零售商品时,应在 13 位代码前补"0"变成 14 位代码,采用 ITF-14 或 GS1-128 条码表示。

13 位数字代码的储运包装商品条码示例如图 7-1～图 7-3 所示。

图 7-1　表示 13 位数字代码的 EAN-13 条码示例

图 7-2　表示 13 位数字代码的 ITF-14 条码示例

图 7-3　表示 13 位数字代码的 GS1-128 条码示例

EAN/UPC 条码详见本书第 6 章条码技术在零售业中的应用。

ITF-14 条码是连续型、定长，具有自校验功能，且条、空都表示信息的双向条码。它的条码字符集、条码字符的组成与交叉 25 条码相同。交叉 25 码是在 25 条码的基础上发展起来的。

UCC/EAN-128 条码由原国际物品编码协会（EAN）和原美国统一代码委员会（UPC）共同设计。它是一种连续型、非定长、有含义的高密度、高可靠性、两种独立的校验方式的条码。

1）25 条码简介

25 条码是一种只有条表示信息的非连续型条码。每一个条码字符由规则排列的 5 个条组成，其中有两个条为宽单元，其余的条和空，字符间隔是窄单元，故称为"25 条码"。25 条码的字符集为数字字符 0～9。图 7-4 所示为表示"123458"的 25 条码结构。

图 7-4　表示"123458"的 25 条码

从图 7-4 中可以看出，25 条码由左侧空白区、起始符、数据符、终止符及右侧空白区构成。空不表示信息，宽单元用二进制的"1"表示，窄单元用二进制的"0"表示，起始符用二进制"110"表示（2 个宽单元和 1 个窄单元），终止符用二进制"101"表示（中间是窄单元，两边是宽单元）。因为相邻字符之间有字符间隔，所以 25 条码是非连续型条码。

25 条码是最简单的条码，它研制于 20 世纪 60 年代后期，1990 年由美国正式提出。这种条码只含数字 0～9，应用比较方便。当时主要用于各种类型文件处理及仓库的分类管理、标识胶卷包装及机票的连续号等。但 25 条码不能有效地利用空间，人们在 25 条码的启迪下，将条表示信息，扩展到也用空表示信息。因此在 25 条码的基础上又研制出了条、空均表示信息的交叉 25 条码。

2）交叉 25 条码简介

交叉 25 条码（interleaved 2 of 5 bar code）是在 25 条码的基础上发展起来的，由美国的 Intermec 公司于 1972 年发明的。它弥补了 25 条码的许多不足之处，不仅增大了信息容量，而且由于自身具有校验功能，还提高了可靠性。交叉 25 条码起初广泛应用于仓储及重工业领域，1987 年开始用于运输包装领域。1987 年日本引入了交叉 25 条码，用于储运单元的识别与管理。1997 年我国也研究制定了交叉 25 条码标准（GB/T 16829—1997），主要应用于运输、仓储、工业生产线、图书情报等领域的自动识别管理。

交叉 25 条码是一种条、空均表示信息的连续型、非定长、具有自校验功能的双向条码。它的字符集为数字字符 0～9。图 7-5 所示为表示"3185"的交叉 25 条码的结构。

从图 7-5 中可以看出,交叉 25 条码由左侧空白区、起始符、数据符、终止符及右侧空白区构成。它的每一个条码数据符由 5 个单元组成,其中两个是宽单元(表示二进制的"1"),3 个窄单元(表示二进制的"0")。条码符号从左到右,表示奇数位数字符的条码数据符由条组成,表示偶数位数字符的条码数据符由空组成。组成条码符号的条码字符个数为偶数。当条码字符所表示的字符个数为奇数时,应在字符串左端添加"0",如图 7-6 所示。

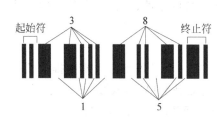

图 7-5　表示"3185"的交叉 25 条码　　　　图 7-6　表示"215"的条码(字符串左端添加"0")

起始符包括两个窄条和两个窄空。终止符包括两个条(1 个宽条、1 个窄条)和 1 个窄空。它的字符集为数字字符 0~9,字符的二进制表示见表 7-4。

表 7-4　交叉 25 条码字符集的二进制表

字符	二进制表示	字符	二进制表示
0	00110	5	10100
1	10001	6	01100
2	01001	7	00011
3	11000	8	10010
4	00101	9	01010

3) ITF-14 条码简介

ITF-14 条码只用于标识非零售的商品。它对印刷精度要求不高,比较适合直接印刷(热转换或喷墨)于表面不够光滑、受力后尺寸易变形的包装材料,如瓦楞纸或纤维板上。

(1) 符号结构。ITF-14 条码的条码字符集、条码字符的组成同交叉 25 条码,详见 GB/T 16829—2003。ITF-14 条码由矩形保护框、左侧空白区、起始符、7 对数据符、终止符和右侧空白区组成,符号如图 7-7 所示。

(2) 技术要求。

① X 尺寸。X 尺寸范围为 0.495~1.016 mm。

② 宽窄比(N)。N 的设计值为 2.5,N 的测量值范围为 $2.25 \leqslant N \leqslant 3$。

③ 条高。ITF-14 条码符号的最小条高是 32 mm。

④ 空白区。条码符号的左右空白区最小宽度是 10 个 X 尺寸。

⑤ 保护框。保护框线宽的设计尺寸是 4.8 mm。保护框应容纳完整的条码符号(包括空白区),保护框的水平线条应紧接条码符号条的上部和下部,如图 7-7 所示。对于不使用

图 7-7　ITF-14 条码符号(保护框完整印刷)

①—矩形保护框；②—左侧空白区；③—起始符；④—7 对数据符；⑤—终止符；⑥—右侧空白区

制版印刷方法印制的条码符号,保护框的宽度应该至少是窄条宽度的 2 倍,保护框的垂直线条可以缺省,如图 7-8 所示。

⑥ 供人识别字符。一般情况下,供人识别字符(包括条码校验字符在内)的数据字符应与条码符号一起使用,按条码符号的比例,清晰印刷。起始符和终止符没有供人识别字符。对供人识别字符的尺寸和字体不做规定。在空白区不被破坏的前提下,供人识别字符可以放在条码符号周围的任何地方。

图 7-8　ITF-14 条码符号(保护框的垂直线条缺省)

4) GS1-128 条码简介

GS1-128 条码由原国际物品编码协会(EAN)和原美国统一代码委员会(UCC)共同设计而成。它是一种连续型、非定长、有含义的高密度、高可靠性、两种独立的校验方式的条码。在 ISO、CEN 和 AIM 所发布的标准中,将紧跟在起始字符后面的功能字符 1(FNC1)定义为专门用于表示 GS1 系统应用标识符数据,以区别于 Code 128 码。应用标识符(application identifier,AI)是标识编码应用含义和格式的字符。其作用是指明跟随在应用标识符后面的数字所表示的含义。GS1-128 条码是唯一能够表示应用标识的条码符号。GS1-128 可编码的信息范围广泛包括项目标识、计量、数量、日期、交易参考信息、位置等。GS1-128 条码如图 7-9 所示。

图 7-9　GS1-128 条码

（1）符号特点。

① GS1-128 条码是由一组平行的条和空组成的长方形图案。

② 除终止符(stop)由 13 个模块组成外，其他字符均由 11 个模块组成。

③ 在条码字符中，每 3 个条和 3 个空组成一个字符，终止符由 4 个条和 3 个空组成。条或空都有 4 个宽度单位，可以从 1 个模块宽到 4 个模块宽。

④ GS1-128 条码有一个由字符 START A(B 或 C)和字符 FNC1 构成的特殊的双字符起始符，即 START A(B 或 C)＋FNC1，如图 7-10 所示。

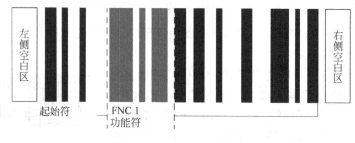

图 7-10　GS1-128 条码字符

⑤ 符号中通常采用符号校验符。符号校验符不属于条码字符的一部分，并区别于数据代码中的任何校验码。

⑥ 符号可从左、右两个方向阅读。

⑦ 符号的长度取决于需要编码的字符的个数，被编码的字符可以为 3～32 位(含应用标识符)，因此很难规定条码图案的长度。

⑧ 对于一个特定长度的 GS1-128 条码符号，符号的尺寸可随放大系数的变化而变化。放大系数的具体数值可根据印刷条件和实际印刷质量确定。一般情况下，条码符号的尺寸是指标准尺寸(放大系数为 1)。放大系数的取值范围为 0.25～1.2。

（2）符号结构。GS1-128 条码是 128 条码(Code 128)的子集，Code 128 无固定数据结构，如图 7-11 所示。

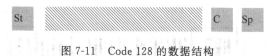

图 7-11　Code 128 的数据结构

而 GS1-128 是通过应用标识符定义数据，用于开放的供应链，如图 7-12 所示。

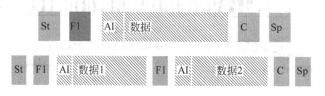

图 7-12　GS1-128 条码符号的结构

GS1-128 条码符号的结构要求见表 7-5。表中阿拉伯数字为模块数,N 为数据字符与辅助字符个数之和。

表 7-5　条码符号的构成

左侧空白区	双字符起始符	数据字符 (含应用标识符)	符号检验符	终止符	右侧空白区
10	22	11N	11	13	10

(3) 校验符。GS1-128 条码的符号校验符总是位于终止符之前。校验符的计算是按模 103 的方法,通过对终止符外的所有符号代码值的计算得来的。计算方法如下:

① 从起始字符开始,赋予每个字符一个加权因子。

② 从起始符开始,每个字符的值(见 GB/T 15425—2002)与相应的加权因子相乘。

③ 将②中的积相加。

④ 将③的结果除以 103。

⑤ ④的余数即为校验符的值。

校验符的条码表示见 GB/T 15425—2002。如果余数是 102,那么校验符的值与功能符 FNC1 的值相等,这时功能符 FNC1 只能充当校验符,见表 7-6。

表 7-6　GS1-128 条码校验位计算示例

字　　符	START B	FNC 1	A	I	M	Code C	12	34
字符值(步骤①)	104	102	33	41	45	99	12	34
权数(步骤②)	1	1	2	3	4	5	6	7
乘积(步骤③)	104	102	66	123	180	495	72	238
乘积的和(步骤④)	1380							
除以 103(步骤⑤)	$1\,380 \div 103 = 13$　余数 41							
余数＝校验字符的值	41							

(4) 条码符号表示的字符代码的位置。数据代码必须以眼睛可读的形式标在条码符号的上方或下方。校验符不属于数据字符的一部分,因此不以人眼可读的形式标出。GS1-128 条码符号对相应的数据代码的位置和字符类型不作具体规定,但必须字迹清晰,摆放合理。

(5) GS1-128 条码符号的标准尺寸。GS1-128 条码符号的标准尺寸取决于编码字符的数量,见表 7-7。表中 N 是数据字符与辅助字符个数之和。GS1-128 条码符号中的左右空白区不得少于 10 模块宽。在标准尺寸下,模块宽是 1.00 mm。因此包括空白区在内,GS1-128 条码的整个宽度为(11N＋66) mm。标准尺寸下的条码符号高度是 31.8 mm,它取决于符号的放大系数。符号最小高度为 20 mm(不含眼睛可读数据)。

表 7-7　GS1-128 条码编码字符宽度

编码字符	模块数量	编码字符	模块数量
起始符	1×11 模块＝11	终止符	1×13 模块＝13
FNC 1	1×11 模块＝11	N 个数据字符	$N×11$ 模块＝$11N$
校验符	1×11 模块＝11		

(6) 尺寸选择。GS1-128 条码的放大系数可以根据 EAN 条码的印刷条件和允许的条码误差而定。在实际选择放大系数时,不仅要考虑印刷增益,而且还要考虑该条码符号所附着的 GS1-128 条码或者 ITF 条码符号的尺寸,二者要匹配。在 GS1-128 条码中,条码字符模块的宽度不能小于 EAN-13 或者 ITF 条码中最窄条宽度的 75%。与 EAN-13 或者 ITF 条码相匹配的 GS1-128 条码的最小放大系数见表 7-8。系列储运包装上,应用标识符为 "00" 的标准应用标识,其 EAN-128 条码符号的最小放大系数为 0.5,最大放大系数为 0.8。

表 7-8　EAN-13 条码与 GS1-128 条码和 ITF 条码与 GS1-128 条码放大系数对照表

EAN-13 放大系数	GS1-128 最小放大系数	ITF 放大系数	GS1-128 最小放大系数
0.8	0.25	0.625	0.50
0.9	0.25	0.7	0.55
1.0	0.25	0.8	0.65
1.2	0.30	0.9	0.70
1.4	0.35	1.0	0.80
1.6	0.40	1.1	0.85
1.8	0.45	1.2	0.98
2.0	0.50		

GS1-128 条码符号是非定长条码符号,必须保证具备以下两个条件。

① 编码的数据字符的数量不能超过 48 个。

② 整个符号的物理长度不能超过 165 mm。

GS1-128 条码符号的最大长度允许在一个条码符号中对多个字符串进行编码,这种编码方式称为链接。链接的编码方式比分别对每个字符串进行编码节省空间,因为只使用一次符号控制字符。同时,一次扫描也比多次扫描的准确性更高,不同的元素串可以以一个完整的字符串从条码扫描器中传送。

(7) 符号的位置。GS1-128 条码符号最好平行地置于 EAN-13 或者 ITF 等主码符号的右侧。称 EAN-13 或者 ITF 为主码符号,是由于它们用来标识贸易项目的代码或编号,相对而言,GS1-128 条码的特点在于标识这些贸易项目的附加信息。在留有足够空白区的条件下,尽可能缩小两个符号间的距离,符号的高度应相同。

（8）编码规则。GS1-128 条码有 3 种不同的字符集，分别为字符集 A、字符集 B 和字符集 C。字符集 A 包括所有标准的大写英文字母、数字字符、控制字符、特殊字符及辅助字符；字符集 B 包括所有标准的大写和小写英文字母、数字字符、特殊字符及辅助字符；字符集 C 包括 00～99 的 100 个数字以及辅助字符。因为字符集 C 中的一个条码字符表示两个数字字符，因此，使用该字符集表示数字信息可以比其他字符集信息量增加一倍，即条码符号的密度提高一倍。这个字符集的交替使用可将 128 个 ASCⅡ 码编码。GB/T 15425—2002 列出了 GS1-128 条码的所有 A、B、C 3 种字符集。

（9）辅助字符。GS1-128 条码有 9 个辅助字符：START A、CODE A、SHIFT、START B、CODE B、STOP、START C、CODE C 和 FNC 1。辅助字符的条码表示见 GB/T 15425—2002。

（10）ITF-14 与 GS1-128 条码及其他码制的混合使用。EAN/UCC-14 编码可以用 ITF-14 表示，也可以用 GS1-128 条码表示。当要表示全球贸易项目标识代码的附加信息时，要使用 GS1-128 条码。在这种情况下，GTIN（全球贸易项目代码）可以用 ITF-14 或 GS1 系统的其他条码表示，而附加的数据要用 GS1-128 条码表示。

当储运包装商品同时是零售商品时，应采用 EAN/UPC 条码表示，详见本书第 6 章条码技术在零售业中的应用，也可参照 GB 12904—2008。

2. 14 位代码的条码表示

采用 ITF-14 条码或 GS1-128 条码表示，如图 7-13 和图 7-14 所示。

26901234000043

图 7-13　包装指示符为"2"的　　ITF-14 条码示例

(01) 1 6901234 60004 6

图 7-14　包装指示符为"1"的 GS1-128 条码示例

3. 属性信息的条码表示

如果需要标识储运包装商品的属性信息（如所含零售商品的数量、重量、长度等），可在 13 或 14 位代码的基础上增加属性信息，见 GB/T 16986—2009。属性信息用 GS1-128 条码表示，见 GB/T 15425—2002。如图 7-15 和图 7-16 所示。

(01) 2 6901234 70005 7 (10) 123

图 7-15　含批号"123"的 GS1-128 条码示例〔其中（01）、（10）为应用标识符〕

(01) 9 6901234 50009 0 (3101) 000844

图 7-16　重量是 84.4 kg 的变量储运包装商品的 GS1-128 条码示例〔其中（01）、（3101）为应用标识符〕

7.2.4　条码符号尺寸与等级要求标准

1) 储运包装商品的 EAN/UPC 条码符号

X 尺寸范围为 0.495～0.66 mm。

条高见 GB 12904—2008。

符号等级大于等于 1.5/06/670。

2) 储运包装商品的 ITF-14 条码符号

X 尺寸范围为 0.495～1.016 mm。

条高大于等于 32 mm。

当 X 尺寸小于 0.635 mm 时,符号等级大于等于 1.5/10/670,当 X 尺寸大于等于 0.635 mm 时,符号等级大于等于 0.5/20/670。

3) 储运包装商品的 GS1-128 条码符号

X 尺寸范围为 0.495～1.016 mm。

条高大于等于 32 mm。

符号等级大于等于 1.5/10/670。

7.3　实训项目

仓储企业条码应用情况调研

【知识目标】

通过调研本地仓储企业,了解条码技术在仓储业的应用现状、存在问题,以及企业在实际应用中的技术需求。

【技能目标】

能利用掌握的知识为企业提供合理建议和技术支持。

【实训内容】

企业调研:条码技术在仓储业的应用现状、存在问题、企业技术需求。

【实训报告】

撰写调研报告。

【注意事项】

1. 调研报告撰写过程中必须贴近企业实际。

2. 遵守企业规章制度。

3. 注意往返途中安全。

4. 注重学生自我素质能力的培养。

第8章 条码技术标准在物流单元中的应用

【教学目标】

目标分类	目标要求
能力目标	1. 能熟练操作物流管理信息系统
	2. 能够根据需要对物流单元进行编码
	3. 能按照要求熟练设计物流单元标签
	4. 依据物流的特点选择使用条码识读器,并能够熟练使用识读器
知识目标	1. 掌握物流单元编码的代码结构和编制规则
	2. 掌握物流单元标签的格式
	3. 掌握物流单元标签的位置要求
素养目标	动手操作能力、沟通交流能力、信息处理能力

【理论知识】

8.1 条码技术标准在物流单元追溯过程中的应用

近年来国内外接连不断发生的食品安全事故,已引发了人们对食品安全的高度关注。"如何确保食品安全和质量? 如何才能吃得放心?"已成为各国政府、企业、消费者共同关心的全球性话题。实现食品可追溯是解决这一问题的有效手段:采用国际标准实现从原料到生产加工再到运输销售各个环节之间的可追溯性。

全球追溯标准(GTS)为供应链各参与方提供了一套标准的追溯流程,广泛应用于各国间的商品流通与追溯。随着欧盟《食品安全法规》(EC)178/2002 的出台,企业的产品可追溯的能力已成为必备要求。以法国 Casino 为代表的欧洲零售商逐渐开始要求其供应商采用全球统一的商品条码标准实现产品可追溯,确保问题产品第一时间召回。但是,在中国地区的供应商尚未采用以商品条码为基础的追溯标准,不能满足欧洲零售商的要求。

厦门象屿鑫豪远东贸易有限公司(Synbroad)是 Casino 的一家中国供应商,一直采用独立的追溯系统,以手工方式记录产品流通信息。但是,随着贸易量的快速增长,这种传统的追溯方式自动化程度低,无法实现与贸易伙伴间的信息链接,制约了对问题产品的快速响应。

为解决此问题,中国物品编码中心与 Synbroad 和 Casino 合作,开展采用以一体化追溯过程为基础的追溯标准的试点项目,实现青刀豆罐头从生产到销售的跨国全过程自动化追溯。

1. 全球追溯标准(GTS)的成功实施

中国物品编码中心帮助 Synbroad 公司构建符合商品条码标识系统的追溯系统,并指导实施。通过采用商品条码成熟的标识方法实现企业产品可追溯。本项目遵循 EANCOM 标准,采用 EDI 技术传递物流与追溯信息,实现贸易伙伴间信息的无缝对接,确保问题产品的准确、快速召回。通过全球追溯标准在本案例中的成功实施,增进贸易双方的沟通与信任,提升产品的质量安全,提高了企业国际竞争力。此次项目的主要流程涉及了多个环节。如图 8-1 所示。

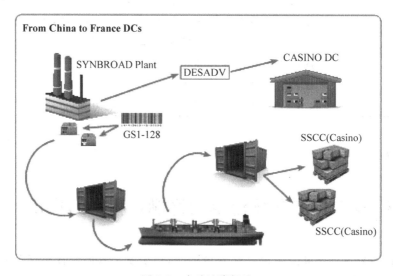

图 8-1   全球追溯标准

1)标签生成

青刀豆罐头装入纸箱后,Synbroad 将符合商品条码标识系统标准的纸箱标签和托盘标签分别粘贴在纸箱和托盘上。

纸箱标签包含系列货运包装箱代码(SSCC)、全球贸易项目代码(GTIN)、保质期、批号等内容,实现一箱一码,形成了贯穿跨国供应链的追溯单元。托盘标签中的 SSCC 代码表示托盘的唯一标识。如图 8-2 所示。

2)仓储管理

在形成托盘包装时,Synbroad 扫描托盘标签条码以及托盘上的纸箱标签条码,从而建立起两者间的信息对应关系,以便进行货物仓储管理。比如:一个托盘的 SSCC 与 60 个纸

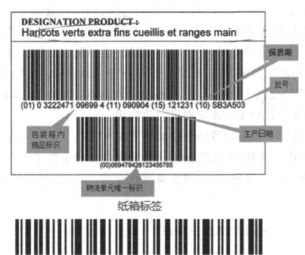

图 8-2　纸箱标签

箱的 SSCC 相链接。

3）出货环节

Synbroad 将纸箱装入集装箱时，工作人员扫描托盘标签条码，并在完成装箱过程后自动生成"发货通知单"。Synbroad 将该"通知单"按照 EANCOM 标准转换为 EDI 格式的"发货通知报文（DESADV）"，并通过 VAN 网络发送至 Casino。在该 EDI 报文中，需要采用GLN 代码对各参与方进行标识。

4）收货环节

Casino 收到 Synbroad 的 EDI 电子报文后，报文内容被自动转换至 Casino 数据库。根据以上信息，Casino 提前做收货准备。

收到来自中国的集装箱后，Casino 通过扫描 Synbroad 纸箱标签上的 SSCC 条码，与报文中描述的货物信息进行比对，完成收货。

2. 全球追溯标准（GTS）项目取得的重大科技成果

当前，食品追溯已逐渐成为发达国家设置的技术性贸易壁垒，跨国食品追溯项目的实施，将有助于帮助企业规避国际贸易技术壁垒，扩大出口企业出口。出口企业实现追溯之后，能够增加国内外消费者的知情权和选择权，提高国内外消费者的满意度，从而建立起中国企业在国内外的知名度和美誉度，塑造"中国制造"在国际上的品牌知名度。

该项目对于推动商品条码标识系统在食品追溯领域的应用，探索商品条码标识在电子商务领域的重要作用，以及推广 GS1 EANCOM 标准和应用都具有重要意义。它准确地把握了国内外食品安全追溯的研究现状与发展趋势,并借助国际食品安全追溯市场的内在需求及商品条码标识系统的成熟标识方法,建立一个以中国为生产供应基地,以欧盟市场为消费基地的跨国食品供应链追溯模型,设计出基于商品条码标识系统的食品追溯信息系统,实现管理流程合理化、功能可拓展、信息汇集与分布合理化等目标;并与欧洲广泛应用的 EDI 信息交换标准 GS1 EANCOM 标准密切结合,通过与国外零售商的 EDI 服务中心进行对接实现跨国数据传输,推广 EANCOM 数据报文的应用。

除此之外,本项目的实施还能帮助企业减少手工输入和处理不可避免的错误,降低基于纸面的管理和相关费用。另外,还实现标准化的追溯规范和追溯操作流程,对于出现问题的产品能够追查到负责人和问题环节,有利于提高企业生产能力、自我监督能力和生产效率,提高企业收益。

3. 全球追溯标准(GTS)项目的经济效益

1) 直接效益

该项目作为我国首例跨国食品追溯案例,其成功实施帮助我们进一步了解了国际和国内出口企业食品追溯的应用情况,厘清了跨国食品追溯流程,建立了合理的跨国食品追溯模型,推动了商品条码标识系统在食品追溯领域的推广应用,另外该项目采用的 EDI 技术和 GS1 EANCOM 报文标准,其成功应用,在国内食品追溯领域起到了积极的示范作用,大大推动了 EDI 技术和 GS1 EANCOM 技术在我国商业领域的应用。

2) 间接效益

该项目的成功实施还带来了巨大的经济社会效益,主要体现在以下几个方面:

(1) 帮助企业提高质量控制水平,提高企业生产效率,增加企业收入。

跨国食品追溯项目的实施,企业内部追溯系统一方面帮助了企业减少手工输入和处理不可避免的错误,降低了基于纸面的管理和相关费用。另一方面实现了标准化的追溯规范和追溯操作流程,对于出现问题的产品能够追查到负责人和问题环节,有利于提高企业生产能力、自我监督能力和生产效率,提高企业收益。

(2) 帮助出口企业扩大贸易出口量,大幅增加出口贸易额。

近几年食品危害事件的频频发生,促使世界各国着手食品安全追溯系统的实施,并已出台相应的法律法规等强制手段要求企业建立可追溯体系,实现对产品的追溯。目前很多国家的法律法规对进口的农产品强制要求必须具备可追溯性,否则不允许在本国市场上销售。食品追溯已成为发达国家复合性技术壁垒,跨国食品追溯项目的实施,帮助企业避开了国际贸易技术壁垒,扩大了出口企业的贸易量,从而增加了贸易额,扩大了外汇收入。

(3) 满足国内外消费者的知情权,塑造企业的国际品牌知名度。

除此之外,出口企业实现追溯之后,增加了国内外消费者的知情权和选择权,提高了国内外消费者的满意度,从而建立起中国企业在国内外的知名度和美誉度,塑造了企业在国际上的品牌知名度,进一步促进了中国的贸易出口额。

4. 全球追溯标准（GTS）项目应用前景广泛

该项目通过多方调研,建立了适用于出口企业的跨国食品追溯模型,并且采用了国际统一的商品条码标识系统,符合国际潮流,该追溯系统的运行将会对企业日常进货、加工、信息采集、定期检验等管理工作更加细致、更加严格,是企业塑造产品差异化,提高产品知名度的有力武器。随着企业对追溯系统认识的提高和国际贸易的需要,相信出口企业监管追溯系统会得到更加广泛的应用,从而带来越来越多的社会效益,而这种社会效益会随着系统信息的动态更新和内容资料的更加翔实丰富将会逐步变为巨大的经济效益,对于推动我国蔬菜产品出口和打破出口国际贸易壁垒将产生积极的作用。

8.2　物流领域条码应用技术标准

8.2.1　基本术语

物流领域条码应用技术的基本术语主要有以下几个。

（1）物流单元（logistics units）。物流单元是在供应链过程中为运输、仓储、配送等建立的包装单元。

（2）标签文本（text）。标签文本是物流单元标签中用文字表示的信息。

（3）物流单元信息流程。物流单元的信息流程是在产品制造、货物的配销、运输和市场调度的全过程中形成的,每一环节都需要与物流单元相关的信息,物流单元的信息流程图如图 8-3 所示。

图 8-3　物流单元信息流程示意图

8.2.2　物流单元的编码

1. 代码结构

1）物流单元标识代码的结构

物流单元标识代码是标识物流单元身份的唯一代码,具有全球唯一性。物流单元标识代码采用系列货运包装箱代码（serial shipping container code,SSCC）表示,由扩展位、厂商识别代码、系列号和校验码 4 个部分组成,是 18 位的数字代码,分为 4 种结构,见表 8-1。其中,扩展位由 1 位数字组成,取值范围为 0～9；厂商识别代码由 7～10 位数字组成；系列号由 9～6 位数字组成；校验码为 1 位数字。

　　SSCC 与应用标识符 AI(00)一起使用,采用 UCC/EAN-128 条码符号表示；附加信息代码与相应的应用标识符 AI 一起使用,采用 UCC/EAN-128 条码表示,UCC/EAN-128 条码符号见 GB/T 15425—2014《商品条码 128 条码》,应用标识符见 GB/T 16986—2009《商品条码　应用标识符》。

表 8-1　SSCC 结构

结构种类	扩展位	厂商识别代码	系 列 号	校验码
结构一	N_1	$N_2\ N_3\ N_4\ N_5\ N_6\ N_7\ N_8$	$N_9\ N_{10}\ N_{11}\ N_{12}\ N_{13}\ N_{14}\ N_{15}\ N_{16}\ N_{17}$	N_{18}
结构二	N_1	$N_2\ N_3\ N_4\ N_5\ N_6\ N_7\ N_8\ N_9$	$N_{10}\ N_{11}\ N_{12}\ N_{13}\ N_{14}\ N_{15}\ N_{16}\ N_{17}$	N_{18}
结构三	N_1	$N_2\ N_3\ N_4\ N_5\ N_6\ N_7\ N_8\ N_9\ N_{10}$	$N_{11}\ N_{12}\ N_{13}\ N_{14}\ N_{15}\ N_{16}\ N_{17}$	N_{18}
结构四	N_1	$N_2\ N_3\ N_4\ N_5\ N_6\ N_7\ N_8\ N_9\ N_{10}\ N_{11}$	$N_{12}\ N_{13}\ N_{14}\ N_{15}\ N_{16}\ N_{17}$	N_{18}

　　2) 附加信息代码的结构

　　附加信息代码是标识物流单元相关信息[如物流单元内贸易项目的 GTIN(global trade item number,全球贸易项目代码)、贸易与物流量度、物流单元内贸易项目的数量等信息]的代码,由应用标识符 AI(application identifier)和编码数据组成。如果使用物流单元附加信息代码,则需要与 SSCC 一并处理。常用的附加信息代码见表 8-2,数据格式见 GB/T 16986—2009。

表 8-2　常用的附加信息代码结构

AI	编码数据名称	编码数据含义	格 式
02	CONTENT	物流单元内贸易项目的 GTIN	n2+n14
33nn,34nn, 35nn,36nn	GROSS WEIGHT, LENGTH 等	物流量度	n4+n6
37	COUNT	物流单元内贸易项目的数量	n2+n+…+8
401	CONSIGNMENT	货物托运代码	n3+an+…+30
402	SHIPMENGT NO.	装运标识代码	n3+n17
403	ROUTE	路径代码	n3+an+…+30
410	SHIP TO LOC	交货地全球位置码	n3+n13
413	SHIP FOR LOC	货物最终目的地全球位置码的标识符	n3+n13
420	SHIP TO POST	同一邮政区域内交货地的邮政编码	n3+an+…+20
421	SHIP TO POST	具有 3 位 ISO 国家(地区)代码的交货地邮政编码	n3+ n3+an+…+9

　　(1) 物流单元内贸易项目的应用标识符 AI(02)。应用标识符"02"对应的编码数据的含义为物流单元内贸易项目的 GTIN,此时应用标识符"02"应与同一物流单元上的应用标识符"37"及其编码数据一起使用。

　　当 N_1 为 0,1,2,…,8 时,物流单元内的贸易项目为定量贸易项目；当($N_1=9$)时,物流单元内的贸易项目为变量贸易项目。当物流单元内的贸易项目为变量贸易项目时,应对有效的贸易计量标识。

应用标识符及其对应的编码数据格式见表 8-3。

表 8-3　AI(02)及其编码数据格式

应用标识符	物流单元内贸易项目的 GTIN	校验码
02	$N_1 N_2 N_3 N_4 N_5 N_6 N_7 N_8 N_9 N_{10} N_{11} N_{12} N_{13}$	N_{14}

物流单元内贸易项目的 GTIN:表示在物流单元内包含贸易项目的最高级别的标识代码。

校验码:校验码的计算参见 GB/T 16986—2009 附录 B。具体方法是:从右至左对代码进行编号,偶数位上数字之和的 3 倍加上奇数位上数字之和,以大于或等于求和结果数值且为 10 的最小整数倍的数字减去求和结果,所得的值为校验码数值。

(2) 物流量度应用标识符 AI(33nn),AI(34nn),AI(35nn),AI(36nn)。应用标识符"33nn,34nn,35nn,36nn"对应的编码数据的含义为物流单元的量度和计量单位。物流单元的计量可以采用国际计量单位,也可以采用其他单位计量。通常一个给定物流单元的计量单位只应采用一个量度单位。然而,相同属性的多个计量单位的应用不妨碍数据传输的正确处理。

物流量度编码数据格式见表 8-4。

表 8-4　物流量度编码数据格式

AI(33nn),AI(34nn),AI(35nn),AI(36nn)及其编码数据格式

应用标识符	量度值
$A_1 A_2 A_3 A_4$	$N_1 N_2 N_3 N_4 N_5 N_6$

应用标识符 $A_1 A_2 A_3 A_4$,其中,$A_1 A_2 A_3$ 表示一个物流单元的计量单位,见表 8-5 和表 8-6。

表 8-5　物流单元的计量单位应用标识符(公制物流计量单位)

AI	编码数据含义(格式 n6)	单位名称	单位符号	编码数据名称
330n	毛重	千克	kg	GROSS WEIGHT
331n	长度或第一尺寸	米	m	LENGTH
332n	宽度、直径或第二尺寸	米	m	WIDTH
333n	深度、厚度、高度或第三尺寸	米	m	HEIGHT
334n	面积	平方米	m^2	AREA
335n	毛体积、毛容积	升	L	NET VOLUME
336n	毛体积、毛容积	立方米	m^3	NET VOLUME

表 8-6　物流单元的计量单位应用标识符(非公制物流计量单位)

AI	编码数据含义(格式 n6)	单位名称	单位符号	编码数据名称
340n	毛重	磅	lb	GROSS WEIGHT
341n	长度或第一尺寸	英寸	i	LENGTH
342n	长度或第一尺寸	英尺	f	LENGTH
343n	长度或第一尺寸	码	y	LENGTH
344n	宽度、直径或第二尺寸	英寸	i	WIDTH
345n	宽度、直径或第二尺寸	英尺	f	WIDTH
346n	宽度、直径或第二尺寸	码	y	WIDTH
347n	深度、厚度、高度或第三尺寸	英寸	i	HEIGHT
348n	深度、厚度、高度或第三尺寸	英尺	f	HEIGHT
349n	深度、厚度、高度或第三尺寸	码	y	HEIGHT
353n	面积	平方英寸	i^2	AREA
354n	面积	平方英尺	f^2	AREA
355n	面积	平方码	y^2	AREA
362n	毛体积、毛容积	夸脱	q	VOLUME
363n	毛体积、毛容积	加仑	gal(US)	VOLUME
367n	毛体积、毛容积	立方英寸	i^3	VOLUME
368n	毛体积、毛容积	立方英尺	f^3	VOLUME
369n	毛体积、毛容积	立方码	y^3	VOLUME

应用标识符 A_4 表示小数点的位置,例如,A_4 为 0 表示没有小数点,A_4 为 1 表示小数点在 N_5 和 N_6 之间。

量度值:对应的编码数据为物流单元的量度值。

物流量度应与同一单元上的标识代码 SSCC 或变量贸易项目的 GTIN 一起使用。

(3) 物流单元内贸易项目数量应用标识符 AI(37)。应用标识符"37"对应的编码数据的含义为物流单元内贸易项目的数量,应与 AI(02)一起使用。

AI(37)及其编码数据格式见表 8-7。

表 8-7　AI(37)及其编码数据格式

AI	贸易项目数量
37	$N_1 \cdots N_j (j \leqslant 8)$

贸易项目数量:物流单元中贸易项目的数量。

(4) 货物托运代码应用标识符 AI(401)。应用标识符"401"对应的编码数据的含义为货物托运代码,用来标识一个需要整体运输的货物的逻辑组合。货物托运代码由货运代理人、承运人或事先与货运代理人订立协议的发货人分配。货物托运代码由货物运输方的厂商识别代码和实际委托信息组成。

AI(401)及其编码数据格式见表 8-8。

表 8-8　AI(401)及其编码数据格式

AI	货物托运代码
401	厂商识别代码　　委托信息 ——————→　——————→ $N_1 \cdots N_i\, X_{i+1} \cdots X_j\,(j \leqslant 30)$

厂商识别代码：见 GB 12904—2008《商品条码　零售商品编码与条码表示》。

货物托运代码为字母数字字符，包含 GB/T 1988—1998 表 2 信息技术信息交换用 7 位编码字符集中的所有字符，见 GB/T 16986—2009 附录 D。委托信息的结构由该标识符的使用者确定。

货物托运代码在适当的时候可以作为单独的信息处理，或与出现在相同单元上的其他标识数据一起处理。

数据名称为 CONSIGNMENT。

注：如果生成一个新的货物托运代码，在此之前的货物托运代码应从物理单元中去掉。

(5) 装运标识代码应用标识符 AI(402)。应用标识符"402"对应的编码数据的含义为装运标识代码，用来标识一个需整体装运的货物的逻辑组合（内含一个或多个物理实体）。装运标识代码（提货单）由发货人分配。装运标识代码由发货方的厂商识别代码和发货方参考代码组成。

如果一个装运单元包含多个物流单元，应采用 AI(402)表示一个整体运输的货物的逻辑组合（内含一个或多个物理实体）。它为一票运输货载提供了全球唯一的代码，还可以作为一个交流的参考代码在运输环节中使用，如 EDI 报文中能够用于一票运输货载的代码和/或发货人的装货清单。

AI(402)及其编码数据格式见表 8-9。

表 8-9　AI(402)及其编码数据格式

应用标识符	装运标识代码		
402	厂商识别代码 ——————→	发货方参考代码 ←——————	校验码
	$N_1\,N_2\,N_3\,N_4\,N_5\,N_6\,N_7\,N_8\,N_9\,N_{10}\,N_{11}\,N_{12}\,N_{13}\,N_{14}\,N_{15}\,N_{16}$		N_{17}

厂商识别代码为发货方的厂商识别代码，见 GB/T 12904—2008。

发货方参考代码由发货方分配。

校验码：校验码的计算参见 GB/T 16986—2009 附录 B。同物流单元内贸易项目代码校验码的计算。

装运标识代码在适当的时候可以作为单独的信息处理，或与出现在相同单元上的其他标识数据一起处理。

数据名称为 SHIPMENT NO.。

注：建议按顺序分配代码。

(6) 路径代码应用标识符 AI(403)。应用标识符"403"对应的编码数据的含义为路径代码。路径代码由承运人分配,目的是提供一个已经定义的国际多式联运方案的移动路径。路径代码为字母数字字符,其内容与结构由分配代码的运输商确定。

AI(403)及其编码数据格式见表 8-10。

表 8-10　AI(403)及其编码数据格式

AI	路径代码
403	$X_1 \cdots X_j (j \leqslant 30)$

路径代码由承运人分配,提供一个已经定义的国际多式联运方案的移动路径。

路径代码为字母数字字符,包含 GB/T 1988—1998 表 2 中的所有字符,见附录 D。其内容与结构由分配代码的运输商确定。如果运输商希望与其他运输商达成合作协议,则需要一个多方认可的指示符指示路径代码的结构。

路径代码应与相同单元的 SSCC 一起使用。

数据名称为 ROUTE。

(7) 交货地全球位置码应用标识符 AI(410)。应用标识符"410"对应的编码数据的含义为交货地位置码。该单元数据串用于通过位置码 GLN 实现对物流单元的自动分类。交货地位置码由收件人的公司分配,由厂商识别代码、位置参考代码和校验码构成。

AI(410)及其编码数据格式见表 8-11。

表 8-11　AI(410)及其编码数据格式

AI	厂商识别代码 →	位置参考代码 ←	校验码
410	$N_1\ N_2\ N_3\ N_4\ N_5\ N_6$	$N_7\ N_8\ N_9\ N_{10}\ N_{11}\ N_{12}$	N_{13}

厂商识别代码：见 GB/T 12904—2008。

位置参考代码由收件人的公司分配。

检验码：检验码的计算参见 GB/T 16986—2009 附录 B。同物流单元内贸易项目代码校验码的计算。

交货地全球位置码可以单独使用,或与相关的标识数据一起使用。

数据名称 SHIP TO LOC。

(8) 货物最终目的地全球位置码 AI(413)。应用标识符"413"对应的编码数据的含义为货物最终目的地全球位置码。用于标识物理位置或法律实体。AI(413)由厂商识别代码、位置参考代码和校验码构成。

AI(413)及其编码数据格式见表 8-12。

表 8-12　AI(413)及其编码数据格式

AI	厂商识别代码 → 位置参考代码 ← 校验码		
413	$N_1 N_2 N_3 N_4 N_5 N_6 N_7 N_8 N_9 N_{10} N_{11} N_{12}$		N_{13}

厂商识别代码：见 GB 12904—2008。

位置参考代码由最终收受人的公司确定。

校验码参见 GB/T 16986—2009 附录 B。计算与物流单元内贸易项目代码校验码相同。

货物最终目的地全球位置码可以单独使用，或与相关的标识数据一起使用。

数据名称 SHIP FOR LOC。

注：货物最终目的地全球位置码是收货方内部使用，承运商不使用。

(9) 同一邮政区域内交货地的邮政编码应用标识符 AI(420)。应用标识符"420"对应的编码数据的含义为交货地地址的邮政编码(国内格式)。该单元数据串是为了在同一邮政区域内使用邮政编码对物流单元进行自动分类。

AI(420)及其编码数据格式见表 8-13。

表 8-13　AI(420)及其编码数据格式

AI	邮政编码
420	$X_1 \cdots X_j (j \leqslant 20)$

邮政编码：由邮政部门定义的收件人的邮政编码。

同一邮政区域内交货地的邮政编码通常单独使用。

数据名称为 SHIP TO POST。

(10) 具有三位 ISO 国家(或地区)代码的交货地邮政编码应用标识符 AI(421)。应用标识符"421"对应的编码数据的含义为交货地地址的邮政编码(国际格式)。该单元数据串用于利用邮政编码对物流单元自动分类。由于邮政编码是以 ISO 国家代码为前缀码，故在国际范围内通用，AI(421)及其编码数据格式见表 8-14。

表 8-14　AI(421)及其编码数据格式

AI	ISO 国家(或地区)代码	邮政编码
421	$N_1 N_2 N_3$	$X_4 \cdots X_j (j \leqslant 12)$

ISO 国家(或地区)代码 $N_1 N_2 N_3$ 为 GB/T 2659—2000 中的国家和地区名称代码。

邮政编码：由邮政部门定义的收件人的邮政编码。

具有 3 位 ISO 国家(或地区)代码的交货地邮政编码通常单独使用。

数据名称为 SHIP TO POST。

2. 编制规则

1) 物流单元标识代码的编制规则

（1）基本原则。

① 唯一性原则。每个物流单元都应分配一个独立的 SSCC,并在供应链流转过程中及整个生命周期内保持唯一不变。

② 稳定性原则。一个 SSCC 分配以后,从货物起运日期起的一年内,不应重新分配给新的物流单元。有行业惯例或其他规定的可延长期限。

2) 附加信息代码的编制规则

附加信息代码由用户根据实际需求按照附加信息代码的结构的规定编制。

（1）扩展位。SSCC 的扩展位用于增加编码容量,由厂商自行编制。

（2）厂商识别代码。厂商识别代码的编制规则见 GB 12904—2008,由中国物品编码中心统一分配。

（3）系列号。系列号由获得厂商识别代码的厂商自行编制。

（4）校验码。校验码根据 SSCC 的前 17 位数字计算得出,计算方法见 GB/T 16986—2009 附录 B 的校验码计算方法。

8.2.3　条码表示

SSCC 与应用标识符 AI(00)一起使用,采用 UCC/EAN-128 条码符号表示;附加信息代码与相应的应用标识符 AI 一起使用,采用 UCC/EAN-128 条码表示。UCC/EAN-128 条码符号见 GB/T 15425—2014。应用标识符见 GB/T 16986—2009。

8.2.4　物流单元标签

1. 标签格式

一个完整的物流单元标签包括三个标签区段,从上到下的顺序通常为:承运商区段、客户区段和供应商区段。每个区段均采用两种基本形式表示一类信息的组合。标签文本内容位于标签区段的上方,条码符号位于标签区段的下方。其中,SSCC 条码符号应位于标签的最下端。标签实例如图 8-4 所示。

SSCC 是所有物流单元标签的必备项,其他信息如果需要应配合应用标识符 AI 使用。

1) 承运商区段

承运商区段通常包含在装货时就已确定的信息,如到货地邮政编码、托运代码、承运商特定路线和装卸信息。

　　2) 客户区段

　　客户区段通常包含供应商在订货和订单处理时就已确定的信息。主要包括到货地点、购货订单代码、客户特定路线和货物的装卸信息。

　　3) 供应商区段

　　供应商区段通常包含包装时供应商已确定的信息。SSCC 是物流单元应有的唯一的标识代码。

　　客户和承运商所需要的产品属性信息,如产品变体、生产日期、包装日期和有效期。批号(组号)、系列号等也可以在此区段表示。

2. 标签尺寸

　　用户可以根据需要选择 105 mm×148 mm(A6 规格)或 148 mm×210 mm(A5 规格)两种尺寸。当只有 SSCC 或者 SSCC 和其他少量数据时,可选择 105 mm×148 mm。

图 8-4　物流单元标签

8.2.5　技术要求

　　物流单元上的信息有两种表达形式。一种用于人工处理,由人可识读的文字与图形组成。另一种用于计算机处理,用条码符号表示。这两种形式通常存在于同一标签上。两种表达形式在物流单元标签上的要求如下。

1. 条码符号要求

　　物流单元标签上的条码符号应符合下列要求和 GB/T 15425—2014 的规定。

　　1) 尺寸要求

　　X 尺寸最小为 0.495 mm,最大为 1.016 mm。在指定范围内选择的 X 尺寸越大,扫描可靠性越高。

　　条码符号的高度应大于等于 32 mm。

　　2) 条码符号在标签上的位置

　　条码符号的条与空应垂直于物流单元的底面。在任何情况下,SSCC 条码符号都应位于标签的最下端。

　　供人识读字符可以放在条码符号的上部或下部,包括应用标识符、数据内容、校验位,但不包括特殊符号字符或符号校验字符。应用标识符应通过圆括号与数据内容区分开来。供人识读字符的高度不小于 3 mm,并且清晰易读,位于条码符号的下端。

　　3)检测和质量评价

　　条码的符号等级不得低于 1.5/10/670,条码符号的检测和质量评价见 GB/T 18348—2008。

2. 标签的文本

　　1)文字与标记

　　标签的文字与标记包括发货人、收货人名字和地址、公司的标志等。标签文本要清晰易读,并且字符高度不小于 3 mm。

　　2)人工识读的数据

　　人工识读的数据由数据名称和数据内容组成,内容与条码表示的单元数据串一致,数据内容字符高度应不小于 7 mm。

8.2.6　物流单元标签的放置

1. 符号位置

　　每个完整的物流单元上至少应有一个印有条码符号的物流标签。物流标签宜放置在物流单元的直立面上。推荐在一个物流单元上使用两个相同的物流标签,并放置在相邻的两个面上,短的面右边和长的面右边各放一个,如图 8-5 所示。

图 8-5　物流单元上条码符号的放置

2. 符号方向

　　条码符号应横向放置,使条码符号的条垂直于所在直立面的下边缘。

3. 条码符号放置

　　1)托盘包装

　　条码符号的下边缘宜处在单元底部以上 400～800 mm 的高度(h)范围内,对于高度小于 400 mm 的托盘包装,条码符号宜放置在单元底部以上尽可能高的位置;条码符号(包括空白区)到单元直立边的间距应不小于 50 mm。在托盘包装上放置条码符号的示例如图 8-6 所示。

　　2)箱包装

　　条码符号的下边缘宜在单元底部以上 32 mm 处,条码符号(包括空白区)到单元直立边的间距应不小于 19 mm,如图 8-7(a)所示。

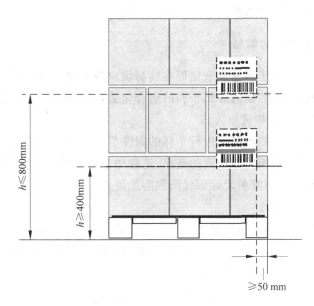

图 8-6　托盘包装上条码符号的放置

如果包装上已经使用了 EAN-13、UPC-A、ITF-14 或 UCC/EAN-128 等标识贸易项目的条码符号,印有条码符号的物流标签应贴在上述条码符号的旁边,不能覆盖已有的条码符号;物流标签上的条码符号与已有的条码符号保持一致的水平位置,如图 8-7(b)所示。

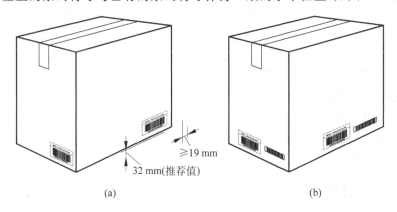

图 8-7　箱包装上条码符号的放置

8.3　条码技术标准在建材领域物流单元中的应用

现代物流作业中的信息采集速度与准确率,已经达到相当高的水平。商品条码在我国建材物流单元上的应用,将帮助国内企业完成商品实物流与信息流的一体化管理,实现产品跟踪与溯源,提高供应链管理水平,提升国际竞争力。

1. 建材物流单元代码的编制

建材物流单元,指为便于运输或仓储而在建材供应链中建立的临时性包装单元。

一箱有不同规格、图案的瓷砖和腻子粉的组合包装,一个装有 12 箱油漆的托盘(每箱含 6 桶油漆),都可以视为一个物流单元。

在供应链中,如果能对物流单元进行个体的跟踪与管理,通过扫描每个物流单元上的条码标签,就可以实现物流与相关信息流的链接,追踪每个物流单元的实物移动。

物流单元的代码包括物流单元标识代码和附加信息代码。

1) 物流单元的标识代码

物流单元标识代码是标识物流单元身份的唯一代码,具有全球唯一性。物流单元标识代码采用 SSCC(serial shipping container code,系列货运包装箱代码)表示。

SSCC 分为 4 种代码结构,见表 8-15。

表 8-15　SSCC 的代码结构

结构种类	扩展位(取值 0~9,用于增加 SSCC 的容量,厂商自行编制)	厂商识别代码(中国物品编码中心分配)	系列号(厂商自行编制)	校验码(校验正误)
结构一	N_1	$N_2 N_3 N_4 N_5 N_6 N_7 N_8$	$N_9 N_{10} N_{11} N_{12} N_{13} N_{14} N_{15} N_{16} N_{17}$	N_{18}
结构二	N_1	$N_2 N_3 N_4 N_5 N_6 N_7 N_8 N_9$	$N_{10} N_{11} N_{12} N_{13} N_{14} N_{15} N_{16} N_{17}$	N_{18}
结构三	N_1	$N_2 N_3 N_4 N_5 N_6 N_7 N_8 N_9 N_{10}$	$N_{11} N_{12} N_{13} N_{14} N_{15} N_{16} N_{17}$	N_{18}
结构四	N_1	$N_2 N_3 N_4 N_5 N_6 N_7 N_8 N_9 N_{10} N_{11}$	$N_{12} N_{13} N_{14} N_{15} N_{16} N_{17}$	N_{18}

2) 物流单元的附加信息代码

建材产品的物流单元除了需要标明其标识代码 SSCC 外,经常需要标明一些附加信息,如物流单元运输的目的地、物流包装重量、物流单元的长宽高尺寸等。对这些附加信息的编码应采用"应用标识符(AI)＋附加信息代码"的结构表示。

2. 条码符号的选择

1) SSCC 的条码表示

SSCC 代码结构必须采用 GS1-128 条码符号表示。

图 8-8 所示为某建材产品物流单元的 GS1-128 条码示例。18 位数字代码 SSCC 前面的"(00)"是 SSCC 对应的应用标识符,表示其后数据段的含义为系列货运包装箱代码。

(00)069012345678900002

图 8-8　某建材产品物流单元 GS1 128 条码示例

2）附加信息的条码表示

建材物流单元的附加信息代码采用 GS1-128 条码表示。

图 8-9 所示为含 GTIN、保质期、批号、数量及物流单元内贸易项目数量的物流单元 GS1-128 条码示例。

图 8-9　含 GTIN、保质期、批号、数量及贸易项目数量的物流单元 GS1-128 条码示例

3. 物流标签

物流标签是物流过程中用于表示物流单元有关信息的条码符号标签。

每个物流单元都要有自己唯一的 SSCC。在实际应用中，一般不事先把包括 SSCC 在内的条码符号印刷在物流单元包装上。比较合理的做法是，在物流单元确定后，制作标签并粘贴在物流单元上面。

1）标签内容

物流标签上的信息有两种表现形式：由文本和字符组成的供人识读的信息以及为自动数据采集设计的机读信息。

一个完整的物流标签可划分为三个区段：供应商区段、客户区段和承运商区段。每个区段均采用两种表现形式表示一类信息的组合。正文内容位于标签区段的上方，条码符号位于标签区段的下方。其中，SSCC 条码符号应位于标签的最下端，图 8-10 所示为一个较完整的物流标签。

标签区段从上到下的顺序通常为：承运商区段、客户区段和供应商区段。这个顺序以及标签内容可以根据物流单元的尺寸和贸易过程来做调整，图 8-11～图 8-13 所示都是在流通环节中常见的物流标签。

SSCC 是所有物流标签的必备项，如果需要表示其他信息应配合应用标识符（AI）。

供应商区段所包含的信息一般是包装时供应商已经确定的信息。SSCC 在此用作物流单元的标识。

图 8-10　包含承运商、客户与供应商区段的标签

图 8-11　含有一个 SSCC 的基本物流单元标签

对于客户和承运商所需要的产品属性信息,如生产日期、包装日期、有效期、保质期、批号、系列号等,也可以在此区段表示。

承运商区段所包含的信息,如到货地邮政编码、托运代码、承运商特定运输路线、装卸信息等,通常是在装货时知晓的。

客户区段所包含的信息,如到货地、购货订单代码、客户特定运输路线和装卸信息等,通常是在订购时和供应商处理订单时知晓的。

图 8-12　含有链接数据的供应商区段的标签

图 8-13　包含供应商和承运商区段的标签

2）标签技术要求

物流标签上的条码符号的尺寸及印制质量应符合 GB/T 15425—2014《商品条码 128 条码》的要求。

条码符号的条与空应垂直于物流单元的底面,在任何情况下,表示 SSCC 的条码符号都应位于标签的最下端。

条码符号的供人识读字符,包括应用标识符、数据内容、校验码,但不包括特殊符号字符或符号校验字符的表示,可以放在条码符号的上部或下部。应用标识符应通过圆括号与数据内容区分开来,供人识读字符的高度不小于 3 mm,并且清晰易读。

标签的正文内容包括发货人、收货人名字和地址、公司的标志等。正文内容要清晰易读,并且字符高度不小于 3 mm。

正文中人工识读的数据由数据名称和数据内容组成,内容与条码表示的单元数据串一致,数据内容字符高度应不小于 7 mm。

8.4 实训项目

【知识目标】

1. 了解物流标签上条码符号的码制。

2. 掌握物流标签三个区段的内容。

【技能目标】

1. 会运用条码生成软件生成物流条码。

2. 能制作一个完整的物流标签(包含三个区段)。

【实训设备】

计算机、条码生成软件、打印机。

【实训内容】

项目名称 物流标签设计

利用条码生成软件制作一个 A5 规格(148 mm×210 mm)的物流标签,标签应包含承运商区段、客户区段和供应商区段及相应的文本信息。

【实训报告】

撰写总结报告,提交物流标签。

【注意事项】

1. 实训结束,恢复实训室初始状态。

2. 保持环境卫生。

第9章 条码技术标准在物流中心的应用

【教学目标】

目标分类	目标要求
能力目标	1. 能熟练操作物流管理信息系统
	2. 能够根据流通加工环节需要合理使用条码技术
	3. 依据物流的特点选择使用条码识读器,并能够熟练使用识读器
知识目标	1. 掌握流通加工过程中各类特殊的条码技术要求
	2. 掌握装卸搬运环节的条码技术相关要求
	3. 掌握条码技术在物流信息系统中的主要应用模式
素养目标	动手操作能力、沟通交流能力、信息处理能力

【理论知识】

9.1 条码技术标准在生产及流通加工中的应用案例

在现代化工业大规模生产流水线上,时间是以秒为单位计算的,手工方式既费时、费力,又容易产生错误。企业为了满足市场多元化的要求,生产制造从过去的大批量、单调品种的模式向小批量、多品种的模式转移,给传统的手工方式带来更大的压力。手工方式效率低,由于各个环节的统计数据的时间滞后性,造成统计数据在时序上的混乱,无法进行整体的数据分析进而给管理决策提供真实、可靠的依据。利用条码技术,对生产制造业的物流信息进行采集跟踪的管理信息系统。系统通过对生产制造业的物流跟踪,满足企业针对物料准备、生产制造、仓储运输、市场销售、售后服务、质量控制等方面的住处管理需求。系统高度集成,数据可追踪、溯源、反查强大的报表功能满足多变的管理需要,多维图形化数据分析,使您坐在办公室就能了解生产计划的执行情况以及具体单位部件的流向。

1. 物料管理

物料跟踪管理、建立完整的产品档案。库存管理系统包括库存量控制、采购控制、制造命令控制、供应商资料管理、零件缺件控制、盘点管理等功能。对物料仓库进行基本的进、销、存管理。建立物料质量检验档案,产生质量检验报告,与采购订单挂钩建立对供应商的评价。

2. 生产及流通管理

制定产品识别码(PIN)。在生产中应用产品识别监控生产,采集生产测试数据,采集生产质量检查数据,进行产品完工检查,建立产品识别码和产品档案。提供企业决策者动态的监控生产。监视各个采集点的运行情况,保证采集网络的各个采集点正常工作,图表或表格实时反映产品的未上线、在线、完工情况,从而保证生产的正常运行,提高生产效率,通过一系列的生产图表或表格监控生产运行。通过产品标识条码在生产线采集质量检测数据,以产品质量标准为准绳判定产品是否合格,从而控制产品在生产线上的流向及是否建立产品档案。

3. 仓库管理

仓库管理系统根据货物的品名、型号、规格、产地、牌名、包装等划分货物品种,并且分配唯一的编码,也就是"货号",分货号管理货物库存和管理货号的单件集合,并且应用于仓库的各种操作。采用产品标识条码记录单件产品所经过的状态,从而实现对单件产品的跟踪管理。仓库业务管理包括:出库、入库、盘库、月盘库、移库,不同业务以各自的方式进行,完成仓库的进、销、存管理。更加准确地完成仓库出入库操作。条码仓库管理采集货物单件信息,处理采集数据,建立仓库的入库、出库、移库、盘库数据。这样,使仓库操作完成更加准确。它能够根据货物单件库存为仓库货物出库提供库位信息,使仓库货物库存更加准确。对仓库的日常业务建立台账,月初开盘,月底结盘,保证仓库的进、销、存的有机进行,提供差错处理。

4. 市场销售链管理

销售链管理控制,跟踪产品销售过程。针对不同销售采取相应的销售跟踪策略:企业直接销售(企业下属销售实体的销售)在仓库销售出库过程中完成跟踪;其他单位销售按其上报销售单件报表或用户信息返回卡建立跟踪。市场规范检查监督区域销售政策实施。市场销售跟踪建立完整销售链,根据销售规范检查销售。建立部分销售链,根据市场反馈检查销售。销售商评估按品种、数量评估销售商能力及区域市场销售特点。

5. 产品售后跟踪服务

客户购买回寄或零售商回寄,建立用户信息。产品用户信息处理提供销售跟踪和全面市场分析。售后维修产品检查,控制售后维修产品,检查产品是否符合维修条件和维修范围,企业能够进一步提高产品售后维修服务,能为产品用户解决真正产品维修,并区分保修和收费维修。售后维修跟踪建立产品售后维修档案。通过产品维修点反馈产品售后维修记录,建立售后维修跟踪记录,监督产品维修点和建立售后产品质量,记录统计维修原因。维修部件管理对产品维修部件实行基本的进、销、存管理。

6. 产品质量管理及分析

物料质量管理,根据物料准备、生产制造、维修服务过程中采集的物料质量信息,统计物料的合格率、质量缺陷分布,产生物料质量分析报告。

9.2　条码技术标准在搬运装卸环节的应用

9.2.1　搬运装卸

1. 定义

搬运(handing/carrying)是指在同一场所内,对物品进行水平移动为主的物流作业。

装卸(loading and unloading)是指物品在指定地点以人力或机械装入运输设备或卸下。

2. 搬运装卸的意义

装卸搬运是指在同一地域范围内进行的、以改变物的存放状态和空间位置为主要内容和目的的活动,具体说,包括装上、卸下、移送、拣选、分类、堆垛、入库、出库等活动。装卸搬运是伴随输送和保管而产生的必要的物流活动,但是和运输产生空间效用和保管产生时间效用不同,它本身不产生任何价值。但这并不说明搬运装卸在物流过程中不占有重要地位,物流的主要环节,如运输和存储等是靠装卸、搬运活动联结起来的,物流活动其他各个阶段的转换也要通过装卸搬运联结起来,由此可见在物流系统的合理化中,装卸和搬运环节占有重要地位。装卸、搬运不仅发生次数频繁,而且其作业内容复杂,又是劳动密集型、耗费人力的作业,它所消耗的费用在物流费用中也占有相当大的比重。据统计,俄罗斯经铁路运输的货物少则有 6 次,多则有几十次装卸搬运,其费用占运输总费用的 20%～30%。装卸搬运活动频繁发生,作业繁多,这也是产品损坏的重要原因之一。

3. 搬运装卸作业的构成

搬运装卸作业有对输送设备(如辊道、车辆)的装入、装上和取出、卸下作业,也有对固定设备(如保管货架等)的出库、入库作业。

(1)堆放拆垛作业。堆放(或装上、装入)作业是指把货物移动或举升到装运设备或固定设备的指定位置,再按所要求的状态放置的作业;而拆垛(卸下、卸出)作业则是其逆向作业。

(2)分拣配货作业。分拣是在堆垛作业前后或配送作业之前把货物按品种、出入先后、货流进行分类,再放到指定地点的作业。而配货则是把货物从所定的位置按品种、下一步作业种类、发货对象进行分类的作业。

(3)搬送、移送作业。搬送、移送作业是为了进行装卸、分拣、配送活动而发生的移动物资的作业。包括水平、垂直、斜行搬送,以及几种组合的搬送。

9.2.2 条码在出入库装卸中的应用

装卸作业在仓库出入库作业中是不可或缺的一环。一般的货物出入库作业流程如图 9-1 和图 9-2 所示。

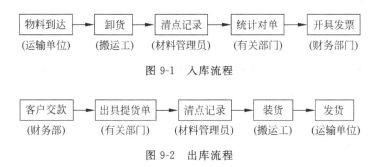

图 9-1 入库流程

图 9-2 出库流程

根据订货信息(订货单)将订货数据传送给手持终端,货到后,在手持终端上先输入订单号,然后装卸人员(或叉车司机)只需用手持终端扫描准备入库的货箱上的条码标签即可。扫描一种商品的条码后,手持终端的显示屏上可以自动显示出该商品应到货的数量、名称、规格、保质期等信息,经核对可直接确认数量或用键盘输入实际到货数量。货物入库后按照其分类和属性将其安排到相应货位上,用手持终端扫描要放置商品的条码后再扫描一下货架上的位置条码,这样就完成了商品的收货及入库上架工作。

根据提货单,由计算机系统对照库存相应商品数量,制定出送货单,将需送货的商品集中后,将该批出库数据存储于手持终端,装卸人员只需扫描出库商品的条码,确认出库商品数量。

传统仓库单据管理中采用人工登单还是手工录入,信息由于采集过程烦琐(需人工登记或在几个班次结束后统一录入计算机),经常发生传递滞后;同时也降低了系统的可靠性(据统计,手工操作出现的误码差的概率是 3%～4%)。一些单位为了避免手工操作的失误,采取增设验单人员的办法,但其副作用是把人工投入非增值性重复劳动造成浪费,另外,还会影响指令处理速度,加剧信息滞后。由于这种数据收集方式难以系统化,最终降低了劳动生产率、订单、资金周转质量以及仓库空间的利用率。

　　在装卸搬运环节中，装卸员先扫描货物上的条码，获取货物的信息，与数据库的货物信息、数量进行核对、验证；数据采集器通过扫描条码，自动计算出采集的货物的数量；在自动分拣时，固定的输送带上的扫描器将扫描输送的货物的条码而获取信息，从而进行自动分拣；当进行大批量的作业时，不能采用人工测量包裹尺寸，这时采用自动测量系统，通过对包裹上的条码进行扫描，系统与动态电子秤相结合，能准确地提供包裹的尺寸、重量等信息；在货物通道上，安装了全方位扫描器，能把包裹上的所有条形码全方位扫描，读取包裹的所有信息，传送到控制系统上，进行存储。物流条码应用在装卸搬运的环节中，解决了原来手工操作时出现的一些问题，当货物的信息和数量越来越大时，采用手工记录的方式往往会出现错漏，条码技术的运用使得采集货物数据的效率大大提高，速度比手工方式更快，采集信息更精确，条码技术在装卸搬运环节中的流程如图 9-3 所示。

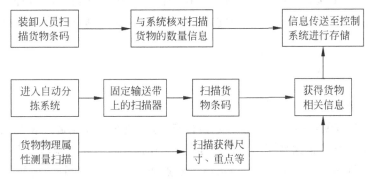

图 9-3　物流条码在装卸搬运环节中的应用流程图

　　在出入库装卸环节，不仅需要对货物条码进行识读，还要求数据采集设备具备实时数据采集、自动存储、即时显示、即时反馈、自动处理、自动传输等功能。

　　针对传统数据采集易出现的问题，可建立条码数据采集系统来解决。在已经安装了计算机通信网络的工厂，只需在数据录入前增加一些条码数据采集器设备，就能将烦琐的流程大大简化。

　　通常采用的数据采集器为手持式条码终端，既可选择便携式数据采集器，也可选择无线数据采集器。

9.3　条码技术标准在流通加工环节的应用

　　条码技术是物流自动跟踪的最有力工具，并在全球范围内被广泛应用。因为条码技术具有制作简单、信息收集速度快、准确率高、信息量大、成本低和条码设备方便易用等优点，所以从生产到销售的流通转移过程中，条码技术起到了准确识别物品信息和快速跟踪物品历程的重要作用，它是整个物流信息管理工作的基础。

9.3.1 流通加工

1. 定义

流通加工(distribution processing)是指物品在从生产地到使用地的过程中,根据需要施加包装、分割、计量、分拣、刷标志、拴标签、组装等简单作业的总称。

在流通过程中辅助性的加工活动称为流通加工。流通与加工的概念本属于不同范畴。加工是改变物质的形状和性质、形成一定产品的活动;而流通则是改变物质的空间状态与时间状态。流通加工则是为了弥补生产过程加工不足,更有效地满足用户或本企业的需要,使产需双方更好地衔接,将这些加工活动放在物流过程中完成,而成为物流的一个组成部分,流通加工是生产加工在流通领域中的延伸,也可以看成流通领域为了更好地服务,而在职能方面的扩大。

2. 流通加工的形式

流通加工的形式有以下几种。

(1) 为了运输方便,如铝制门窗框架、自行车、缝纫机等若在制造厂装配成完整的产品,在运输时将耗费很高的运输费用。一般都是把它们的零部件,如铝制门窗框架的杆材、自行车车架和车轮分别集中捆扎或装箱,到达销售地点或使用地点以后,再分别组装成成品,这样不仅使运输方便而且经济。而作为加工活动的组装环节是在流通过程中完成的。

(2) 由于用户需要的多样化,必须在流通部门按照顾客的要求进行加工,如平板玻璃以及铁丝等,在商店根据顾客所需要的尺寸临时配置。

(3) 为了综合利用,在流通中将货物分解,分类处理。猪肉和牛肉等在食品中心进行加工,将肉、骨分离,其中肉只占65%左右,向零售店输送时就能大大提高输送效率。骨头则送往饲料加工厂,制成骨粉加以利用。

因此,流通加工这一环节的发展,使流通与加工总体过程更加合理化。流通加工的内容一般包括袋装、定量化小包装、挂牌子、贴标签、配货、拣选、分类、混装、刷标记等。生产的外延流通加工包括剪断、打孔、折弯、拉拔、挑扣、组装、改装、配套以及混凝土搅拌等。对流通加工的属性目前尚有不同看法,一般认为它既属于加工范畴,也属于物流活动的一部分。

9.3.2 条码在组装加工中的应用

流通加工环节中,流通加工企业往往需要将用途相关的货物进行组合包装、贴标之后再向客户销售,例如:牙膏、牙刷、毛巾等组成的旅行套装;钳子、螺丝刀等组成的工具包。

这样的组合都需要有独立的商品标识代码。其中厂商识别代码可以是生产厂商；流通加工企业也可以注册自己的厂商识别代码,将组合包装作为自己的产品进行销售。

这种组合包装其标识代码、条码符号的选择、条码的设计和生成及印制同商品包装环节。

9.3.3　条码在贴签加工中的应用

有些服装需要在批发商的仓库或配送中心进行缝商标、拴价签、改换包装等简单的加工作业。另外,近年来,因消费者要求的苛刻化,退货大量增加,从商场退回来的衣服,一般在仓库或配送中心重新分类、整理、改换价签和包装。

这些流通加工所用到的商品条码的标识代码、条码符号的选择、条码的设计和生成及印制同商品包装环节。

9.3.4　条码在包装中的应用

物流条码应用于包装环节中,其目的在于在流通过程中保护产品、方便储运、促进销售。在包装环节中,应用物流条码,可通过使用数据采集器对产品外包装进行扫描,采集货物的相关信息,例如:货物的生产日期、出场地址、厂家、保质期等的信息,便可查询来源于厂家或销售部门的关于产品的信息,信息采集后会反馈到计算机,自动录入数据并存档,通过使用条码技术,可以使得企业快速地采集货物的信息,提高作业的效率,同时通过结合信息系统,利用网络技术,可以做到整个供应链信息实时共享。虽然物流条码应用于包装环节,促使该环节的工作效率大大地提高,在包装环节中,由于条形码的保管方面做得不足,会容易导致条形码刮损、涂花等现象,导致损坏、涂花等保养问题出现的原因是工作人员的保管意识比较弱或货物存放的环境条件影响,所以当工作人员对货物进行包装时,如果手上沾有难以洗掉的物质时,工作人员接触到条形码,条形码就会被涂花,数据采集器对条形码进行扫描时,会有操作失败、错漏等情况出现。

条码技术在促销包装中应用时涉及的促销品是指商品的一种暂时性的变动,并且商品的外观有明显的改变。这种变化是由供应商决定的,商品最终用户从中获益。通常促销变体和它的标准产品在市场中共同存在。

商品的促销变体如果影响产品的尺寸或重量,必须另行分配一个不同的、唯一的商品标识代码。例如,加量不加价的商品,或附赠品的包装形态。

包装上明显地注明了减价的促销品,必须另行分配一个唯一的商品标识代码。例如:包装上有"省 2.5 元"的字样。

针对时令的促销品要另行分配一个唯一的商品标识代码。例如,春节才有的糖果包装。

其他的促销变体就不必另行分配商品标识代码。

促销品包装其条码符号的选择、条码的设计和生成及印制同商品包装环节。

9.4　条码技术标准在信息处理环节的应用

9.4.1　信息处理

1. 定义

物流活动进行中称必要的信息为物流信息。所谓信息是指能够反映事物内涵的知识、资料、信息、情报、图像、数据、文件、语言、声音等。信息是事物的内容、形式及其发展变化的反映。因此,物流信息和运输、仓储等各个环节都有密切关系,在物流活动中起着神经系统的作用。加强物流信息的研究才能使物流成为一个有机系统,而不是各个孤立的活动。在一些物流技术发达的国家都把物流信息工作作为改善物流状况的关键而给予充分的注意。

在物流中对各项活动进行计划预测、动态分析时,还要及时提供物流费用、生产情况、市场动态等有关信息。只有及时收集和传输有关信息,才能使物流通畅化、定量化。

2. 物流信息系统的结构

按垂直方向,物流信息系统可以划分为三个层次,即管理层、控制层和作业层;而从水平方面,信息系统贯穿供应物流、生产物流、销售物流、回收和废弃物流的运输、仓储、搬运装卸、包装、流通加工等各个环节,如图 9-4 所示,呈金字塔结构。可见物流信息系统是物流领域的神经网络,遍布物流系统的各个层次、各个方面。

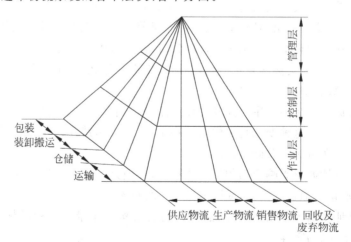

图 9-4　物流信息系统的结构

综上所述,物流系统是由运输、仓储、搬运装卸、包装、流通加工、物流信息等环节组成的。物流系统的效益并不是它们各个局部环节效益的简单相加,因为各环节的效益之间存在相互影响、相互制约的关系,也就是交替损益的关系。如过分强调包装材料的节约,则因其易于破损可能给装卸搬运作业带来麻烦;片面追求装卸作业均衡化,会使运输环节产生困难。各个环节都是物流系统链条中的一个环节,如图 9-5 所示。任何一个环节过分削弱都会影响物流系统链的整体强度。重视系统观念,追求综合效益最佳,这是物流学的最基本观点之一。

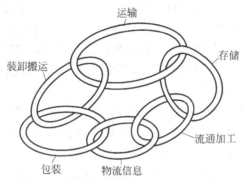

图 9-5　物流系统各要素的关系

9.4.2　条码在物流信息系统中的应用

条码作为一种及时、准确、可靠、经济的数据输入手段已被物流信息系统所采用。在工业发达的国家已被普及应用,已成为商品独有的世界通用的"身份证"。

欧美、日本等国家已经普遍使用条码技术,而且正在世界各地迅速推广普及,其应用领域还在不断扩大。由于采用了条码,消费者从心理上对商品质量产生了安全感,条码在识别伪劣产品、防假打假中也可起到重要作用。因为条码技术具有先进、适用、容易掌握和见效快等特点,在信息(数据)采集中发挥优势,无论在商品的入库、出库、上架还是在和顾客结算的过程中,都要面对如何将数据量巨大的商品(不论是整包包装还是拆封后单个零售)信息输入计算机中的问题。如果在单个商品的包装上,印制上条码符号,利用条码阅读器,就可以高速、准确、及时地掌握商品的品种(货号)、数量、单价、生产厂家、出厂日期等信息。这样不仅提高了效率,同时也吸引了更多的顾客,减少或消除顾客购货后结算和付款时出现拥挤排队现象。条码技术在中国将作为主要的自动识别技术,广泛应用于工业自动化控制和各类管理信息系统中,并将渗透到多技术领域和高新技术的产品中。

条码技术用于物流信息系统中,完成计算机的信息采集与输入。这将大大提高许多计算机管理系统的实用性。条码的应用和推广首先源于商品管理现代化,即 POS 系统的应用。如美国超级市场商品种类为 22 万多种,每年约有 10 000 种新商品进入市场,10 000 种老商品被清除,引新除旧的比例达 50%,如此繁重的工作量,没有条码,没有 POS 系统的应用是难以应付的。当今日本在 POS 系统的应用上走在了世界的前列。

目前,日本已有 48 000 个制造厂家约有 1 亿种商品项目采用了 EAN 码标识,有相当一部分商家全用 POS 系统,POS 系统不仅限于食品杂货,一些专业店(如医药、化妆品、烟酒等)也建立了 POS 系统。

不仅 POS 系统得到广泛的应用,很多国家还建立了市场数据交换中心,沟通产、供、销之间信息,建立贸易数据交换机构,及时搜集汇总各商店、各种商品的销售信息并及时反馈给制造厂家。这样生产厂家可及时、准确地了解商品销售、购买情况和价格等,可分析消费者的心理,预测市场及时组织货源。零售商可根据情况及时调整销售计划、进货情况等。

另外,国内外优秀企业在原材料采购、加工生产线、仓库管理、配送中心、分销零售等各个方面均开始普遍应用条码技术。

在仓库中,物品频繁出入仓库、快速响应(quick response,QP)使作业交错传递,仓库容量优化也要求物品合理摆放。如此庞大的信息量使得仓库人员的操作必须符合流程规范,也必须使用手持终端完成准确、及时、交互的操作。

在运输过程中,条码技术也非常重要。运输在物流中的概念不能仅仅理解为把产品送达客户的在途过程,而是理解为一个从供端开始到需端结束的物流循环中,每一个环节到下一个环节上所发生的物质、信息的转移,都要有数据记录。如物料从材料库到生产线,库管人员要扫描记录物料信息、生产主管也要扫描记录;物料从生产线到工位,生产主管要扫描记录、生产工人也要扫描记录;包括下生产线、入产成品库、至零售商和最终到达消费者的物流状况都要扫描记录,使得企业物流与信息流始终一致流动,达到企业在线管理控制资源的目的。

在数据处理方面,条码技术并不是孤立地被使用,它是结合企业的 ERP、MRP Ⅱ、SCM、MIS 等信息系统同时完成对物流的确认、跟踪和控制。条码作为一种数据采集工具,在有大量数据产生的采集点上保证了数据的准确、快速,减少人工差错,实现标准化作业。但所采集的数据如果没有好的软件系统支持和使用,就不会成为企业各级管理者手上有效的资料,更不能为管理者作出生产控制、销售决策和市场分析提供有力的数据依据。就目前企业应用来看,国际知名管理软件公司的产品都做好了与条形码的接口,有的软件公司还与专业条形码厂商签订了战略合作伙伴协议;世界 500 强企业多数也与国际条码厂家如 Symbol、Zebra 签有全球供货协议。

第 10 章　其他常见条码

【理论知识】

10.1　常见一维条码介绍

10.1.1　Code 39 码

39 条码(Code 39)是于 1975 年由美国的 Intermec 公司研制的一种条码。它能够对数字、英文字母及其他 44 个字符进行编码。由于它具有自检验功能,使得 39 条码具有误读率低等优点,首先在美国国防部得到应用,目前广泛应用在汽车行业、材料管理、经济管理、医疗卫生和邮政、储运单元等领域。我国于 1991 年研究制定了 39 条码标准(GB/T 12908—2002),推荐在运输、仓储、工业生产线、图书情报、医疗卫生等领域应用 39 条码。

39 条码是一种条、空均表示信息的非连续型、非定长、具有自校验功能的双向条码。

1. 符号特征

由图 10-1 可以看出,39 条码的每一个条码字符由 9 个单元组成(5 个条单元和 4 个空单元),其中 3 个单元是

图 10-1　表示"B2C3"的 39 条码

宽单元(用二进制的"1"表示),其余是窄单元(用二进制的"0"表示),故称之为"39 条码"。

39 条码可编码的字符集包括:

A～Z 和 0～9 的所有数字、字母。

特殊字符:空格,$,%,+,−,·,/。

起始符/终止符。

每个条码字符共 9 个单元。其中有 3 个宽单元和 6 个窄单元,共包括 5 个条和 4 个空,非数据字符等于两个符号字符。

2. 符号结构

39 条码符号包括左右两侧空白区、起始符、条码数据符(包括符号校验字符)及终止符,如图 2-11 所示。条码字符间隔是一个空,它将条码字符分隔开。39 条码字符集见表 2-2。在供人识读的字符中,39 条码的起始符和终止符通常用"∗"表示。此字符不能在符号的其他位置作为数据的一部分,并且译码器不应将它输出。

3. 字符编码

39 条码字符集见表 10-1。

表 10-1 39 条码字符集表

字符	B	S	B	S	B	S	B	S	B	ASCII 值
0	0	0	0	1	1	0	1	0	0	48
1	1	0	0	1	0	0	0	0	1	49
2	0	0	1	1	0	0	0	0	1	50
3	1	0	1	1	0	0	0	0	0	51
4	0	0	0	1	1	0	0	0	1	52
5	1	0	0	1	1	0	0	0	0	53
6	0	0	1	1	1	0	0	0	0	54
7	0	0	0	1	0	0	1	0	0	55
8	1	0	0	1	0	0	1	0	0	56
9	0	0	1	1	0	0	1	0	0	57
A	1	0	0	0	0	1	0	0	1	65
B	0	0	1	0	0	1	0	0	1	66
C	1	0	1	0	0	1	0	0	0	67
D	0	0	0	0	1	1	0	0	1	68
E	1	0	0	0	1	1	0	0	0	69
F	0	0	1	0	1	1	0	0	0	70
G	0	0	0	0	0	1	1	0	1	71
H	1	0	0	0	0	1	1	0	0	72

续表

字符	B	S	B	S	B	S	B	S	B	ASCII 值
I	0	0	1	0	0	1	1	0	0	73
J	0	0	0	0	1	1	1	0	0	74
K	1	0	0	0	0	0	0	1	1	75
L	0	0	1	0	0	0	0	1	1	76
M	1	0	1	0	0	0	0	1	0	77
N	0	0	0	0	1	0	0	1	1	78
O	1	0	0	0	1	0	0	1	0	79
P	0	0	1	0	1	0	0	1	0	80
Q	0	0	0	0	0	0	1	1	1	81
R	1	0	0	0	0	0	1	1	0	82
S	0	0	1	0	0	0	1	1	0	83
T	0	0	0	0	1	0	1	1	0	84
U	1	1	0	0	0	0	0	0	1	85
V	0	1	1	0	0	0	0	0	1	86
W	1	1	1	0	0	0	0	0	0	87
X	0	1	0	0	1	0	0	0	1	88
Y	1	1	0	0	1	0	0	0	0	89
Z	0	1	1	0	1	0	0	0	0	90
-	0	1	0	0	0	0	1	0	1	45
·	1	1	0	0	0	0	1	0	0	46
空格	0	1	1	0	0	0	1	0	0	32
$	0	1	0	1	0	1	0	0	0	36
/	0	1	0	1	0	0	0	1	0	47
+	0	1	0	0	0	1	0	1	0	43
%	0	0	0	1	0	1	0	1	0	37
*	0	1	0	0	1	0	1	0	0	无

说明：1. ＊表示起始符/终止符。2. B 表示条，S 表示空。0 代表一个窄单元，1 代表一个宽单元。

10.1.2　Code 93 码

Code 93 码的条码符号是由 Intermec 公司于 1982 年以 Code 39 条码为基础设计的，比 Code 39 能够编辑更大的字符集，并且拥有更高的数据容量的条码，可以编辑字母和数字的混合信息，需有两个校验码，主要用于由加拿大邮政编码补充提供的资料。

1. 符号特征

Code 93 码编码字符集为 26 个大写字母，10 个数字和 7 特殊字符：

A,B,C,D,E,F,G,H,I,J,K,L,M,N,O,P,Q,R,S,T,U,V,W,X,Y,Z；0,1,2,3,4,
5,6,7,8,9；－,·,$,/,+,％,空格。

除了 43 个字符外,Code 93 码还定义了 5 个特殊字符,在一个开放的系统,最低值的 X
尺寸为 7.5mil(0.19mm)。条码的最低高度为 15％的符号长度或 0.25in(6.35mm),以较高
者为准。开始和结尾空白区应至少 0.25in(6.35mm)。

2. 符号结构

一个典型的 93 条码具有以下结构:
(1) 起始字符 * 。
(2) 编码的数据字符。
(3) 第一模- 47 校验字符"C"。
(4) 第二模- 47 校验性质的"K"。
(5) 终止符 * 。

10.1.3　库德巴条码

库德巴条码是 1972 年研制出来的。它广泛地应用于医疗卫生和图书馆行业,也用于邮
政快件上。美国输血协会还将库德巴条码规定为血袋标识的代码,以确保操作准确,保护人
类生命安全。

我国于 1991 年研究制定了库德巴条码国家标准(GB/T 12909—1991)。

库德巴条码是一种条、空均表示信息的非连续型、非定长、具有自校验功能的双向条码。
它由条码字符及对应的供人识别字符组成。

库德巴条码的字符集包括:
(1) 数字字符 0~9(10 个数字)。
(2) 英文字母 A~D(4 个字母)。
(3) 特殊字符－(减号);
$ (美元符号);
:(冒号);
/(斜杠);
·(圆点);
＋(加号)。

由图 10-2 可以看出,库德巴条码由左侧空白区、起始符、数据符、终止符及右侧空白区
构成。它的每一个字符由 7 个单元组成(4 个条单元和 3 个空单元),其中两个或 3 个是宽
单元(用二进制"1"表示),其余是窄单元(用二进制"0"表示)。

A 1 2 3 4 5 6 7 8 B

图 10-2　表示"A12345678B"的库德巴条码

库德巴条码字符集中的字母 A、B、C、D 只用于起始字符和终止字符,其选择可任意组合。当 A、B、C、D 用作终止字符时,也可分别用 T、N、♯、E 来代替。库德巴条码的字符、条码字符及二进制表示见表 10-2。

表 10-2　库德巴条码的字符、条码字符及二进制表示对照表

字符	条码字符	二进制表示条空		字符	条码字符	二进制表示条空	
1		0010	001	$		0100	010
2		0001	010	—		0010	010
3		1000	100	:		1011	000
4		0100	001	/		1101	000
5		1000	001	.		1110	000
6		0001	100	+		0111	000
7		0010	100	A		0100	011
8		0100	100	B		0001	110
9		1000	010	C		0001	011
0		0001	001	D		0010	001

10.1.4　GS1 Databar 条码

GS1 Databar 条码起源于 RSS 条码,是一种线性条码,遵循全球统一的 GS1 标准,能够携带额外的信息以适应零售商和供应商的特殊需求。现在常见的有全向式 GS1 Databar-14 条码、全向层排式 GS1 Databar-14 条码、扩展式 GS1 Databar 条码和全向扩展式 GS1 Databar 条码 4 种类型。

GS1 Databar 条码共有 7 种类型,包括全向式 GS1 Databar 条码、全向层排式 GS1 Databar 条码、扩展式 GS1 Databar 条码、层排扩展式 GS1 Databar 条码、层排式 GS1 Databar 条码、截短式 GS1 Databar 条码及限定式 GS1 Databar 条码,如图 10-3～图 10-9 所示。其中,前 4 种条码时可以在 POS 零售终端上使用,后 3 种不可以在 POS 零售终端上使用。

图 10-3　全向式 GS1 Databar 条码

图 10-4　扩展式 GS1 Databar 条码

图 10-5　全向层排式 GS1 Databar 条码

图 10-6　层排扩展式 GS1 Databar 条码

图 10-7　层排式 GS1 DataBar
条码

图 10-8　截短式 GS1 Databar 条码

图 10-9　限定式 GS1 Databar
条码

使用 GS1 Databar 条码符号可使用附加信息表示生产者、产品种类、价格、重量、生产日期/包装日期/有效期、批次号等信息,在库存管理方面能够更加及时、优化库存;在销售方面能够确保销售价格准确、减少变质,图 10-10 所示为增加了附加信息的 GS1-Databar 条码;在质量提升方面能够确保产品质量、实施产品追溯和召回以及全供应链应用。附加信息的表示采用"应用标识符(AI)＋附加信息代码"的结构。应用标识符由 2～4 位数字组成,标识器对应的附加信息代码的含义与格式,不同的附加信息代码可组合使用。应用标识符请参考国家标准 GB/T 16986—2009《商品条码 应用标识符》。

图 10-10　GS1-Databar
标签示例

与 EAN-13 相比,GS1-Databar 条码的优势在于以下几个方面:

(1)占用面积更小,存储信息更多。由于编码方式的不同及自身不需要空白区,GS1 Databar 条码占用的空间更小。而且,GS1 Databar 条码可以承载除商品条码之外的多种信息,如重量、生产日期、批次号等,有利于实现供应链追溯,满足企业管理需求。

(2)可实现自动计算产品折扣功能。由于 GS1 Databar 条码可以包含价格、日期信息,可以通过在后台操作,实现临过期产品的自动打折功能,与现在大多数商业超市重新贴标签相比,减少了企业人力和物力的消耗,提高了作业效率。

(3) 可实现到期物品提醒及管理。包含生产日期或保质期的 GS1 Databar 条码,可以设置日期筛选,扫描器扫到过期产品时会自动提醒或不能结算,保证过期食品不会通过零售终端销售出去,切实保障食品安全,降低企业运营风险。

10.2　常见二维条码

二维条码通常分为以下两种类型。

1. 行排式二维条码

行排式二维条码(又称堆积式二维条码或层排式二维条码),其编码原理是建立在一维条码基础之上,按需要堆积成两行或多行。它在编码设计、校验原理和识读方式等方面继承了一维条码的一些特点,识读设备与条码印刷与一维条码技术兼容。但由于行数的增加,需要对行进行判定,其译码算法与软件也不完全相同于一维条码。代表性的行排式二维条码有 CODE49、CODE 16K、PDF417 等。

2. 矩阵式二维条码

矩阵式二维条码(又称棋盘式二维条码),是在一个矩形空间通过黑、白像素在矩阵中的不同分布进行编码。在矩阵相应元素位置上,用点(方点、圆点或其他形状)的出现表示二进制"1",用点的不出现表示二进制的"0"。点的排列组合确定了矩阵式二维条码所代表的意义。矩阵式二维条码是建立在计算机图像处理技术、组合编码原理等基础上的一种新型图形符号自动识读处理码制。具有代表性的矩阵式二维条码有 QR Code、Data Matrix、Maxi Code、Code One、矽感 CM 码(Compact Matrix)、龙贝码等。

在目前几十种二维条码中,常用的码制有 PDF417、Data Matrix、Maxi Code、QR Code、Code 49、Code 16K、Code One 等。除了这些常见的二维条码之外,还有 Vericode 条码、CP 条码、Codablock F 条码、田字码、Ultracode 条码及 Aztec 条码。

10.2.1　Code 49

Code 49 是一种多层、连续型、可变长度的条码符号,如图 10-11 所示。它可以表示全部的 128 个 ASCII 字符。每个 Code 49 条码符号由 2～8 层组成,每层有 18 个条和 17 个空。层与层之间由一个层分隔条分开。每层包含一

图 10-11　Code 49 条码符号示例

个层标识符,最后一层包含表示符号层数的信息。

表 10-3 为 Code 49 条码的特性。

表 10-3　Code 49 条码的特性

项　目	特　性
可编码字符集	全部 128 个 ASCII 字符
类型	连续型,多层
每个符号字符单元数	8(4 条,4 空)
每个符号字符模块总数	16
符号宽度	81X(包括空白区)
符号高度	可变(2~8 层)
数据容量	2 层符号:9 个数字字母型字符或 15 个数字字符
	8 层符号:49 个数字字母型字符或 81 个数字字符
层自校验功能	有
符号校验字符	2 个或 3 个,强制型
双向可译码性	是,通过层
其他特性	工业特定标志,字段分隔符,信息追加,序列符号连接

10. 2. 2　Code 16K

Code 16K 码是一种多层、连续型、可变长度的条码符号,如图 10-12 所示。它可以表示全 ASCII 字符集的 128 个字符及扩展 ASCII 字符。它采用 UPC 及 Code 128 字符。一个 16 层的 Code 16K 符号,可以表示 77 个 ASCII 字符或 154 个数字字符。Code 16K 通过唯一的起始符/终止符标识层号,通过了符自校验及两个模数 107 的校验字符进行错误校验。

图 10-12　Code 16K 码

表 10-4 为 Code 16K 条码的特性。

表 10-4　Code 16K 条码的特性

项　目	特　性
可编码字符集	全部 128 个 ASCII 字符,全 128 个扩展 ASCII 字符
类型	连续型,多层
每个符号字符单元数	6(3 条,3 空)
每个符号字符模块数	11
符号宽度	81X(包括空白区)
符号高度	可变(2~16 层)

续表

项　　目	特　　性
数据容量	2 层符号：7 个 ASCⅡ字符或 14 个数字字符
	16 层符号：77 个 ASCⅡ字符或 154 个数字字符
层自校验功能	有
符号校验字符	2 个，强制型
双向可译码性	是，通过层（任意次序）
其他特性	工业特定标志，区域分隔符字符，信息追加，序列符号连接，扩展数量长度选择

10.2.3　其他二维条码

Data Matrix 是一种矩阵式二维条码，其外观是一个由许多小方格所组成的正方形或长方形符号，以浅色与深色方格的不同排列组合来储存信息，以二位元码（Binary-code）方式来编码，计算机可直接读取其资料内容，不需要像传统一维条码一样在读取过程中使用符号对应表（Character Look-up Table）。Data Matrix 条码符号如图 10-13 所示，黑色代表"1"，白色代表"0"，再利用成串（string）的浅色与深色方格来描述特殊的字元信息，这些字串再列成一个完成的矩阵式二维条码，形成 Data Matrix 二维条码。

图 10-13　Data Matrix 条码符号

Data Matrix 二维条码的尺寸可任意调整，最大可到 14in²，最小可到 0.000 2in²，这也是目前一维与二维条码中的最小尺寸。另外，大多数的条码的大小与编入的资料量有绝对的关系，但是 Data Matrix 二维条码的尺寸与其编入的资料量却是相互独立的，因此它的尺寸比较有弹性。

Data Matrix 二维条码有两种类型，即 ECC000-140 和 ECC200。ECC000-140 具有几种不同等级的卷积纠错功能；而 ECC200 则使用 Reed-Solomon 纠错。ISO 标准推荐在公共场合使用 ECC200 规范，ECC000-140 现在用得很少，仅限于一个单独的部门控制产品和条码符号的识别，并负责整个系统运行的情况。

由于 Data Matrix 二维条码只需要读取资料的 20% 即可精确辨读，因此适合应用于条码容易受损的场所，如在暴露于高热、化学清洁剂、机械剥蚀等特殊环境的零件上以及电子行业的小零件上适合印制该种条码。

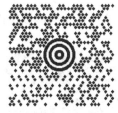

图 10-14　Maxicode 条码符号

Maxicode 条码是一种固定长度（尺寸）的矩阵式二维条码，20 世纪 90 年代由美国 UPS（United Parcel Service）快递公司研发。如图 10-14 所示。它由紧密相连的平行六边形模块和位于符号中央位置的定位图形组成。Maxicode 符号共有 7 种模式（包括两种作废模式），可表示全部 ASCⅡ字符和扩展 ASCⅡ字符。

Maxicode 条码主要有以下特点：

(1) 外形接近正方形，由位于符号中央的同心圆(或称公牛眼)定位图形及其周围六边形蜂巢式结构的资料位元所组成，这种排列方式使得 Maxicode 可从任意方向快速扫描。

(2) 符号大小固定。为了方便定位，使解码更容易，以加快扫描速度，Maxicode 的图形大小与资料容量大小都是固定的，图形固定约 $1in^2$，资料容量最多 93 个字元。

(3) 定位图形。Maxicode 具有一个大小固定且唯一的中央定位图形，为 3 个黑色同心圆，用于扫描定位，此定位图形位在资料模组所围成的虚拟六边形的正中央，在此虚拟六边形的 6 个顶点上各有 3 个黑白色不同组合式所构成的模组，称为方位丛，负责为扫描器提供重要的方位资讯。

(4) 每个 Maxicode 均将资料栏位划分成两大部分，围在定位图形周围的深灰色蜂巢称为主要讯息(primary messages)，其包含的资料较少，主要用来储存高安全性的资料，通常是用来分类或追踪的关键信息，包括 60 个资料位元(bits)和 60 个错误纠正位元。

图 10-15　Code one 条码符号

Code one 是一种用成像设备识别的矩阵式二维条码，如图 10-15 所示。Code one 符号中包含可由快速线性探测器识别的识别图案。每一模块的宽和高的尺寸为 X。

Code one 条码是一种用成像设备识别的矩阵式二维条码，符号中包含可由快速性线性探测器识别的识别图案。符号共有 10 种版本及 14 种尺寸。最大的符号，即版本 B，可以表示 2 218 个数字字母型字符或 3 550 个数字，以及 560 个纠错字符。Code one 可以表示全部 256 个 ASCⅡ 字符，另加 4 个功能字符及 1 个填充字符。

Code one 版本中的 A、B、C、D、E、F、G、H 8 种版本为一般应用而设计，可用大多数印刷方法制作。这 8 种版本可以表示较大的数据长度范围。每一种版本符号的面积及最大数据容量都是它前一种版本(按字母顺序排列)的 2 倍。通常情况下，使用中选择表示数据所需的最小版本。

Code one 的版本 S 和 T 有固定高度，因此可以用具有固定数量垂直单元的打印头(如喷墨打印机)印制。版本 S 的高度为 8 个印刷单元高度；版本 T 的高度为 16 个印刷单元高度。这两种版本各有 3 种子版本，它们是 S-10、S-20、S-30、T-16、T-32 与 T-48。子版本的版本号则是由数据区中的列数确定的。应用中具体版本的选定由打印头的尺寸及所需数据内容决定。

CM 条码是矽感公司开发的矩阵式二维条码，结合其 CIS 光学传感器技术，可以提供分辨率在 200～1 200DPI，尺寸 A3～A8，扫描速度 0.195 4～5 毫秒现/线的核心光电元件，具有独立的自主知识产权，可以大大降低生产成本。CM 条码图形如图 10-16 所示。

图 10-16　CM 条码

　　龙贝码(lots perception matrix code,LP Code),是龙贝公司开发的具有自主知识产权、完整技术体系以及大数据容量的矩阵式二维条码,是我国第一个完全自主原创的、唯一拥有底层核心算法国际发明专利的全新二维条码制,并于 2003 年 11 月鉴定。龙贝码图形如图 10-17 所示。

　　龙贝码与国际上现有的二维条码相比,具有更高的信息密度、更强的加密功能和更大的信息存储能力;可以对全汉字集进行编码,适用于包括 CMOS、CCD、CIS、Laser 激光线性扫描等各种类型的传感识读;可支持使用多达 32 种语种转译对接;具有全方位多向编码译码功能、极强的抗畸变性能、可任意调整码符图形的长宽比。龙贝码是目前唯一能够无须转换直接压缩存储所有数据类型的全信息矩阵式二维条码。

图 10-17　龙贝码

　　龙贝码主要有以下特点:

　　(1) 龙贝码具备高安全性加密功能,被称为零破解概率。

　　(2) 龙贝码拥有超强的信息密度,信息容量大于 300KB。

　　(3) 龙贝码是全球目前唯一的全信息码制,不受形状和版本的限制。

　　(4) 龙贝码可以有效地克服对现有二维条码抗畸变(如透视畸变、扫描速度畸变、球形畸变和凹凸畸变等)能力差的问题,具有超强识读和纠错能力。用户可自定义纠错等级,纠错能力超过 50%。

　　(5) 龙贝码条码符号外形尺寸及比例可以根据用户需求任意调整,能充分适应载体介质的特征。

10.3　复合条码

　　EAN·UCC 系统复合码是将 EAN·UCC 系统线性符号(即一维条码)和 2D(二维条码,包括行排式和矩阵式)复合组分组合起来的一种码制。线性组分对项目的主要标识进行编码。相邻的 2D 复合组分对附加数据(如批号和有效日期)进行编码。

　　EAN·UCC 复合码有 A、B、C 三种复合码类型,每种分别有不同的编码规则。设计编码器模型可以自动选择准确的类型并进行优化。

　　用于表示项目主要标识的线性组分可以被所有扫描器识别。2D 复合组分可以被线性的、面阵 CCD 扫描器以及线性的光栅激光扫描器识读。

　　2D 组分给 EAN·UCC 系统线性符号增加了用以表示附加信息的应用标识符单元数据串。

1. EAN·UCC 复合码概述

　　EAN·UCC 复合码由线性组分和多行 2D 复合组分组成。2D 复合组分印刷在线性组分之上。两个组分被分隔符所分开。在分隔符和 2D 复合组分之间允许最多 3 个模块宽的空,以便可以更容易地分别印刷两种组分。

线性组分是下列条码中的一种:

EAN/UPC 码制(EAN-13,EAN-8,UPC-A,或者 UPC-E)。

RS1 Databar 系列条码符号。

UCC/EAN-128 条码。

线性组分的选择决定了 EAN·UCC 复合条码名称,比如 EAN-13 复合码,或者 UCC/EAN-128 复合码。

2D 复合组分(简写为 CC)是根据线性组分和需要进行编码的附加数据的数量来选择的。有 3 种 2D 复合组分,按照最大数据容量排列如下:

CC-A:微 PDF417 的编码,最多 56 位。

CC-B:新编码规则的微 PDF417,最多 338 位。

CC-C:新编码规则的 PDF417 条码,最多 2 361 位。

如果两种组分同时印刷,应按照图 10-18 所示对齐。

在图 10-19 所示中,线性组分 UCC/EAN-128 对 AI(01)GTIN 进行编码。CC-C 2D 复合组分对 AI(10)批号和 AI(410)交货地址进行编码。

图 10-18   具有 CC-A 的限定式 RS1 Databar
                复合条码

图 10-19   具有 CC-C 的 UCC/EAN-128
                复合条码

2. 复合码中供人识读字符

EAN·UCC 复合码的线性组分中供人识读字符必须出现在线性组分之下。如果有 2D 复合组分的供人识读字符,则没有位置要求,但它应该靠近 EAN·UCC 复合码。

EAN·UCC 复合码没有具体规定供人识读字符的准确位置和字体大小。但是,字符应该容易辨认(比如 OCR-B),与符号有明显关联。

应用标识符(AI)应该清晰,易于识别和键盘录入。将 AI 置于供人识读字符的括号之间可以实现上述要求。

注意:码中的括号不是数据的一部分,在条码中不进行编码。遵守 UCC/EAN-128 条码使用的相同的原则。

由于 EAN·UCC 复合码可对大量数据进行编码,以供人识读形式显示所有数据可能是行不通的,即使有那么多的空间以这种形式来表示,录入那么多的数据也是不实际的。在这种情况下,供人识读字符的部分数据可以省略,但是主要的标识符数据,比如全球贸易项

最好还是选择常用码制。当然对于一些保密系统,用户可选择自己设计的码制。

　　需要指出的是,任何一个条码系统,在选择码制时,都不能顾此失彼,需根据以上原则综合考虑,择优选择,以达到最好的效果。

11.4　条码应用系统与数据库

11.4.1　条码应用系统中数据库设计的要求

　　在条码应用系统中,被管理对象的详细信息是以数据库的形式存储在计算机系统中的。条码识读设备采集到管理对象的条码符号信息后,通过通信线路传输到计算机系统中。在计算机系统中,应用程序根据这个编码到数据库中去匹配相应的记录,从而得到对象的详细信息,并在屏幕上显示出来,如图 11-4 所示。

图 11-4　条码识读过程示意图

　　为了能够及时得到条码对象的详细信息,在设计数据库时,必须在表结构设计中设计一个字段,用来记录对象的条码值。这样才能正确地从数据库中得到对象的信息,见表 11-4。

表 11-4　表结构设计中的条码值与对象的对应表

商品条码	商品名称	规格型号	生产日期	单价	……
06901234567892	康师傅方便面	200g×1	2004/02/16	……	
……					
06901234567892	康师傅方便面	200g×1	2004/02/16	……	

11.4.2　识读设备与数据库接口设计

同一个条码识读设备可以识读多种编码的条码。同时,在一家企业或超市中,不同的对象可以采用不同的编码,如 UCC/EAN-128、EAN-13、EAN-8 等。也就是说,条码识读设备采集到的条码数据的长度是不同的。为了查询时能够得到正确的结果,在数据库中,如何设计条码的字段长度呢? 有以下两个策略:

1. 采用小型数据库管理系统

像 Visual FoxPro 这样的小型数据库管理系统,其字符型数据的长度是定长的,在设计数据库时只能按照最长的数据需求来定义字段长度。因此我们需要把读入的较短的代码通过"补零"的方式来补齐。例如,如果数据库中的条码字段为 13 位,而某些商品使用的是 EAN-8 条码,就需要将读入的 EAN-8 条码的左边补上 5 个"0"后,再与数据库中的关键字进行匹配。

2. 采用大型数据库管理系统

大型数据库管理系统,如 SQLServer、Oracle、Sybase、DB2 等,它们都提供了一种可变长度的字符类型 varchar,可以使用变长字符类型来定义对象的条码字段。

11.5　应用系统的硬件和网络平台选择

从技术层面上来讲,一个完善的条码应用系统应该包含如下几个层次。

(1) 网络基础设施。网络基础设施包括网络拓扑、网络介质、网络设备及网络协议。

(2) 硬件平台。硬件平台包括服务器、客户机、终端、输入设备、输出设备等。

(3) 系统软件平台。系统软件平台包括操作系统、数据库管理系统、WEB 服务器、网络协议等。

(4) 支撑软件平台。支撑软件平台包括 VB、PB、DELTHI、VC++等。

(5) 应用软件。应用软件指满足各种业务需求的软件。

条码应用系统如图 11-5 所示。

在搭建应用系统平台时,可以选择的技术有很多,它们的价格、性能、安全性、使用方便程度等都存在很大的差别。在这里详细介绍硬件和网络平台的选择。

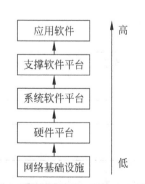

图 11-5　条码应用系统示意图

11.5.1　数据处理技术

信息处理的集中化(centralized)和分布化(distributed)问题是信息处理技术中一直在研究的问题。随着计算机和通信技术的发展,分布式数据处理越来越多地应用到组织中的信息处理中。

1. 集中化信息处理(centralized data processing)

在集中式处理中,信息存储、控制、管理和处理都集中在一台或几台计算机上,一般都是大型机,放在一个中心数据处理部门。这里集中的含义包括以下几点。

(1) 集中化的计算机。一台或几台计算机放在一起。

(2) 集中化的数据处理。所有的应用都在数据处理中心完成,不论实际企业的地理位置分布如何。

(3) 集中化的数据存储。所有的数据以文件或数据库的形式存储在中央设备上,由中央计算机控制和存取,包括那些被很多部门使用的数据,如存货数据。

(4) 集中化的控制。由信息系统管理员集中负责整个系统的正常运行。根据企业规模和重要程度,可以由中层领导管理,也可由企业的副经理层领导。

(5) 集中化的技术支持。由统一的技术支持小组提供技术支持。

(6) 集中化的信息处理。便于充分发挥设备和软件的功能。大型的中央处理机构拥有专业化的程序员来满足各部门的需求,便于数据控制和保证数据的安全。

(7) 集中化数据处理的典型应用是航空机票订票系统和饭店预定系统。在饭店预定系统中,由单一的中心预定系统维护所有饭店可用的资源,以保证最大的占有率。另外,中心预订系统收集和保存了所有客户的详细信息,如客户个人信息、住宿习惯、生活习惯等信息,饭店可以通过从不同角度分析这些数据来满足客户的需求。例如,美国的假日饭店(Holiday Inn)通过记录客户对房间用品(洗发水、浴液等)的偏好,当客户下次预订房间时,饭店早已为其准备好了他喜欢的用品,从而赢得了大量顾客的青睐。

2. 分布式数据处理(distributed data processing, DDP)

分布式数据处理是指计算机(一般都是小型机或微机)分布在整个企业中。这样分布的目的是从操作方便、经济性或地理因素等方面来进行更有效的数据处理。这种系统由若干台结构独立的计算机组成。它们能独立承担分配给它的任务,但通过通信线路联结在一起。整个系统根据信息存储和处理的需要,将目标和任务事先按一定的规则和方式分散给各个子系统。各子系统往往都由各自的处理设备来控制和管理,必要时可以进行信息交换和总体协调。

一个典型的分布式数据处理的例子是风险抵押系统。每一个业务员都有很多客户,每个客户都需要计算安全系数。

随着现代网络技术、贸易全球化和企业发展全球化的发展,分布式数据处理系统得到了广泛的应用。

11.5.2　网络拓扑结构的选择

计算机网络体系结构是由企业网络的商业模型决定的。它是关于整个系统网络的蓝图,这张蓝图勾勒出基本的网络拓扑结构。

所谓网络拓扑结构是指网络中各个节点相互连接的方法和方式。选择网络拓扑结构的第一步是确定信息和各种资源在网络上的分布。企业网络中的计算机资源可以是集中式的(centralized),也可以是分布式的(distributed)。在集中式网络拓扑结构中,只有一个节点被设计成数据中心,其他节点只有很弱的数据服务功能,它们主要依赖于数据中心节点的服务。而在分布式网络拓扑结构中,网络资源都分散在整个网络的各个局部节点上,这些节点都可以为其他节点提供数据服务。

集中式网络拓扑结构和分布式网络拓扑结构都有它们各自的优缺点。因此,网络拓扑结构的选择除了考虑传输介质和介质访问控制方法外,还要着重考虑网络拓扑适合于企业和公司的商业需要,以及符合企业和公司的商务管理原则,企业网络技术人员的技术水平和企业建网的预算。

1. 集中式网络拓扑结构

集中式网络拓扑结构就是星型拓扑结构。它是由中央节点和通过点对点的连接方式连接到中央节点的各网络节点组成的,如图 11-6 所示。中央节点执行集中式通信控制策略,因此中央节点相当复杂,它集中了联网硬件、通信设备、网络管理服务设备,并为各个站点提供各种网络服务。而和中央节点相连的各用户节点的通信负担都很小。它们之间不能直接通信,只能通过中央节点间接通信。传统的、以大型机或中型机为数据处理中心的计算机网络都采用这种星型结构。虽然目前有些采用星型拓扑结构的网络系统可以将一部分工作分派到某些非中央节点上,但是总的来说,大部分计算和信息处理任务及共享的网络资源仍然集中在中央节点上。

星型拓扑结构的一个变种是中央网络星型拓扑结构,如图 11-7 所示。多个中央节点集中在一起是基于冗余技术的考虑。用这种方式建成的网络,即使一个中央站点失败了,其他中央站点仍然可以继续维持整个网络的运行,所以网络具有容错功能。

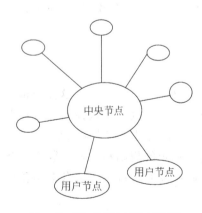

图 11-6　星型网络拓扑结构图

星型拓扑结构最适合于实现面向主机或数据处理中心的计算机网络。如果正在建网,这个企业有一个总部和许多分散的分支机构,如子公司、销售网点和厂区等,而企业总部又要求及时对它的分支机构进行集中管理,那么选用集中式网络拓扑结构比较合适。

集中式网络拓扑结构在一个很小的区域内集中了大部分计算机和设备,网络的管理和故障检修相对而言比较容易,一个用户节点的失败不会波及其他用户。集中式网络需要的管理人员也很少,因为一般他们只要集中在中央节点就可以管理网络和进行维修工作,这就是集中式网络的一些优点。

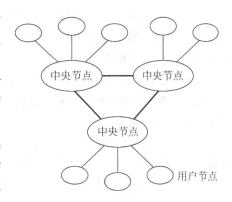

图 11-7　中央网络星型拓扑结构

星型网络拓扑结构也存在着一些缺点。由于每一个用户节点都需要一条单独的物理线路同中央节点相连,如果站点很多而距离又很远,线路费用就会很高。另外,一旦中央节点瘫痪,整个网络都无法工作。补救的技术只能是采用冗余技术,即常备有两个或多个数据处理设备及多个关键通信设备。如果主要关键设备失效,就可以启动备用设备,从而降低了整个网络瘫痪的概率。

2. 分布式网络拓扑结构

分布式网络拓扑结构一般呈网格状,如图 11-8 所示。与集中式网络拓扑结构不同,分布式网络拓扑结构的节点间不再是网络节点对中央节点的通信方式,而是网络节点对网络节点的通信方式。通信方式的这种改变使得客户机/服务器的网络模型和网络的计算信息处理模型更易于分布式的实现。在分布式网络结构中,每一个节点都既是网络服务对象,又是网络服务提供者。

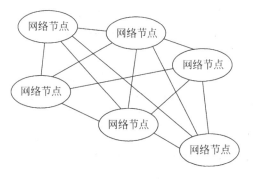

图 11-8　分布式网络拓扑结构

如果公司的各个部门是分散的,而且各个部门或子公司都从事同等重要的商业功能,那么选择分布式网络拓扑结构是合适的。各个部门都需要和其他部门直接通信,分布式网络拓扑给予用户更多的灵活性。

分布式网络拓扑的优点体现在以下几个方面。

(1)电缆长度短,连线容易。任何一台想要入网的计算机设备只需就近连入网络,而不必直接连接到中央节点。

(2)可靠性高。网状拓扑结构保证了冗余度。由于在任何两个节点至少有两条链路,因此当一条链路中断或一个节点失效时,网络其他站点的通信不受影响。

(3)易于扩充。增加新的站点,在网络的任何节点都可以将其加入。

但是,分布式网络拓扑也存在着一些缺点,这些缺点体现在以下几个方面。

(1)建网复杂,网络难于管理。

(2)故障诊断困难。分布式结构的网络不是集中控制,故障检测只能逐个检查各个节点。

(3)需要更多的网络技术人员和管理人员。因为各个站点彼此分散,而且每个站点的维护、管理工作都不简单,因此需要配备网络专业技术人员定期维护,有必要的话还需要专职人员进行日常维护和管理。

3. 混合式网络拓扑结构

星型网络拓扑和分布式网络拓扑结构各有自己的优缺点,一个折中的设计方案就是混合式网络拓扑结构,如图 11-9 所示。网络中存在多个数据中心,它们之间采用网状拓扑结构来保证一定的冗余度。用户站点和中心站点之间可采用星型结构,也可以采用网状结构。

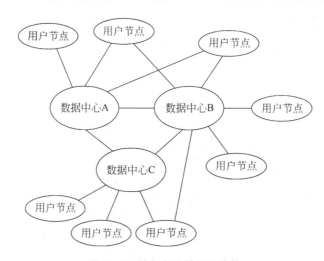

图 11-9　混合式网络拓扑结构

　　星型网络给用户带来不便,而分布式处理会给网络管理带来困难。因此,可以说最佳设计应该是星型结构和分布式结构的混合型网络结构的设计。值得注意的是,到底选择什么样的网络结构,还是由企业的商业功能和管理宗旨所决定,即公司的商业目的决定了企业网络拓扑结构的选择。

11.5.3　网络操作系统的选择

　　网络操作系统是向网络用户提供各种服务的复杂网络软件。网络操作系统是整个网络的"大管家"。它为通信和资源共享提供便利,决定网络使用设备的类型,仲裁用户的设备要求。从本质上来说,选择网络操作系统决定了整个网络的设计。

1. 网络操作系统概述

　　网络操作系统是一个很重要的系统软件,它由许多功能模块组成。一些功能模块安装在网络上的计算机中充当服务器(server),另一些模块则安装在其他的网络资源中。这些模块协同工作,为网络用户提供各种网络服务,如为两个用户提供通信服务、共享文件、应用程序和打印机等。虽然网络操作系统在很大程度上对用户来说是不透明的,但系统的优劣对最终网络用户的影响极大。因此,在进行网络设计时,应当分析各种网络操作系统的现有产品。

2. 网络操作系统分类

　　从应用的角度来讲,可将网络操作系统分为两大类:部门级网络操作系统和企业级网络操作系统。部门级网络操作系统通常局限于一个部门或一个工作小组,为本部门的网络用户提供网络服务,包括文件、数据、程序及各种昂贵设备的共享,还提供一定程度的容错能力,如磁盘镜像(disk mirroring)和服务器镜像(server mirroring)。然而,它的安全性较差,不同系统的互联能力也比较弱。

　　企业级网络操作系统是整个企业网络的"神经中枢"。它负责整个企业网络的通信服务,为不同系统提供互操作服务,协调多种不同的协议。因此,企业网络操作系统要求具有更高性能,提供更复杂的网络管理服务。如果企业网络的各个子网采用不同的网络操作系统,那么企业网络操作系统必须保证这些系统可以互联。

3. 网络操作系统的基本功能

　　尽管不同的计算机公司所推出的局域网的操作系统都各有自己的特点,但提供的网络服务功能却有很多相同之处。局域网操作系统通过文件服务器向网络工作站提供各种有效的服务。这些服务包括文件服务、打印服务、数据库服务、通信服务、信息服务、发布式目录服务、网络管理服务和 Internet/Intranet 服务。

（1）文件服务。文件服务是局域网操作系统中最基本的网络服务功能。文件服务器以集中方式管理共享文件，网络工作站可以根据用户的权限对文件进行读、写以及其他各种操作。文件服务器为网络用户的文件安全和保密提供必要的控制方法。

（2）打印服务。打印服务也是局域网操作系统中最基本的网络服务功能。通过打印服务功能，局域网可以设置一台或几台打印机，使网络用户实现远程共享网络打印机。

（3）数据库服务。选择适当的网络数据库软件，依照客户机/服务器的工作模式，开发出客户端和服务器端数据库应用程序，这样客户端就可以使用结构化查询语言（SQL）向数据库服务器发送查询请求，服务器进行查询后将查询结果传送到客户端。客户/服务器工作模式优化了局域网操作系统的协同操作模式，有效地改善了局域网应用系统的性能。

（4）通信服务。通信服务包括工作站与工作站之间的通信服务和工作站与主机之间的通信服务。

（5）信息服务。信息服务用存储转发方式或点对点通信方式完成电子邮件服务。

（6）分布式目录服务。局域网操作系统为支持分布式服务功能提出了一种新的网络资源管理机制，即分布式目录服务。它将分布在不同地理位置的互联局域网中的资源组织在一个全局的、可复制的分布数据库中，网络中多台服务器上都有该数据库的副本，用户在一个服务器上注册便可与多个服务器连接。

（7）网络管理服务。局域网操作系统提供了丰富的网络管理服务工具，可以提供网络性能分析、网络状态监控、存储管理等多种管理服务。

（8）Internet/Intranet 服务。为了适应 Internet/Intranet 的应用，局域网操作系统一般都支持 TCP/IP，提供各种 Internet 服务，支持 Java 应用开发工具，使局域网服务器很容易成为 Web Server，全面支持 Internet/Intranet 的访问。

4. 常用的网络操作系统

（1）"广泛适用"的 NetWare。NetWare 是通用性很强的网络操作系统软件，其内置的 NDS（novell directory server）提供了一个跨平台、跨地域的目录服务，可以在单台服务器或多台服务器上管理所有的网络资源，能为各种不同的客户端提供很好的支持，并且在不同的服务器上也只需登录一次。另外，它对硬件的要求不高。

（2）"平易近人"的 Windows NT。Windows NT 的最大优点是内置 Internet 工具，包括 FTP 和 Telnet 远程登录，邮件服务器 Exchange 系统，以及用于网页发布 IIS，再加上 DNS，为互联网提供了全方位的系统支持。Windows NT 特别注意了对系统稳定性的改进，对最新的硬件和设备都有良好的支持。在网络方面，更加有效地简化网络用户和资源的管理，使用户可以更容易地使用网络中的资源。它在"活动目录"服务基础上建立了一套全方位的分布式服务。其中 VPN（虚拟专用网）支持、集成式终端服务及 IIS5.0 都是吸引使用者目光的焦点。

（3）"老当益壮"的 Unix。Unix 是一个通用、多用户、分时网络操作系统，提供了所有 Internet 服务。其最主要的特点是具有开放性和很强的可移植性，TCP/IP 是该系统的标准协议。它在安全性和稳定性上都有较出色的表现，用户权限以及数据都有严格的保护措施。Unix 在大型网络操作系统中几乎是"独霸天下"。

（4）"新颖独特"的 Linux。Linux 是自由软件的典型。由于 Linux 的源代码开放，因此它的二次开发性很强，能够让人们在开发过程中"各取所需"。

选择一个什么样的网络操作系统，取决于组织对企业网络系统的总体性能要求和功能要求，也取决于整个系统的规模。

11.6 条码应用系统集成

11.6.1 硬件设备的采购、安装和调试

硬件设备的采购包括条码识读设备的采购、计算机（包括服务器和客户机）的选购、网络设备的采购等。能够提供满足需要的产品的厂家很多，应该选择那些产品质量好、售后服务完善、技术先进的品牌，而且要考虑条码识读设备与计算机系统的接口标准。我们知道，计算机技术发展迅速，今天是先进的技术和产品，明天可能就是过时的技术和产品。因此，产品技术的生命力和兼容能力就变得非常重要。

采购来设备以后，需要安装和调试。其中包括网络布线、设备安装、设备物理连接、接口调试等。在条码应用系统中，条码识读设备和计算机之间的接口调试非常重要，因为它们的工作原理、信号表示方式都不相同，需要转换以后才能被计算机系统识别和接收。

11.6.2 系统软件的安装、设置与调试

系统软件的安装与设置包括操作系统的安装与配置，数据库管理系统的安装与配置，语言处理程序的安装与配置等。一般来说，操作系统是在购买硬件时安装好的，用户只需要根据自己的特殊需要对某些参数进行重新设置，也可以根据自己的需要重新部署和安装。例如，文件服务器、打印服务器、数据库服务器和邮件服务器等可以安装在一台服务器上，也可以分别安装在不同的物理服务器上，这由系统的业务量和计算机的性能来决定。

11.6.3 数据库的建立、数据加载

在条码应用系统中，被管理对象的详细信息是以数据库的形式存储在计算机系统中的。当条码识读设备采集到管理对象的条码符号信息后，通过通信线路传输到计算机系统中。

在计算机系统中,应用程序根据这个编码到数据库中去匹配相应的记录,从而得到对象的详细信息,并在屏幕上显示出来。数据库是条码应用系统的核心,它是应用系统中所有数据的来源和目的。从条码设备输入的数据,只有经过与数据库中的详细数据进行匹配并读取以后,才能得到业务需要的各种数据。在数据库的建设中,业务数据的装入是最艰巨、最烦琐的工作。

首先,需要按照数据库管理系统的要求和数据库逻辑设计方案的要求,将业务数据格式化,使这些数据的数据格式、数据类型满足数据库管理的需要,还要分析数据之间的约束关系和取值的限制,满足数据一致性和安全性的需要。例如,在超市条码应用系统中,同一种商品,可以有不同的包装单位,其零售价格也是不同的。如何详细地描述这些特性,需要认真整理、分析,然后用不同的记录来区分。

然后,将整理过的原始数据输入到数据库中。将大量的业务数据输入计算机,这是一项非常繁重的工作,因此输入方式的选择就显得非常重要。如果原来是手工管理,业务数据都存放在纸质介质上,只能采用键盘录入的方式来输入数据。如果企业原来已经使用了数据库或文件管理,可以采用"导入"的方式,也就是通过一个计算机程序,将原来数据库中的数据自动地、批量地转换到新数据库中。但在转换的过程中,要注意数据类型、数据长度、数据格式的不一致问题。

11.6.4　应用程序的安装、调试

应用程序开发完成后,需要集成安装到企业的应用系统中。在整个条码应用系统中,对数据的加工处理是由应用程序来完成的。因此,应用程序与数据库的接口是否正确就成了应用程序调试中的一个重要内容。另外,应用程序之间数据的传递是通过网络完成的,如果数据无法正确共享,可能是传输线路的原因,也可能是端口连接的原因,还可能是应用程序的问题,因此计算机网络、应用程序和数据库的配合也是测试的重要内容。

11.6.5　整个系统的联合调试和运行

在所有的硬件平台和软件平台都搭建完成后,设备、软件安装、调试完毕,就可以投入试运行了。在试运行的过程中,用户和系统开发人员都需要随时记录系统运行的情况,包括条码识读的速度、首读率、误码率、系统响应时间及读取数据的准确率等指标,以及用户操作使用的方便程度等。用户在使用过程中的问题,也需要一一记录下来,作为后期维护和完善的重要依据。

条码应用系统的开发是一个综合的、复杂的系统工程,需要开发人员不仅具备丰富的IT应用知识和条码技术知识,还要全面理解行业业务处理的需求,并且能够将条码技术、IT技术和企业的应用有机地结合起来,从整体的角度来实现业务需求。

11.7 实训项目

本节中实训项目仅给出第一个项目的样例,第二个和第三个实训项目由教师自行组织学生参考第一实训案例进行实训。

【知识目标】

了解条码应用系统的组成,根据实训内容理解条码码制的选择,条码网络设备的需求,掌握条码应用系统的工作流程。

【技能目标】

能够根据具体调研地点绘制信息系统的流程图,能够对调研的条码系统做简单的分析,锻炼学生们主动调研的能力。

【实训内容】

项目一 条码技术在超市中的应用

学生分成小组合作完成调研任务,内容包括以下几点。

(1) 条码应用信息系统组成包含软件(开发工具、操作系统要求、数据库要求)、硬件(工作环境要求、服务器要求、终端机要求、网络设备要求、识读设备要求)。

(2) 条码应用信息系统流程,绘制流程图。

(3) 条码应用信息系统对码制要求和对识读器要求。

(4) 条码应用信息系统对使用人员要求。

【实训报告】

第一部分:调查超市使用条码的具体软硬件的环境。

第二部分:调查超市对条码的范围。

第三部分:调研结论。

【注意事项】

教师可根据学生的具体情况进行分组调研。本报告为参考使用,具体调研内容可由教师自行调整。项目二、项目三可留做学生调研使用,这里不再给出具体的实训报告内容。

项目二 条码技术在仓储企业中的应用

学生分成小组合作完成调研任务,内容包括以下几点。

(1) 条码应用信息系统组成所包含的软件(开发工具、操作系统要求、管理信息系统要求、数据库要求)、硬件(工作环境要求、服务器要求、终端机要求、网络设备要求、识读设备要求)。

(2) 条码应用信息系统流程,绘制流程图。

(3) 条码应用信息系统对码制的要求和对识读器的要求。

(4) 条码应用信息系统对使用人员的要求。

项目三 条码技术在物流企业中的应用

学生分成小组合作完成调研任务,内容包括以下几点。

(1)条码应用信息系统组成所包含的软件(开发工具、操作系统要求、管理信息系统要求、数据库要求)、硬件(工作环境要求、服务器要求、终端机要求、网络设备要求、识读设备要求)。

(2)条码应用信息系统流程,绘制流程图。

(3)条码应用信息系统对码制的要求和对识读器的要求。

(4)条码应用信息系统对使用人员的要求。

第 12 章　GS1 标准体系应用案例

【教学目标】

目标分类	目标要求
能力目标	1. 能结合所学专业知识对案例进行专业分析，达到发现问题、分析问题、解决问题能力的培养
	2. 能根据教师讲过的案例学生自己进行案例分析
知识目标	1. 了解条码在各行业的实际应用情况
	2. 理解条码技术在系统管理中的重要作用
	3. 熟悉条码技术在企业实际应用中的环节
素养目标	总结归纳能力、自我学习能力

【理论知识】

12.1　条码技术标准在农副产品质量管理中的应用

1. 应用背景

食品的卫生与安全是关系到人类身体健康乃至生命安全的大事。近几年来,各国政府纷纷采取严格措施,加强食品卫生与安全的监管,并制定有关法规,对食品生产与销售等环节进行严格的管理,其中尤其重视食品生产全过程的跟踪与追溯。例如,欧盟已经出台相关的食品法规,规定在欧盟销售的食品必须具有可追溯性。在国内,国家质检总局、农业部、卫生部、国家药监局等八大部委联合印发《关于加快食品安全信用体系建设的若干指导意见》,以在全国实施食品药品放心工程。上海农副产品的生产、销售,虽然在量上占全国比重不是很大,但是企业化、规模化程度较高,相当部分食品已通过"绿色食品""安全卫生优质产品""无公害食品"等认证。但是,由于缺乏科学有效的生产、销售等过程的信息追溯,市场上假冒认证的产品混杂。而真正优质的农副产品的生产经营者又缺乏向消费者证明其产品是令人放心的有效手段,使消费者购买农副产品时,经常有不信任感。虽然个别企业在互联网上提供产品质量及生产过程的信息查询,但编码不够科学,普通市民上网查询很不方便,更无法在购买现场查询到详细的产品信息。因此,必须采用科学的标识方法,对农副产品的重要生产信息进行标识。这样就能依靠自动识别技术和计算机网络技术,为消费者提供方便的信息查询方法,让消费者放心购物,放心食用。中国物品编码中心上海分中心开始密切关注这一领域的发展动向,并深入上海爱森猪肉、丰科食用菌、星辉蔬菜等一批品牌企业,进行了实地调研,了解企业的需求,寻找GS1系统在农副产品生产、销售领域应用的突破口。恰在此时,我们了解到,上海市农委有关单位要通过完成科技兴农重点攻关项目,建立一个以上海为中心,涵盖全国的食用农副产品质量安全信息平台,其中一项重要内容就是要在大型超市等购物场所,建立一个让老百姓方便查询农副产品质量信息、放心购物的查询平台。我们抓住这个机会,及时介入,向有关单位宣传GS1系统的重要作用及其在农副产品生产、销售领域应用的好处,很快达成了项目合作意向。

2. 编码设计与条码符号表示

食用农副产品种类繁多,特性差异大,编制其标识代码及属性代码是个不小的难题。而同时还要在不规则的包装上,贴上便于普通老百姓扫描的条码标签,这就需要选择最优的编码方案与条码符号表示方法。

1) 编码设计

农副产品的编码由标识代码、生产日期代码和生产场所代码三部分组成,并采用GB/T 16986—2003《EAN·UCC系统应用标识符》标准中相应的应用标识符。

(1) 农副产品标识代码。农副产品标识代码指特定的农产品贸易项目的稳定不变、标准化的"身份"识别代码。它具有结构固定、全球唯一、无含义等特点,其代码结构见表12-1。表中 $N_2 \sim N_{14}$ 为阿拉伯数字。

表 12-1 农副产品标识代码结构

指示符	厂商识别代码和农副产品项目代码												校验码
9	N_2	N_3	N_4	N_5	N_6	N_7	N_8	N_9	N_{10}	N_{11}	N_{12}	N_{13}	N_{14}

(2) 生产日期代码。生产日期代码用来表示农副产品的生产日期,如猪的屠宰日期、蔬菜的采摘日期等,编码结构采用YYMMDD格式,应用标识符为AI(11)。

(3) 生产场所代码。生产场所代码用来表示农副产品的生产场所,如猪舍编号、蔬菜的种植田块编号、食用菌的培养场所编号,其编码规则由生产厂家决定,但厂商应确保在同一培养周期内,相同编号的所有农副产品的培养过程(包括猪的防疫过程、蔬菜的施肥过程等)完全相同。该代码由6位数字、字母或数字与字母混合组成。如果生产场所编码不足6位,则高位补"0"。生产场所代码的应用标识符为AI(10)。

下面举例说明农副产品安全信息编码的编码方法。

某猪肉生产企业申请了厂商识别代码69300001,有一头猪对应的养殖场编号为A015,这头猪的屠宰日期为2004年3月17日,猪肉为1级冷却肉,生产企业给该类猪肉设定产品项目代码为 0001,则一个完整的农副产品安全信息编码如图 12-1 所示。

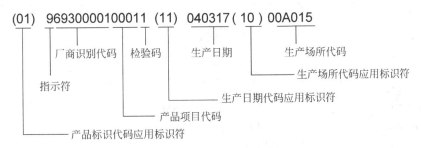

图 12-1　农副产品安全信息编码结构图

2) 条码符号表示

农副产品安全信息条码符号采用 GB/T 15425—2002《EAN·UCC 系统 128 条码》标准规定的 UCC/EAN-128 条码。上述猪肉编码的条码符号表示如图 12-2 所示,条码符号等级应不低于 1.5 级[测量光波长为(670±10)nm],条高不小于 10.0mm。

3. 条码标签打印方案

食用农副产品安全信息查询平台的直接使用者是广大市民,事先不可能对他们进行条码扫描操作的培训,因此,设计出最便于扫描的条码标签是本项目的关键之一。同时,平台所覆盖的农副产品几乎都是不规则包装,有些产品(如蔬菜)甚至根本没有任何包装。因此,为了使条码标签便于扫描,必须在条码符号质量符合要求的前提下,使标签尽可能短,从而使条码符号变形小。这就意味着选择条码打印机时要尽可能采用高分辨率打印机,同时对打印色带质量也要有比较严格的要求。条码标签是由农副产品生产企业调用生产管理系统数据库打印完成的。由于这些企业条码打印环境条件比较差,打印操作人员文化程度不高,因此要求条码打印机的稳定性要好。否则一旦出现故障,就会严重影响农副产品的上市时机。综合以上因素,选用了目前市场上性能最稳定的条码打印机之一:ZEBRA Z4M PLUS 工业型条码打印机,如图 12-3 所示,主要技术参数见表 12-2。

图 12-2　猪肉条码图

图 12-3　工业型条码打印机

表 12-2 ZEBRA Z4M PLUS 条码打印机主要技术参数

打 印 方 式	热 转 印
分辨率	203DPI/300DPI
打印速度	254mm/s
打印宽度	104mm
装纸宽度	114mm
标准内存	RAM 4M；FLASH 2M
标准接口	串口和并口
编程语言	ZPL Ⅱ
使用环境温度	0℃～40℃
自动认纸功能	有
可打印条码码制	EAN-13、UPC-A、39、128、交叉 25 等一维条码；PDF 417、QR、Data Matrix 等二维条码

在上海,冬天打印机工作环境温度往往在 0℃ 左右,打印机预热时间很长,打印效果也受到一定的影响,所以条码打印人员应采取措施,适当提高条码打印机的环境温度。应恰当选择条码符号最小单元宽度尺寸 X。如果选用分辨率为 200DPI 的打印头,每点理论尺寸为 5.0mil。此时 X 尺寸如选择 5.0mil,则打印出的条码符号质量较差,译码也有困难;X 尺寸选择 10.0mil,则打印出的条码符号过长,容易变形,影响识读。经过分析与实际打印,并通过条码质量检测,选用分辨率为 300DPI 的打印头(理论上每点尺寸为 3.33mil),X 尺寸可选择 6.7mil,打印的条码符号质量可达 B/03/660,条码符号质量较高,而且条码符号字符密度达 13.6CPI,条码符号长度大大缩短,包括空白区在内的符号长度不超过 5cm,使条码符号变形的可能性减小,识读成功率明显提高,消费者反映良好。

虽然该条码打印机可以打印所选定的 UCC/EAN-128 条码,但考虑到条码的数据来源是格式固定的数据库,且不需要操作者在打印现场进行条码符号的设置,特定设计了 UCC/EAN-128 条码打印模块,并嵌入食用农副产品生产企业管理数据库,由条码打印操作者调用管理数据库直接打印条码标签。

4. 条码符号扫描与信息查询

农副产品生产企业按照产品种类、生产日期、生产场所的不同,将条码标签贴在相应的产品上。在超市大卖场,消费者选购贴有安全信息条码的农副产品时,如果希望了解产品的详细情况,可以在付费之前在专用的扫描平台上扫描该条码标签,查询产品的质量信息。为了使没经过任何培训的市民能够方便地扫描安全信息条码,经过反复试验,选定 PSC Magellan 2200VS 多线条码阅读器为宜。该阅读器支持对 UCC/EAN-128 条码的功能符的识别,因此能很好地满足本项目的需要。将条码阅读器嵌入安装在扫描平台上,效果如图 12-4 所示。

消费者通过查询平台扫描条码后，就可以看到该产品的生产日期，生产企业的名称、品牌、认证信息，产品的生产地、加工地情况、药物残留情况以及检疫检测情况，购买猪肉、禽蛋类产品还能看到由相关动物检疫部门出具的"动物产地检疫合格证明"和"出县境动物产品检疫合格证明"等生产信息，老百姓都能亲眼看到每一块菜地或每一个猪舍的信息，再配上相关照片，消费者就像吃了颗"定心丸"，可以放心地去结算窗口结算。后台信息几乎每天都由生产企业传送到系统维护人员，再由系统维护人员通过远程上网及时更新。生产企业是很难伪造生产信息的，因为这些企业的产品必须通过上海市农产品质量认证中心的"安全卫生优质"产品认证，有公正的第三方定期对其产品进行检测。而且，这些企业的生产过程的管理必须规范，各种信息的记录与处理，必须采用统一设计的生产管理软件系统。

图 12-4　农副产品安全信息
多媒体查询平台

5. 系统运行情况

上海市食用农副产品质量安全信息查询平台投入运行后，经过不断的完善，现在已得到大规模的推广应用。包括猪肉、鸡肉、蛋品、大米、蔬菜、食用菌等 100 多种与市民"菜篮子""米袋子"密切相关的食用农副产品，贴上了安全信息条码。安装查询平台的超市大卖场已有 50 多家，其中包括农工商、联华、华联等国内超市，以及好又多、家乐福等外资超市。农副产品采用安全信息条码后，消费者可以在选购时详细了解产品的生产过程信息、检验信息，大大增加对产品质量安全的信心，提高了对品牌产品的信任度。超市安装信息查询平台后，有利于创造一个良好的、令人放心的购物环境，提高自身商品质量管理水平和企业形象，更好地吸引消费者，提高竞争力。通过我们与有关政府部门的共同努力，还把与产品有关的 QS 认证信息、打假信息加入到查询平台，使消费者更加全面地了解农副产品的有关情况。对于农副产品生产企业来说，其产品贴上安全信息条码后，可以及时和充分地向消费者展示企业自身的先进、科学、严格的质量管理水平和产品档次，从而吸引更多的消费者，提高竞争力。

6. 社会反响及推广应用

上海市食用农副产品安全信息查询平台建立后，立即引起上海市领导和有关媒体的广泛关注。市领导说，平台的建设解决了市政府的一件心头事，有利于做大农业产业化，打响品牌，提高农副产品的销路，老百姓也吃得放心。副市长严隽琪指出，这是条码技术与农副产品生产的一次成功结合，是条码技术应用的一次突破。"禽流感"流行期间，世界卫生组织在考察上海时，考察人员亲自到超市现场对食用农副产品查询系统作了实地调研。各兄弟省市有关负责人也纷纷来上海考察,并希望能有进一步的合作。目前,该项成果已经在长三角部分城市获得了推广应用。

12.2　条码技术标准在烟草行业中的应用

1. 条码在烟草行业现阶段的运用情况

烟草行业在商品识别方面包括盒包装、条包装和箱体上普遍使用的是 13 位一维条码、32 位一维条码和二维条码。

1) 13 位条码的含义和特点

13 位条码图中数字所代表的意义是:前 3 位显示该商品的出产国家(地区)。接着的 4 位数字表示所属厂家的商号,这是由所在国家(或地区)的编码机构统一编配给所申请的商号的。再接下来的 5 位数是个别货品号码,由厂家先行将产品分门别类,再逐一编码。最后一位数字是终检码,以方便扫描器核对整个编码,避免误读。如图 12-5 所示。

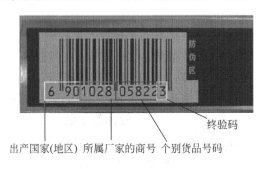

图 12-5　13 位条码结构

2) 32 位条码的含义和特点

如图 12-6 所示,32 位条码图中,括弧内的两位数字是标准码。接着的 6 位数字是件包装码。接下来的 8 位数字是产地代码。接下来的 6 位是生产日期,如图 12-7 所示编码为:101103,就表示该件卷烟生产日期为 2010 年 11 月 3 日。再接下来的 1 位编码表示经营方式,图中此位置编码显示为"0",即表示自产自销的经营模式。最后 9 位编码是随机生产流水号。

3) 二维条码的含义和特点

二维条码技术是在一维条码无法满足实际应用需求的前提下产生的。由于受信息容量的限制,一维条码通常是对物品的标识,而不是对物品的描述。所谓对物品的标识,就是给某物品分配一个代码,代码以条码的形式标识在物品上,用来标识该物品以便自动扫描设备的识读。代码或一维条码本身不表示该产品的描述性信息。

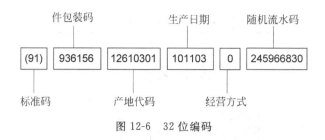

图 12-6　32 位编码

2. 条码的拓展应用

烟草行业实施对卷烟的物流管理,主要是基于通过对 32 位条码的派生、采集和处理,实现通过"一号工程"对行业物流、专卖等数据的采集和管理。

近年来,随着科技日新月异,无线射频识别技术(RFID)也大范围地运用于烟草行业的物流管理中,特别是"全面感知、全面覆盖、全程控制、全面提升"这一行业物联网构建思想的提出,使得 RFID 技术站在了物流信息技术运用的前沿,但其基础数据的来源还是 32 位条码。

通过对 RFID 技术现状的了解,笔者认为,烟草行业即将构建高效的物联网,必然给基础数据的来源条码带来巨大的拓展空间,若对其加以科学利用,可以达到减少物流作业环节,促进专卖管理,提升客户服务水平的目的。

在烟草行业物联网建设中,企业可以通过对条码技术的加强利用,建立基于条码数据管理的物流链全程跟踪体系,减少物流作业环节,加强专卖管理,提升客户服务水平。

3. 项目实施步骤

在工业生产环节建立以条码为基础的包、条关联和条、件关联。以规格为 200mm×50mm 的一件卷烟为例。卷烟盒包装采用 13 位条码,条包装采用 32 位条码,每条卷烟的 32 位条码具有唯一性。件烟包装采用二维条码,每件卷烟的条码具有唯一性。

建立了以条码为基础的包、条关联和条、件强关联关系。每条卷烟都具有唯一的 32 位条码,50 个不同的 32 位码组成一个二维条码信息包。在商品出库时,托盘 RFID 电子标签采集 30 个不同的二维条码,形成数据包,为整托盘物流跟踪提供依据。

在商业企业建立基于条码数据处理的仓储管理系统。当接收到 30 件为一垛的整托盘卷烟时,进行整托盘入库扫码,入库扫码管理系统识别并解析该信息包,释放 30 个二维条码进入仓储管理系统对其进行货位分配。仓储系统在刷新库存之前,需要对中心数据库进行访问,获取每个二维条码中所表示的 50 个 32 位码,上传至分拣数据库。

分拣中心提取客户订单,对逐条卷烟进行分拣时,拨烟系统安装条码识别器,对每一条被分拣卷烟进行 32 位条码识别,将识别到的条码信息与客户数据进行关联,并将关联后的数据传递至送货数据库和专卖管理数据库。如图 12-7 所示。

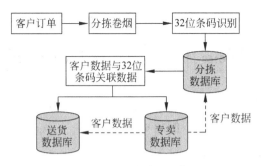

图 12-7　仓储管理系统

　　送货员将卷烟送抵客户时,客户对送来的卷烟通过条码识别客户端进行逐条扫码,以验证其订单的执行准确性。专卖管理人员可以使用专卖条码识别终端对零售客户的任意卷烟进行条码识别,以验证其店内卷烟的合法性。上游监管部门可通过中心数据库对各地市物流运行、专卖管理进行实时查验和定期数据汇总。如图 12-8 所示。

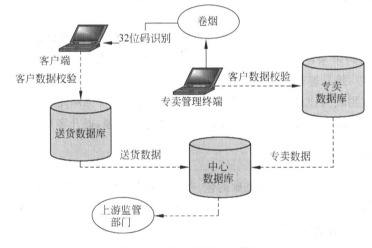

图 12-8　物流链流程示意图

12.3　GS1 标准体系在爱尔兰海产品追溯中的应用案例

　　随着消费者要求了解越来越多的有关食物的信息,可追溯性和食品安全方面的法律法规越发严格,而且,这些迫使食品行业提供更加完整和准确的产品信息,并提供更好的食品安全措施。欧盟委员会(EC)1224/2009 和(EC)404/2011 法规要求采集和共享鱼类和水产品的追溯信息,所有批次的渔产品在生产、加工和分销的每个阶段都能够追溯。这要求渔产品在供应链中处理、包装、储存和销售的信息,也就是从渔船到消费者的全过程信息,必须准确和真实。

2012 年,爱尔兰渔产品行业内的一些利益相关方:爱尔兰海产品委员会(BIM)、海洋渔业保护机构(SFPA)、GS1 爱尔兰以及一些渔业合作社、鱼类加工商,发起了一个多阶段项目,称为 e-LOCATE 项目,旨在确保渔业领域的追溯能够很好地遵守相关要求。

这项由 SFPA 和 BIM 主导的项目使用 GS1 标准建立追溯框架,目的在于通过在称重、贴标和数据交换过程中采用全球标准和最佳实践,推进有效和安全的采集、管理和共享数据。这项由欧盟提供资金的项目,为爱尔兰海产品企业提供财政资助,负担他们在追溯项目实施中的软硬件费用。项目的关键是促进行业从纸质文档向现代自动化标识和数据采集技术的转变,比如条码扫描,并且通过标准化、电子化的方式储存和分享信息。GS1 爱尔兰在项目中推进了行业合作,并且帮助他们合理地使用 GS1 全球追溯标准,其中包括以下几项。

- 全球贸易项目代码(GTIN),用于唯一标识产品,如一种冷冻鱼类。
- 全球参与方位置代码(GLN),用于唯一标识位置,如某一渔船、池塘或者渔区。
- 系列货运包装箱代码(SSCC),用于标识物流单元,如一箱鱼,采用 GS1-128 条码标识额外的追溯信息,如最佳食用期、批号。
- GS1 Data Matrix 条码,用于在产品包装盒上携带追溯信息。在项目实施中,GS1 爱尔兰使用 GS1 全球追溯标准对项目进行了可追溯性评估,确认与标准的一致性,特别是与欧盟鱼类追溯法规的一致性。此外,由 28 位欧盟渔业和船舶监管机构代表和欧盟委员会代表组成的欧盟渔业控制专家工作组,确认使用 GS1 标准能够帮助不同的管理监督部门实现法规一致性。为渔业行业带来的好处是 e-LOCATE 行动使得爱尔兰的渔业行业能够很好地实施全球化的、最好的追溯解决方案,其中的收益包括以下几项:

(1) 标准化流程保证了合作伙伴间无缝分享和接收追溯数据。几乎所有的客户都能接受标准化的标签和电子信息,贸易伙伴间使用统一的交流途径分享和接收追溯数据。

(2) 通过自动记录追溯数据实现有效的合规性。自动识读 e-LOCATE 标签记录必要的追溯信息,代替手动记录接收产品,满足法律法规要求。

(3) 提升产品成本和库存管理分析,定向地改善召回过程。提升商业信息系统功能,允许用户进行产品成本分析和库存管理,使用更快更精细的追溯和召回系统。

(4) 更加可靠的追溯系统利于改善客户服务和关系。迎合消费者需求,提供更完善的、更快速和更可靠的追溯系统。

事实上,现行的全球供应链标准修订增强了渔业行业的特殊商业和贸易需求,这也是发起此项目的直接原因。下一步 GS1 爱尔兰将会为 GS1 标准的实施持续提供技术支持,支持那些希望加强追溯能力的企业。在这 52 家参与企业中,有 4 家合作社、12 家加工商、29 家解决方案提供商以及 7 家软件提供商,投资回收期估计在两年内,目前实际投资回报率还没有得出。项目计划在实施期结束后计算有形的商业影响。

12.4 二维条码在企业物流管理中的标准化应用

在 ERP/MRPII 系统中,如果基础数据的采集与传递中出现失实,则决策系统得出的数据就变得毫无意义。分析国内外一些企业实施 ERP 系统失败的原因,大部分是由于失败的数据采集所致。

在数据采集、数据传递方面,二维条码具有天然的优势。首先,PDF417 二维条码存储容量多达上千字节,因而可以有效地存储商品的信息资料;其次,由于 PDF417 二维条码采用了先进的纠错算法,在部分损毁的情况下,仍然可以还原出完整的原始信息,从而利用 PDF417 二维条码技术存储传递采集商品的信息具有安全、可靠、快速、便捷的特点。

在供应链中采用二维条码作为信息传递的载体,不但可以有效避免人工输入可能出现的失误,大大提高入库、出库、制单、验货、盘点的效率,而且兼有配送识别、保修识别等功能,还可以在不便联机的情况下实现脱机管理。采用二维条码技术将对商品的管理推进到经济单元管理(economic cell management),可以从更深的层次对产品进行管理和跟踪。

1. 物流管理需求分析

物流管理的概念经历了从简单到复杂、从低级到高级的过程。开始它被理解为“在连接生产和消费间对物资履行保管、运输、装卸、包装、加工等功能,以及作为控制这类功能后援的信息功能,它在物资销售中起了桥梁作用”。随着市场竞争的加剧,物流管理就不单纯要考虑从生产者到消费者的货物配送问题,而且还要考虑从供应商到生产者对原材料的采购,以及生产者本身在产品制造过程中的运输、保管和信息传递等各个方面,全面地、综合性地提高经济效益和效率的问题。因此,现代物流是以满足消费者的需求为目标,把制造、运输、销售等市场情况统一起来考虑的一种战略措施,这与传统物流把它仅看作是“后勤保障系统”和“销售活动中起桥梁作用”的概念相比,在深度和广度上又有了进一步的含义。

就单个具体厂商而言,根据业务的类型、作业的地理区域,以及产品和材料的重量/价值比率,物流开支一般在销售额的 5%～35%,物流成本通常被解释成为业务工作中的最高成本之一,仅次于制造过程中的材料费用或批发、零售产品的成本,物流不仅对业务的成功至关重要,同时也是昂贵的。因此,物流管理对于降低产品成本具有重要意义。另外,快速、精确和全面的信息通信技术的应用开拓了以时间和空间为基本条件的物流业,为物流新战略提供了基础,新的物流经营思想也如雨后春笋般不断破土而出,如准时化战略、快速反应战略、连续补货战略、自动化补充战略、销售时点技术、实时跟踪技术等。对一个处于领袖地位的厂商来说,可以凭借高超的和不断改善的物流能力,实时地监督物流动态的信息系统,识别潜在的作业障碍,在向顾客提供的服务有可能失败之前,采取正确的行动,从而创造完美的客户体验,获得持久的竞争优势。二维条码在物流管理中的应用包括如下方面:生产线上的产品跟踪在日常生产中,对产品的生产过程进行跟踪。首先由商务中心下达生产任务单,任务单跟随相应的产品进行流动。然后每一生产环节开始时,用生产线终端扫描任务单上的条码,更改数据库中的产品状态。最后产品下线包装时,打印并粘贴产品的客户信息条码。

2. 产品标签管理

在产品下线时,产品标签由制造商打印并粘贴在产品包装的明显位置。产品标签将成为跟踪产品流转的重要标志。若产品制造商未提供条码标签或标签损坏,可利用系统提供的产品标签管理模块,重新生成所需的标签。

3. 产品入库管理

入库时识读商品上的二维条码标签,同时录入商品的存放信息,将商品的特性信息及存放信息一同存入数据库,存储时进行检查,看是否是重复录入。通过二维条码传递信息,有效地避免了人工录入的失误,实现了数据的无损传递和快速录入,将商品的管理推进到更深的层次——个体管理。

4. 产品出库管理

根据商务中心产生的提货单或配送单,选择相应的产品出库。为出库备货方便,可根据产品的特征进行组合查询,可打印查询结果或生成可用于移动终端的数据文件。产品出库时,要扫描商品上的二维条码,对出库商品的信息进行确认,同时更改其库存状态。

5. 仓库内部管理

在库存管理中,一方面二维条码可用于存货盘点。通过手持无线终端,收集盘点商品信息,然后将收集到的信息由计算机进行集中处理,从而形成盘点报告。另一方面二维条码可用于出库备货。

6. 货物配送

二维条码在配送管理中具有重要的意义。配送前将配送商品资料和客户订单资料下载到移动终端中,到达配送客户后,打开移动终端,调出客户相应的订单,然后根据订单情况挑选货物并验证其条码标签,确认配送完一个客户的货物后,移动终端会自动校验配送情况,并作出相应的提示。

7. 保修维护

维修人员使用二维条码识读器识读客户信息条码信息标签,确认商品的资料。维修结束后,录入维修情况及相关信息。

12.5　商品条码技术在电子商务诚信体系建设中的应用

　　2014 年是电子商务发展迅猛的一年,京东与阿里巴巴先后上市,"双 11"造出 571 亿元天量交易额,跨境电商初露锋芒,移动电商迎来爆发式增长。在这一年里,我国电子商务交易额更是突破了 13 万亿元,其中网上零售额达到了 2.8 万亿元,增长 49.7%,占同期社会零售总额的 10.6%。进入 2015 年,电子商务发展势头不减,李克强总理在政府工作报告中提出制订"互联网+"行动计划,更是进一步推动了我国电子商务与贸易流通、工业生产、金融业务等相关领域的联动发展。我国的跨境电子商务、金融电子商务、O2O 电子商务、农产品电子商务(生鲜)等新模式也迎来了爆发期。

　　我国电商发展存在问题主要包括以下方面,电子商务作为一种新的商业模式,通过提供新的服务、新的市场和新的经济组织方式,推动传统经济的转型升级,成为我国战略性新兴产业的重要组成部分。随之而来的,网络上各种违规操作、欺骗消费者、虚假的宣传,无数企业和个人受骗上当也屡屡发生,电子商务质量诚信问题突出地摆在了我们的面前。如何在当前的局面中,迅速建立有效的质量诚信体系,通过现代管理及信息技术,有效地减少及防止不良行为的发生,成为迫在眉睫的问题。国家大力推动电商诚信水平建设。基于以上问题,我国电子商务的发展也越来越侧重于"质"的提升,即电子商务质量管理及诚信体系的建设方面的进步。为此,国家相继出台了一些规范我国电子商务发展、提升电商诚信水平建设的政策和指导文件。

　　2014 年修订发布的《中华人民共和国消费者权益保护法》第 25 条规定,经营者采用网络、电视、电话、邮购等方式销售商品,消费者有权自收到商品之日起 7 日内退货。2014 年公布的《网络交易管理办法》第 16 条规定,网络商品经营者销售商品,消费者有权自收到商品之日起 7 日内退货,且无须说明理由。

　　2015 年国务院发布的 24 号文件"国务院关于大力发展电子商务加快培育经济新动力的意见",更是针对当前我国电子商务发展迅猛,但与此同时,所面临的管理方式不适应、诚信体系不健全、市场不规范等问题,提出亟须采取措施予以解决。

　　综上所述,随着电子商务的发展,如何提升电商市场的诚信水平,创建一个诚实守信的市场环境,已成为电子商务发展的必然要求和趋势。条码技术在电商诚信中应用探讨国务院颁布的《质量发展纲要(2010—2020)》中,明确要求要"健全质量信用信息收集与发布制度。搭建以组织机构代码实名制为基础,以物品编码管理为溯源手段的质量信用信息平台,推动行业质量信用建设,实现银行、商务、海关、税务、工商、质监、工业、农业、保险及统计等部门质量信用信息互通与共享。完善企业质量信用档案和产品质量信用信息记录,健全质量信用评价体系,实施质量信用分类监管"。

　　物品编码技术是在计算机的应用实践中产生和发展起来的一种自动识别技术,是全球通用的、标准化的商务语言,它是为实现对商品信息的自动扫描而设计的,是实现快捷、准确采集数据的有效手段,真正解决了企业对数据的及时、方便、准确传送和有效收集及记录的问题,是企业信息化管理的基础,也是连接上下环节中数据传送的纽带,可实现产品的追溯管理。采用物品编码标识及统一的编码标准,是实现物品自动识别、信息系统互联的一个必要前提。

通过电商企业在线上线下采用统一的物品编码标识标准,整合上下游商家和产品,避免了众多互不兼容的系统所带来的时间和资源的浪费,降低运行成本,实现信息流和实物快速、准确的无缝链接,更主要是通过统一的编码标识,也就相当于给电商所经销的商品赋予了一个全球通行的合法"身份证",不仅在全球任何国家和地区通行无阻,而且在电商诚信体系建设上有了可追溯性,实现对商品信息的查验。

对电子商务企业管理来说,无论是产品、包装箱、仓库、订单还是贸易各方,都可以通过商品条码、全球位置码(GLN)、箱码等 GS1 统一编码标准来标识,使供应链上下游两端的信息互通、仓储物流运输等各环节信息进行对接,全程对电商经销的产品进行自动化、可视化的监控管理。

在电商交易平台上,通过全球通用的编码标识,使得电子商务交易企业双方的身份一查便知,最终实现身份真实、信息透明、数据共享、网络监督、环境可信的电子商务。

此外,通过商品唯一编码采集、关联电子商务生命周期中生产、检测、销售、物流等质量追溯信息,应用移动物联网、二维条码等技术,将电子营业执照查询、编码查询、产品查询、标准查询、追溯查询、防伪查询、保质期查询等电子商务商品追溯信息融合,并与物流快递配送信息系统进行信息对接,建立信息追溯服务平台,可在电子商务产品追溯信息的基础上,提供追溯验证、追溯分析、商品验证、品牌服务等功能,提升电子商务企业的诚信水平。

12.6　汉信码在散货管理中的应用

某物流有限公司是一家为客户提供专业物流供应服务的从事现代物流的专业公司,也是目前一个建造面积大、设施先进、信息化程度高的综合性物流公司。在管理过程中,为了准确、快速、有效地进行信息采集及管理,利用仓储管理系统与条码技术的结合,为货物监控提供了全面的可视性,实现了存储过程的自动化处理,并可通过三维动画实时状态仿真、摄像监控、文字状态提示等多种方式,随时查询库内各个设备运行情况,及时掌握库区内货物存取情况。现代化的计算机管理系统将集货、分拣、仓储、配送、简单加工、包装、咨询以及免税汽车代理、销售、结汇及相关的国际贸易业务等服务功能有机地结合起来,为客户提供综合一站式服务。

该公司货物管理的整个过程中,通过条码技术,形成自动化的物流管理体系。在散货物流管理过程中引入了二维条码——汉信码。根据该公司自身散货管理的特点,为了全面实现货物管理的企业信息化,在公司原有的信息管理系统的基础上,添加新的功能形成新系统,同时实现原有系统与新系统的有机整合,实现高效的散货管理。

散货管理系统把货主货物出、入库单,加工单作为基础单据的录入,实时生成对货物的"进出库日汇总","进出库月报表","进出库库存统计表","加工单汇总"等库存统计信息;同时,可根据出库单生成相对应的结算单,以及随之可能产生的货主之间的费用转账单,与加工队,与运输公司之间发生的费用单。进而生成"货主结算单汇总","仓储费用月统计","收款单汇总","费用转账单汇总","应收费用统计表"等各种费用统计信息。业务流程在系统中实现顺畅,各步骤操作简易,从货物出、入库单、加工单,到对应的结算单,费用转账单,与加工队,与运输公司之间的费用单的生成,进而各种库存与结算的统计报表的得到,一气呵成,让需要几天才能完成的工作,变得只需要单击几下鼠标就能轻松、快速完成。

在散货管理中使用汉信码的优点如下所述。

(1) 较强的纠错能力。将条码标签粘贴到货物上,在实际搬运货物过程中,容易磨损货物上的标签,使得条码符号容易污损,在利用条码扫描设备进行扫描识读过程中不易识读。由于一维条码在污损后可读性比较差,所以识读率比较差,识读错误率比较高。而汉信码具有极强的抗污损、抗畸变识读能力,较强的纠错能力,能够在对大面积的符号污损情况下,对数据进行纠错处理,得到正确信息。因此汉信码特别适合于在物流等恶劣条件下使用。

(2) 较强的存储能力。在实际应用中比较广泛的是一维条码,一维条码一般只能存储几位简单的数字字符,而汉信码的存储容量大且可以存储汉字及其他字符等,在实际应用过程中,将大量信息存储到汉信码中,用户直接通过扫描设备可以获取货物的详细信息,方便数据输入及查询等操作。

下面将主要介绍汉信码在散货仓储管理中的应用过程,并将详细介绍在散货仓储管理的入库、出库、库存盘点操作中嵌入汉信码的过程,以及在将手机识读汉信码嵌入到散货管理系统中的实现过程。

1. 系统设计

1) 系统总体结构设计

汉信码在散货管理系统中主要应用在货物的入库、出库、库存盘点三个过程中。使用散货管理系统后,理货员根据计划人员填写的计划入库单,打印包含货物相关信息的汉信码标签。货物入库时将汉信码标签粘贴到货物的外包装上,标签中不仅包含了货物的详细信息,还包含了货物的订单信息。在货物入库、出库时,理货员只需使用汉信码识读手持设备扫描货物外包装上的汉信码标签,通过供应链管理系统的散货管理系统便能够通过无线传输技术,即时将货物的出、入库信息传给服务器,实现货物出、入库的实时管理。在库存盘点时,利用识读汉信码的手持终端直接扫描入库单与出库单上的汉信码符号,就可以确定仓库里的库存情况。

2）入库管理操作设计

客户将货物送到仓库后，对货物进行入库处理时，为了提高入库的速度及方便以后货物的库存情况管理，引入汉信码技术，在货物管理及入库单中加入汉信码。入库操作的业务流程如图 12-9 所示。

汉信码技术在仓储管理的入库操作中使用的过程描述如下所述。

（1）验货处理。客户将货物送到仓库后，仓库的业务人员对货物进行验货处理，合格的货物准备进行入库，不合格货物进行退货等其他操作。

（2）生成条码货单。仓库的业务人员对货物审核后，把要入库货物的信息利用汉信码进行表示，利用条码打印机将汉信码码图标签打印出来，粘贴到货物上。汉信码信息可以包括：货物的名称、货物的商品条码、货物的数量等信息。这样利用汉信码表示货物信息代替了手工填写货单信息，为以后操作提供了基础。

（3）入库扫描汉信码标签。利用汉信码识读设备扫描货物上的汉信码标签。根据识读结果将货物数据信息自动添加到入库单，替代了人工核对数据及录入等过程，方便了数据的录入工作，提高了操作效率，减少了信息输入差错率。

（4）生成入库单。通常一维条码只是对物品的标识，二维条码可以对物品进行具体描述，所以汉信码作为二维条码的一种也可以对物品信息进行具体描述。在入库操作过程中货物核对入库

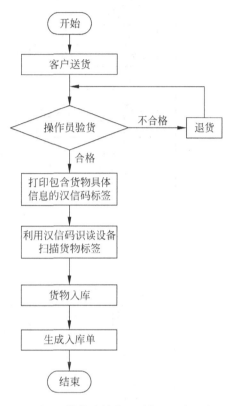

图 12-9　散货仓储管理系统：入库操作

后，根据货物的入库情况生成入库单。在生成入库单的同时，将入库单上的重要信息自动表示成汉信码符号，打印入库单的同时也将汉信码符号打印在入库单上。入库单上的汉信码符号可以保存入库时的信息，如入库单号、入库的货物具体信息、入库仓库名等。生成的入库单如图 12-10 所示。

在打印入库单时，将信息与汉信码符号同时打印出来，这样不仅节省了入库单与条码符号的匹配环节，也避免了由于人工操作错误而造成的重大损失，提高了工作效率。

由于汉信码具有存储容量大，能够存储多种字符等特点，将入库单上的信息表示为汉信码符号，为以后的仓储管理工作奠定了基础。通过汉信码识读器扫描汉信码符号，能够自动获取货物入库信息，方便信息录入及查询等操作，为操作人员带来便利，减少了操作上的差错率，如图 12-11 所示。

散货仓储管理系统　入库单

入库单号：RK20080801560210123

客主名称	A食品有限公司	物流中心	B物流中心	入库单信息	
出库仓库	京西仓库	入库仓库	B物流A仓库		
发货日期	2008-08-01	到货日期	2008-08-06		
发货人	小张	收货人	小李		
备注					

序号	产品名称	商品条码	包装	产品数量
1	A香浓牛肉面	6920110455559	箱	10
2	A牌矿泉水	6925842100449	箱	20

制表人：小王　　　　　　　　　　　　　制表日期：2008-08-06

图 12-10　散货仓储管理系统入库单

散货仓储管理系统　出库单

出库单号：CK20080801123400123

客户名称	B食品有限公司	入库单号	RK20080801560210123	出库单信息	
出库仓库	B物流A仓库	出库日期	2008-08-15		
收货人		小李			
备注					

序号	产品名称	商品条码	包装	产品数量
1	A香浓牛肉面	6920110455559	箱	5
2	A牌矿泉水	6925842100449	箱	12

制表人：小王　　　　　　　　　　　　　制表日期：2008-08-15

图 12-11　散货仓储管理系统出库单

3）出库管理操作设计

在散货管理系统的子仓储管理系统的出库管理操作中嵌入汉信码，整个过程如下所述：

（1）在进行仓储出库操作时，先确定出库的计划单。

（2）利用汉信码识读设备扫描货物上的汉信码标签，对出货单与实际货物进行核对，代替了人工核对，提高了工作效率，减少了差错。

（3）在扫描货物上的汉信码标签进行货物核对后，可以将数据直接自动输入到出库单上，提高了工作效率，减少了数据录入的差错率，降低了工作人员的工作强度。

（4）生成出库单。根据出库计划单和出货情况，得到最终的出库信息，将重要的出库信息保存到汉信码符号中。在打印出库单的同时，将汉信码符号也打印到出库单上，为以后的操作管理提供条件。出货单如图 12-11 所示。

4）库存盘点操作设计

散货管理系统的子系统仓储管理系统的库存盘点业务如图 12-12 所示。库存盘点操作中使用汉信码的过程如下所述。

（1）盘点数据的确定。盘点操作过程中，一般情况下先打印盘点清单，确定盘点数据。在引入汉信码技术后，将盘点数据下载到汉信码识读设备上，为盘点具体操作时提供方便，这样可以替代打印盘点清单。

数据库或者管理系统出现问题的情况下，不能准确确定盘点数据时，可以通过汉信码的技术特点，利用汉信码识读设备扫描入库单上的汉信码符号、出库单上的汉信码符号，确定最终的库存数据，以备盘点时使用。

（2）盘点操作。在盘点过程中，利用汉信码识读设备扫描货物上的汉信码标签，在扫描设备上显示汉信码的库存情况。确定实际的货物库存情况，将实际库存情况保存到扫描设备中。

（3）向管理系统上传盘点数据。在实际盘点过程结束后，扫描设备上的库存数据上传到管理系统，以备系统对盈亏情况的计算，最终更改库存表。

库存盘点过程中加入汉信码技术，能够方便盘点数据的确定，简化工作人员盘点操作过程，提高盘点效率。

在每月的月末，仓储管理人员通过汉信码识读设备扫描每日的入库单上的汉信码符号，可以统计出每个月的入库情况；扫描每日出库单上的汉信码符号，可以统计出每个月的

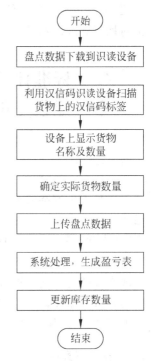

图 12-12　散货仓储管理系统：库存盘点操作

出库情况；通过系统可以快速统计出每月的库存情况，得到每月的库存月统计表。利用汉信码技术，可以很准确地对数据进行统计，方便了工作人员的操作步骤，提高了工作效率。

2. 系统实现

散货管理的仓储管理部分整个过程嵌入汉信码技术，在软件设计中需要涉及汉信码的两大部分：汉信码生成与汉信码识读。对于汉信码生成技术主要是将单据中的数据信息表示成汉信码符号，然后通过打印机将汉信码符号打印到单据上或指定的标签上，这一部分只

要在散货管理系统软件中直接操作就可以完成。对于汉信码识读部分,需要分两部分完成,一部分是在散货管理系统软件中实现,获取识读设备提供的数据的接口;另一部分是在识读设备上实现,识读设备上的应用程序主要完成识读汉信码符号、识读数据分类两大功能。

散货管理系统的仓储管理中应用汉信码技术,不仅促进了散货管理系统的多样化管理功能,而且为下一阶段加入运输管理、配送管理等散货管理系统的升级及优化打下了坚实的基础。通过散货管理系统应用汉信码的过程,实现了物流管理过程中各种单据与货物在各个物流环节的流动过程,使物流与信息流实现了同步,方便了各个物流环节的协调与管理,简化了工作流程,提高了工作效率。汉信码在散货管理系统中的应用,不仅为系统的管理带来了方便,同时也显示出汉信码在管理中的优势,也丰富了汉信码的应用范围,还提高了该公司的对散货管理的水平。

12.7　GS1 标准体系在 Dijon 大学医院追溯系统建设中的应用

1. 案例背景

随着医疗卫生成本的不断上升,如何通过高效的信息化手段及优质的护理来确保患者安全已成为当前全球医疗卫生领域中的一个真正挑战。

Dijon 大学医院是法国勃艮第地区最大的公立医院,拥有 1 700 张床位,其员工人数超过 6 300 人,每天收集人体样本量达 8 000 个。近些年,医院一直在寻找一种解决方案,以实现最小成本耗费的情况下提升供应链操作效率。

经与多方专家探讨,该医院提出在医院内部建立一套从仓库到患者监护病房的内部医疗产品追溯方案,以保障供应链安全和操作效率,实现产品电子化追踪追溯。

2. 追溯方案实施

为将追溯方案落到实处,Dijon 医院决定投资建立一个基于 GS1 标准的仓储物流平台,平台内包括一个追溯系统。这套系统在 5 500m² 的房间中建成,所有操作、管理由医院管理人员完成。它将通过基于 GS1 标准的编码系统[如全球贸易项目代码(GTIN)、系列货运包装箱代码(SSCC)、全球位置码(GLN)和全球可回收资产标识(GRAI)]来对医院中内部流通的产品、资产进行追踪追溯。

实际操作中,医院将基于 GS1 标准的编码用于对仓库中所有储藏产品进行标识,包括所有药物和医疗器械及其他用品(如餐具、清洁用品和洗涤剂等)。在流通中借助信息化手段将已标识的产品信息记录在仓储流通系统中。

为了确保这些内部流通产品可被追溯,医院首先使用 GLN 对医院中所有物理位置进行标识,如房间、监护病房、产品配发区、产品接受和储存区域。对于 Dijon 这样一个拥有 1 700 张床位的医院来说,这将意味着有近 12 000 个 GLN 被使用。此外,医院中的所有送货箱也要被单独标识,并使用 GRAI 标识代码。当一间病房或监护病房订购产品时,理货员所准备的订单所标识出的货物带有 GS1 的 SSCC,之后将 SSCC 与运输箱的唯一标识 (GRAI)进行关联发送给用 GLN 标识的目的地,最后将所有信息与理货员的个人标识代码进行链接。这样做的目的是将货物与管理员身份进行绑定。

上述操作后,所订购的产品被拣货和扫描,产品上的 GTIN 与订单进行关联。同时,当 GTIN 被扫描时,产品的商业名称、批号和有效期数据被调出,所有上述信息将被记录,并与仓储管理系统(WMS)相关联。当产品被运输到监护病房时,物流师对预期目的地 GLN(被标识在运输箱上)进行扫描,并与 SSCC 进行比对,以使运输更高效、更准确。上述所有操作都可被实时追踪,并记录在 WMS 中。

平台的运行不仅可以确保产品从物流平台到监护病房流程过程完全可追溯,还可对产品的进、销、存进行监控,也可用在监护病房处实现目标批次的高效召回,从而提升患者安全和治疗质量。除对产品进行管理外,医院所建平台还可对医院存储的所有办公文件(如处方和由社会保障部门用于患者报销的索偿文件)进行管理。追溯系统条码标签如图 12-13 所示。

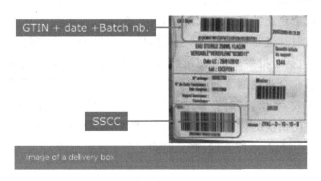

图 12-13　追溯系统条码标签

此案例的实施收益有以下几点。

(1)物流平台(对绝大部分的储藏货物进行管理)的创建减小了监护病房存储产品的空间,可使剩余空间被用于医疗护理。对于新医院,这样做可减少工程成本。

(2)实现仓储统一管理。仓储平台由医院仓储主管进行管理,而不是在各个科室进行管理。

(3)平台的建立在满足库存要求(温度、监管限定、易燃物质、医疗气体等)的情况下,可以协助医院做好订单和拣货的管理,以实现精简库存,减少拣货范围,从而提升管理效率。

(4)依据实际消费最新统计数据分析,物流平台的建立可使监护病房补货更为合理化。同时,对过期产品和积压产品进行更好的管理,以减少浪费。

（5）按照批次实现产品高效召回，减少医疗错误的发生。

12.8　GS1 标准体系在新疆阿勒泰甜瓜追溯中的应用案例

新疆自 2007 年以来，采用以商品条码为基础的 EAN·UCC 系统开展了农产品供应链追溯与追溯的研究与实践。截至目前新疆已实现吐鲁番哈密瓜、葡萄；和田皮山县的皮亚曼甜石榴；和田县的薄皮核桃；于田县的红柳大芸；民丰县的安迪河甜瓜；喀什疏附县的喀什噶尔红枣、喀什噶尔"木亚格"杏、喀什噶尔石榴；伽师县的伽师瓜；和田玉都红枣；昌吉"天域蜜"甜瓜；阿勒泰"巴里巴盖"甜瓜等涉及 5 个地州的 10 多个产品追溯。

2013 年还将以原有的"果蔬类追溯系统"为基础进一步建立完成"乳制品追溯系统""水产品追溯系统""畜禽肉追溯系统""食品加工"等子系统，为新疆追溯向纵深发展奠定了基础。

1. 系统架构

该系统以一个种植、加工、包装、仓储、运输为一体的企业为基本单元进行管理和配置，农户、地块、产品是这个企业的基本组成要素，农户在地块所生产的农产品在上市前由当地的质量技术监督部门对其进行产品检验，经检验质量合格的产品在包装环节贴追溯标识后上市流通，产品销售包括了批发市场、超市、农贸市场等，检验质量不合格的产品不允许加贴追溯标识。追溯信息在企业内部流转、更新中形成闭环，并保存在追溯系统后台数据库中，保证了追溯信息的有效、可信，同时在系统设计中每一个信息录入的环节均有审核机制，防止因录入人员的粗心使错误的信息进入追溯信息数据库，保证了追溯信息的准确性。

追溯系统系由企业管理、系统管理、产品追溯三个子系统组成，其架构图如图 12-14 所示。

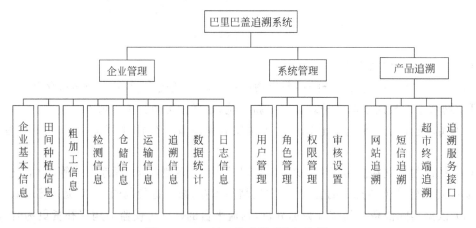

图 12-14　巴里巴盖追溯系统架构图

1）企业管理

该子系统内除检测信息由当地质监部门录入和审核外，其他与追溯相关的信息由企业自行录入、审核。系统维护的信息主要包括企业的简介、资质、荣誉信息，企业部门、员工信息，产品的介绍、品种、等级信息，地块的配置信息，农户基本信息，田间种植管理信息，粗加工过程信息，检测信息，包装信息，仓储信息，运输销售信息等内容，同时还包括了农药信息、肥料信息和辅料信息的维护。在追溯管理模块中，系统可根据厂商识别代码、产品代码、包装材料和包装日期，包装数量自动生成追溯码。

2）系统管理

该子系统主要完成企业注册、删除，企业级管理员、操作人员和审核人员的信息维护和角色、权限的管理工作。

该系统中，用户细分为系统管理员、企业管理员、企业审核员、企业操作人员，以及地区查询用户。

（1）系统管理员。系统管理员能够分配企业的注册码，管理所有用户、角色及权限，查看所有相关数据，并决定企业用户是否停用，可以删除企业用户的全部数据和部分数据。

（2）企业管理员。企业管理员对企业审核员、企业操作员进行管理并划分角色、设置权限，设定数据审核模式，以及对待审数据进行数据审核操作。

（3）企业审核员。企业审核员除了可以具有企业操作员的操作权限之外，还具备和企业管理员相同的审核数据权限。

（4）企业操作人员。企业操作人员只能编辑本企业管理系统模块内容。

（5）地区查询用户。地区查询用户权限由系统管理员分配，可以查询本地区的企业、产品及追溯数量等相关统计信息。

3）产品追溯

在新疆食品质量安全追溯系统中，系统将各个生产企业的数据进行汇总，建立统一的追溯基础数据库，终端用户通过产品追溯子系统发出追溯码查询请求，校验合格的追溯码经解码操作，从追溯数据库提取产品相关信息反馈到用户端，而校验不合格时将反馈"该追溯码不正确"提示语句。追溯的方式分为网站追溯、超市终端追溯、短信追溯等。

2010 年年底，国家物品编码中心提出整合各区域平台追溯信息，建立并完善国家食品安全追溯平台的思想，要求将新疆食品的追溯与国家食品安全追溯平台对接，为此系统又采用 Web services 技术开发追溯信息查询接口，实现了在国家的追溯平台对新疆食品的追溯。其查询流程如图 12-15 所示。

当一个用户在国家食品安全追溯平台发起一个新疆食品的查询请求时，国家食品安全追溯平台将追溯码转发到新疆食品追溯数据接口，追溯码经解码操作后从追溯数据库提取产品相关信息并转换成一个标准的 XML 文件，此文件返回到国家数据平台经处理以网页的方式返回到用户终端的浏览器上。

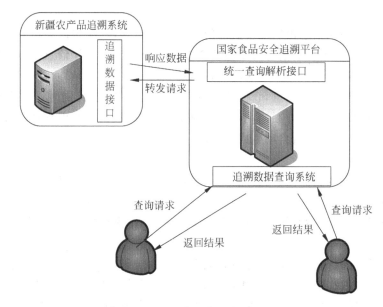

图 12-15   追溯平台查询流程图

2. 编码设计

以 GS1 系统(全球统一标识系统)为基础,选用 UCC/EAN-128 条码作为数据载体,并配合使用相应的应用标识符对加入追溯系统农产品进行标识,编码结构见表 12-3。

表 12-3   追溯食品编码结构

AI	GTIN				AI		AI	
	指示符	厂商识别代码	产品代码	校验码		包装日期		序列号
01	$N1$	$N_2 \cdots N_9$	$N_{10} \cdots N_{13}$	N_{14}	13	$N_{15} \cdots N_{20}$	21	$N_{21} \cdots N_{28}$

其中 AI 为应用标识符,应用标识符为 01 表示其后数据段的为全球贸易项目代码(GTIN),应用标识符为 13 表示其后数据段为包装日期,应用标识符为 21 表示其后数据段为序列号。指示符 N_1 用 0~8 来标识定量包装,用 9 来标识变量包装,这样就保证了企业不同等级、不同规格的产品个体标识的唯一性,满足了新疆加入追溯系统农产品的要求。图 12-16 所示为一个哈密瓜种植企业 2012 年 8 月 20 日采收的特级巴里巴盖哈密瓜所形成的追溯码条码标识。

图 12-16 中,指示符 9 表示哈密瓜的包装规格为变量(每个哈密瓜的重量不同),GTIN 中的"69412345"是由中国物品编码中心分配给哈密瓜种植企业的厂商识别代码(8 位数字)。厂商识别代码后面的 4 位数字"0001"是该企业为特级金龙哈密瓜这个品种分配的产品代码,商品项目代码后面 1 位数字"1"是厂商识别代码和产品代码所生成的校验码。

(01) 96941234500011 (13) 120620 (21) 00000001

图 12-56　哈密瓜追溯条码

3. 系统运行效果

巴里巴盖乡于 2012 年 8 月成功举办阿勒泰地区首次质量安全信息追溯系统启动仪式，并由当地领导带领合作社成员到北京、上海等地"跑市场"，通过追溯将巴里巴盖牛奶甜瓜种植、检验、销售全过程有效地链接，安全消费保障明显提高，贴有可追溯码的甜瓜在进驻北京、上海、广东等高端消费市场后，市场知名度提高很快，形成了新的新疆甜瓜品牌。一级甜瓜由追溯前的 5 元/千克，增长为 12 元/千克，金和甜瓜合作社贴有巴里巴盖甜瓜追溯码的产品得到了北京市民的青睐。2012 年，共销售甜瓜 2.6 万吨，销售收入突破 1.5 亿元。

通过物联网追溯体系的建设强有力地推动了阿勒泰特色甜瓜产业快速发展，巴里巴盖乡特色传统甜瓜由地摊消费逐步走向科技化、市场化、规模化。2012 年底，巴里巴盖乡金和甜瓜合作社与北京市石景山区商委签订订单 1 亿元，通过北京市沃尔玛、永辉等 6 家超市销售甜瓜 1 万吨。2013 年，全乡共种植甜瓜 2.47 万亩，可追溯甜瓜达 5 000 亩，可实现 1 万吨精品甜瓜销往北京高端市场。经统计，全乡甜瓜销售量有望突破 4 万吨，预计销售收入可达 2 亿元，拉动全乡人均增收 4 千元以上。

附录 A（资料性附录）

GS1-128 条码符号长度最小的字符集选择及应用示例

A.1 一般要求

在 GS1-128 条码符号（或其他 128 条码）中，通过使用不同的起始、切换和转换字符的组合，可以对相同的数据有不同的表示。

将以下规则置于打印机控制软件中，可以使给定的数据符号的条码字符数最少（符号宽度最小）。

A.2 起始符的选择

起始符的选择一般遵循以下原则。

(1) 如果数据以 4 位或 4 位以上的数字型数据符开始，则使用起始符 C。

(2) 如果数据中在小写字母字符之前出现 ASCII 控制字符（如 NUL），则使用起始符 A。

(3) 其他情况，使用起始符 B。

A.3 如果使用起始符 C，并且数字个数为奇数，则在最后一个数字前插入字符集 A 或字符集 B。具体使用字符集 A 或字符集 B，参照 A.2(2) 和 A.2(3)。

A.4 如果在字符集 A 或字符集 B 中同时出现 4 位或 4 位以上的数字字符

(1) 如果数字型数据字符的个数为偶数，则在第一个数字之前插入 CODE C 字符将字符集转换为字符集 C。

(2) 如果数字型数据字符的个数为奇数，则在第一个数字之后插入 CODE C 字符将字符集转换为字符集 C。

A.5 当使用字符集 B，并且数据中出现 ASCII 控制字符时

(1) 如果在该控制字符之后，在另一个控制字符之前出现一个小写字母字符，则在该控制字符之前插入转换字符。

(2) 否则，在控制字符之前插入 CODE A 将字符集转换为字符集 A。

A.6 当使用字符集 A，并且数据中出现小写字母字符时

(1) 如果在该小写字母字符之后，在另一个小写字母字符之前出现一个控制字符，则在该小写字母字符之前插入转换字符。

(2) 否则，在小写字母字符之前插入 CODE B 将字符集转换为字符集 B。

A.7 如果在字符集 C 中出现一个非数字字符，则在该非数字字符之前插入 CODE A 或 CODE B，具体应用参照 A.2(2) 和 A.2(3)。

注 1：在以上规则中，"小写字母"的含义为字符集 B 中字符值为 64～95（ASCII 值为

96～127)的字符。即所有的小写字母字符和字符"',{,|,},～,DEL"。"控制字符"的含义为字符集 A 中字符值为 64～95(ASCII 值为 00～31)的字符。

注 2：如果 FNC1 出现在起始符之后的第 1 个位置或在数字字段中的第奇数个位置时，将 FNC1 视为两位，以确定合适的字符集。

A.8　应用实例

图 A.1 为只考虑"4 位或 4 位以上的数字型数据使用 CODE C"，而未考虑 A.3 中数字型数据字符的个数奇偶性的情况，符号长度未达到最小的应用示例，造成字符串多一个条码字符：

（10）001135（21）013037001（240）00008744

图 A.1　符号长度未能最小应用示例

表 A.1 为图 A.1 对应的条码数据结构。

表 A.1　图 A.1 的条码数据结构

标识代码	(10) 001135(21)013037001(240)00008744
单元数据串	StartC F_1 10001135 F_1 2101303700CodeB1F_1 CodeC 2400000874CodeB 4BStop
字符及模块数	24＋1(终止符)个条码字符,76 条和 75 空

A.4(2)，符合符号长度最小规则的应用示例：

（10）001135（21）013037001（240）00008744

图 A.2　符号长度最小应用示例

表 A.2 为图 A.2 对应的条码数据结构

表 A.2　对应的条码数据结构

客户提供的条码样品的数据结构	
标识代码	(10) 001135(21)013037001(240)00008744
单元数据串	StartC F_1 10001135 F_1 2101303700CodeB1F_1 2 CodeC 400000874412Stop
字符及模块数	23＋1(终止符)个条码字符,73 条和 72 空

附录 B（资料性附录）

条码字符值与 ASCII 值的关系

条码字符值（S）与 ASCII 值之间的转换关系如下：

字符集 A：如果 $S \leqslant 63$，则 ASCII 值 $= S + 32$。

如果 $64 \leqslant S \leqslant 95$，则 ASCII 值 $= S - 64$。

字符集 B：如果 $S \leqslant 95$，则 ASCII 值 $= S + 32$。

其对应关系见表 6-83。

附录C(规范性附录)

GS1-128 条码符号校验字符值的计算方法

GS1-128 条码符号校验字符按下列方法计算:

(1)查表 6-83 得到字符的值。

(2)给每个条码字符位置分配一个权数。起始符和 FNC1 字符的权数均为 1,然后,在起始符、FNC1 字符后面从左至右位置的权数依次为 2,3,4,5,…,n,这些字符中不包括校验字符本身。n 表示除起始符、FNC1 字符、终止符和校验字符以外的所有标识数据和特殊信息的字符数。

(3)将每个字符的值乘以其相应的权。

(4)将第(3)步所得的结果求和。

(5)将第(4)步的求和结果除以 103。

(6)第(5)步所得的余数为符号校验字符的值。

示例 计算数据"AIM1234"校验字符值的步骤参见表 C.1。

表 C.1 计算"AIM1234"的校验字符的步骤

字 符	Start B	FNC1	A	I	M	CODE C	12
字符值[步骤(1)]	104	102	33	41	45	99	12
权数[步骤(2)]	1	1	2	3	4	5	6
乘积[步骤(3)]	104	102	66	123	180	495	72
乘积的和[步骤(4)]	1380						
除以 103[步骤(5)]	1380÷103＝13 余数 41						
余数等于校验字符的值	41						

附录 D（资料性附录）

GS1-128 条码符号的处理——基本逻辑

准确分析扫描器输出的全部字符串的流程图，如图 D.1 所示。

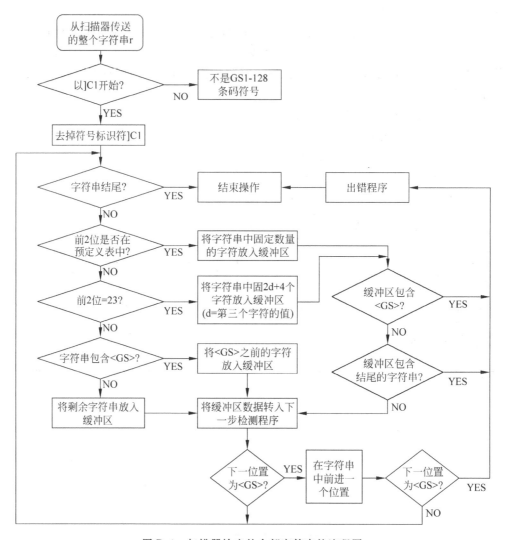

图 D.1 扫描器输出的全部字符串的流程图

附录 GS1 应用标识符

应用标识符目录

注：	（*）：第一位表示 GS1 应用标识符的长度（数字的位数）。随后的数值指数据内容的格式。惯例如下： • N：数位 • X：特殊符号图形的分配表中的任何字符 • N3：3 个数字字符，定长 • N⋯3：最多 3 个数字字符，变长 X⋯3：最多 3 个表特殊符号图形的分配表中任意字符，变长
	（**）：如果只有年和月，"日"必须填写"00"
	（***）：此 GS1 应用标识符的第四位数字表示小数点位置。如： —3100 以千克计量的净重表示没有小数点 —3102 以千克计量的净重表示带有两位小数点
	功能 1 字符（FNC1）：所有带有功能 1 字符（FNC1）的 GS1 应用标识符定义为应用标识符对应的数据编码长度可变，并且必须由一个 FNC1 功能符限定长度，除非此单元数据串为符号中最后一个被编码的数据

注：（#）：标注的内容为 GS1 *General Specifications Section* 3；GS1 *Application identifier Definitions* Version 15 (issueo2)，Jan—2015 中新增的内容。详见：https://www.gsl.org/sites/default/files/docs/barcodes/WR14-221-GSCN-Software%20Version_1 Jun 2015. pdf.

实际应用中，往往需要在一个条码符号中同时包含多个附加属性，这些属性之间应用分隔符隔开，并遵守应用标识符的使用规定。详细内容请参见 GB/T 16986—2009。

参 考 文 献

[1] 张成海,张铎,赵守香.条码技术与应用(本科分册)[M].北京:清华大学出版社,2010.
[2] 中国物品编码中心.条码技术基础[M].武汉:武汉大学出版社,2008.
[3] 张铎.物流标准化教程[M].北京:清华大学出版社,2011.
[4] 张成海,张铎.物联网与产品电子代码(EPC)[M].武汉:武汉大学出版社,2010.
[5] 中国物品编码中心.二维条码技术与应用[M].北京:中国计量出版社,2007.
[6] 中国物品编码中心.物流领域条码技术应用指南[M].北京:中国计量出版社,2008.
[7] 刘凯.现代物流技术基础[M].北京:清华大学出版社,北京交通大学出版社,2004.
[8] 张铎.物联网大趋势[M].北京:清华大学出版社,2010.
[9] 张铎.移动物流[M].北京:经济管理出版社,2012.
[10] 张成海,张铎,赵守香.条码技术与应用(本科分册)[M].北京:清华大学出版社,2010.
[11] 张成海,张铎.物流条码实用手册[M].北京:清华大学出版社,2013.
[12] 张铎,张倩.物流标准实用手册[M].北京:清华大学出版社,2013.
[13] 中国物品编码中心.GS1通用规范,2011.
[14] 国家标准化管理委员会网站.http://www.sac.gov.cn.
[15] 中国物品编码中心网站.http://www.ancc.org.cn.
[16] 21世纪中国电子商务网校网站.http://www.ec21cn.org.
[17] 北京网路畅想科技发展有限公司网站.http://www.ec21cn.com.

恭喜您完成了本书的学习!

为了检验学习效果,了解考试的大致模式,我们特为您准备了三套模拟试卷,您可以扫描下方二维码获取:

参考试卷——A

参考试卷——B

参考试卷——C